# 从零开始
# 利用Excel与Python
## 进行数据分析

兰一杰◎著

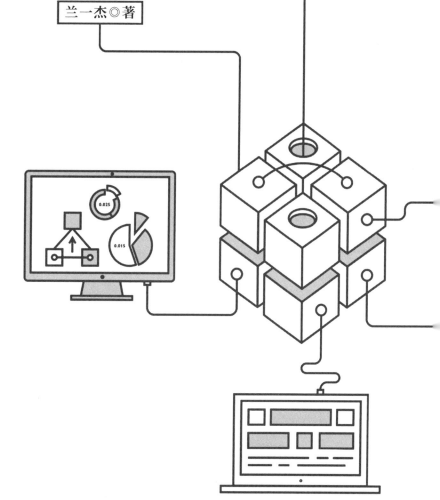

北京大学出版社

PEKING UNIVERSITY PRESS

U0187605

# 内 容 简 介

本书介绍了数据分析的方法和步骤，并分别通过 Excel 和 Python 实施和对比。通过本书一方面可以拓宽对 Excel 功能的认识，另一方面可以学习和掌握 Python 的基础操作。

本书分为 11 章，涵盖的主要内容有 Excel 和 Python 在数据分析领域的定位与核心功能对比、统计量介绍、Excel 与 Python 实践环境搭建、数据处理与分析的基本方法、ETL方法、数据建模理论、数据挖掘基础、数据可视化的基本方法、分析报告的制作方法。

本书内容由浅入深，注重功能实用性，适合数据分析工作者、相关专业学生、Python初学者、Excel深入学习者阅读。

## 图书在版编目(CIP)数据

从零开始利用Excel与Python进行数据分析 / 兰一杰著. — 北京：北京大学出版社，2022.8
ISBN 978-7-301-33214-6

Ⅰ. ①从… Ⅱ. ①兰… Ⅲ. ①表处理软件②软件工具 – 程序设计 Ⅳ. ①TP391.13②TP311.561

中国版本图书馆CIP数据核字（2022）第138527号

| | | |
|---|---|---|
| 书　　　　名 | 从零开始利用Excel与Python进行数据分析 | |
| | CONG LING KAISHI LIYONG ExcelYU Python JINXING SHUJU FENXI | |
| 著作责任者 | 兰一杰　著 | |
| 责 任 编 辑 | 王继伟　刘羽昭 | |
| 标 准 书 号 | ISBN 978-7-301-33214-6 | |
| 出 版 发 行 | 北京大学出版社 | |
| 地　　　　址 | 北京市海淀区成府路205 号　100871 | |
| 网　　　　址 | http://www.pup.cn　　　新浪微博:@ 北京大学出版社 | |
| 电 子 信 箱 | pup7@pup.cn | |
| 电　　　　话 | 邮购部 010-62752015　发行部 010-62750672　编辑部 010-62570390 | |
| 印 刷 者 | 天津中印联印务有限公司 | |
| 经 销 者 | 新华书店 | |
| | 787毫米×1092毫米　16开本　19.75印张　475千字 | |
| | 2022年8月第1版　2022年8月第1次印刷 | |
| 印　　　　数 | 1-4000册 | |
| 定　　　　价 | 79.00元 | |

## 这项技术有什么前途

数据分析能力是职场人士的基础能力之一，绝大多数企业在生产、经营过程中都有数据分析需求，绝大多数职场人士为了能更好地完成工作，都需要进行必要的数据分析。由此可见，数据分析有广阔的市场前景和需求。本书对Excel和Python的数据分析功能进行介绍和演示，帮助读者逐步构建或强化数据分析能力。

## 笔者的使用体会

Excel和Python属于两个不同的技术体系，Excel是微软出品的优秀商业软件，Python是优秀的开源编程语言，二者最大的交集在于数据分析，有效结合、对比使用二者是学习数据分析的良好方法。一方面，Excel的受众广，能以可视化的方式进行数据分析操作，更容易被接受和理解；另一方面，结合使用Excel和Python，充分利用二者的优势，能更好地完成数据分析。

## 这本书的特色

本书通过对Excel和Python的数据分析功能进行介绍和对比，帮助读者构建完整的数据分析知识体系。本书提供各章节中详细的演示实例与配套代码，供读者参考学习。本书以"概念→方案→实践"的思路进行讲述，以Excel的数据分析功能作为切入点，并合理切换到Python，极大地降低了学习的难度。

本书主要特色如下。

● **完整的知识体系**：本书构建了完整的知识体系，讲解了Excel、Python数据分析的各方面功能。

● **合理的组织结构**：本书各章节间内容连贯、组织合理、过渡平滑，形成了知识链条。

● **新颖的实践内容**：本书各章节中使用的演示数据种类丰富，涉及多个学科的数据分析场景。

● **对比性归纳总结**：本书各章节中对Excel和Python中相同的数据功能进行了对比和总结。

● **适当的难度安排**：本书从Excel、Python的安装开始讲解，逐步增加实践难度。

## 本书读者对象

- 有数据处理需求的各行业人员。
- Python 初学者和感兴趣者。
- 有数据处理需求的在校学生。

## 致谢

本书得以顺利出版，要特别感谢福建省大数据集团有限公司总架构师、福建实达集团股份有限公司总裁于辉老师。于辉老师虽身居要职，但总会抽时间与下属交流，为本书提供了宝贵的意见和指导。

感谢罗雨露编辑的辛苦付出、专业指导和细心帮助。

感谢我辛勤劳作的父母，以及给予热情支持的永花姐姐。

温馨提示：本书配套资源，请用手机微信扫描下方二维码关注微信公众号，输入本书 77 页的资源下载码，获取下载地址及密码。

# 目 录
CONTENTS

## 第4章 数据处理与分析 ························ 070

# 第5章　数据抽取——ETL 中的 E ·························· 125

# 第6章　数据清洗——ETL 中的 T ························· 154

# 第7章 数据装载——ETL 中的 L ·············· 177

# 第8章 数据建模 ·············· 190

# 第9章 数据挖掘 ·············· 215

# 第10章 数据可视化 ·········································· **251**

# 第 1 章

## Excel与Python的定位与功能对比

Excel 和 Python 是最常用的数据处理和分析工具，使用二者可以达到相同的数据分析目的，但二者在整体上存在很大区别。本章将对 Excel 和 Python 进行介绍和对比，从整体上理解、区分二者。

### 本章主要知识点

>> 数据分析简介。

>> Excel 与 Python 的特征对比。

>> Excel 与 Python 的功能范围。

>> Excel 与 Python 的选择和协作。

## 1.1 数据分析简介

随着电子商务、数字金融、5G网络的蓬勃发展，派生出各类以"共享"概念为核心的商业场景，在这样的背景下产生了大量的数据，为了尽可能地使这些数据发挥出价值，相关人员需要对数据进行收集、清洗、分析、挖掘。

### 1.1.1 发展趋势

目前数据分析的发展趋势是自助化，即业务人员应该具备一定的数据分析能力，不需要IT部门协助就能进行数据分析。

#### 1. 自助化的分析过程

业务人员掌握一定的数据分析方法和工具，结合自身业务知识开展数据分析工作，可以使工作效率提高，分析的目的性也更强。但要实现数据分析自助化，数据分析环境和工具一定要适合业务人员，这就需要IT部门更注重基础构架与工具的选择和开发。

#### 2. 便捷的分析环境

为了实现业务人员自助化数据分析，分析环境应该是容易搭建、方便配置的，Excel与Python就符合这两个要求。

#### 3. 易用的分析工具

分析工具太过复杂会给业务人员增加学习成本，太过简单又无法满足分析的需求。因此，要折中选择功能足够强大且学习成本较低的分析工具，Excel与Python就符合这些要求。

### 1.1.2 赋能增值

现在人们打开手机中的各类APP，都会被推荐自己想看的、想买的内容，这就是数据赋能的一个场景——推荐系统。分析、挖掘数据的价值，可以帮助企业制订更合理的决策，也可以增加自己的职业价值。

## 1.2 Excel与Python的特征对比

本节将对Excel与Python的特征进行介绍，并从定位、操作方式、适用场景对象3个方面对二者进行对比，使读者对Excel与Python的整体差异有一定的认识。

### 1.2.1 ▶ 定位对比

Excel与Python属于两个不同的技术栈体系，Excel是微软出品的优秀商业软件，Python是优秀的开源编程语言，二者最大的交集在于数据分析。

#### 1. Excel的定位

从整体来看，Excel是微软商业智能（BI）中的一环。在SQL Server上构建好分析数据集后，可使用Excel连接SQL Server分析服务，以分析和展示数据。

从单一领域看，Excel可用于数据统计、数据分析，作为数据的临时载体，构建可视化报表。绝大多数工作人员都接触或使用过Excel，Excel有庞大的用户群体。

#### 2. Python的定位

Python是一种非常简单、适合新手入门的开源编程语言，在数据分析、爬虫、自动化、机器学习等领域被广泛应用。Python软件可以免费获取，且可以跨平台使用。

### 1.2.2 ▶ 操作方式对比

一款工具的使用方式、操作难易度，决定了其普及的程度。Excel与Python在各自所属的领域对用户都相对友好，但二者的操作方式有很大差别。Excel与Python的操作方式对比如表 1-1 所示，Excel的可视化操作方式更适合数据分析入门的人员，Python的编写代码操作方式更适合具有一定编程基础且想进阶数据分析的人员。

表1-1　Excel与Python的操作方式

| 对比项 | Excel | Python |
|--------|-------|--------|
| 功能完备性 | 功能"所见即所得"，功能区各选项卡中有完备的数据处理、分析功能 | 有丰富的功能模块供用户选择使用 |
| 操作方式 | 以可视化操作为主 | 以编写代码操作为主 |
| 数据处理 | 编写VBA、在编辑栏中输入公式、配置功能参数 | 调用模块中的函数完成特定数据处理 |
| 数据可视化 | 配置可视化功能的相关参数 | 使用可视化模块和包 |

### 1.2.3 ▶ 适用场景和对象

如果一款软件支持广泛的应用场景，适合普通人群使用，就能被长久地迭代使用。Excel与Python的适用场景和对象对比如表 1-2 所示，通过对比可以发现Excel的适用场景和对象都十分广泛，而Python的适用对象通常是软件开发者或有一定编程基础的数据工作者。

表1-2　Excel与Python的适用场景与对象

| 对比项 | Excel | Python |
|---|---|---|
| 适用对象 | 普通员工、数据分析师、软件开发人员 | 软件开发人员、数据工作者 |
| 主要场景 | 日常办公、数据分析、总结报告 | 软件项目、数据分析 |
| 配合方式 | 通过分发文件实现协同处理 | 划分功能需求，由不同开发者开发 |

# 1.3 Excel与Python的功能范围

本节将介绍Excel与Python的功能范围和功能组织方式，帮助读者了解二者功能的差异。

## 1.3.1 Excel的功能区

Excel的功能区是位于Excel窗口顶部的一排选项卡和图标，可以帮助用户快速查找、理解和使用数据分析功能。图 1-1 所示为 Excel 2019 的功能区，由 4 个部分构成，分别是选项卡、组、对话框启动器、特定功能按钮。

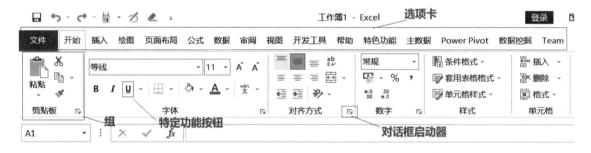

图1-1　Excel 2019的功能区

### 1. 选项卡

选项卡是组的集合。图 1-1 中"开始"选项卡中包含了"剪贴板""字体""对齐方式"等组。Excel中各选项卡的功能说明如表 1-3 所示，需要注意有些选项卡只有在特定的情景下才会被激活。

表1-3　Excel中各选项卡功能说明

| 选项卡 | 功能说明 |
|---|---|
| 文件 | 包含文件操作功能和Excel选项配置功能 |
| 开始 | 包含最常用的功能，如复制和粘贴、对齐方式、格式刷等 |
| 插入 | 用于向工作表中插入对象，如图片、图表、数据透视表、超链接等 |
| 绘图 | 包含数位笔、鼠标等设备的绘图功能，该选项卡默认为隐藏状态 |

续表

| 选项卡 | 功能说明 |
|---|---|
| 页面布局 | 包含设置主题、网格线、页边距、对齐方式和打印等页面布局功能 |
| 公式 | 包含函数、公式、计算相关的功能，如插入函数、名称管理器等 |
| 数据 | 包含数据处理相关的功能，如外部数据的管理、排序和筛选等 |
| 审阅 | 包含拼写检查、翻译文字、批注管理及工作簿、工作表的权限管理等功能 |
| 视图 | 包含用于切换视图、冻结窗格、查看和安排窗口的功能 |

#### 2. 组

组是紧密相关的功能的集合，通常同一组中的功能在逻辑上可以划分为同一类操作，如"字体"组中的功能用于对单元格的字体样式、大小、颜色、背景等进行设置。

#### 3. 对话框启动器

对话框启动器是组的右下角的一个箭头图标，单击后会打开对应的功能窗口，在窗口中可以选择更丰富的功能。

#### 4. 特定功能按钮

单击特定功能按钮可执行相应功能的操作，如单击"下划线"按钮可为单元格中的文本添加下划线。

### 1.3.2 Python数据处理包和工具

在诸多Python数据处理、数据可视化包或工具中，有部分包或工具被广泛使用并持续优化。图1-2所示为常用的Python数据处理包或工具。下面将对图中各层级中的包或工具进行说明，并与Excel中的数据处理功能进行对比。

图1-2　Python数据处理包或工具

#### 1. Python核心

图1-2中由下至上的第1层是Python的核心部分，包含Python的基础语法、保留关键字、原

生数据结构、函数、解释器等。

### 2. Python扩展数据结构与解释器

图 1-2 中由下至上的第 2 层中的 NumPy 包提供了多维数组结构，以及 CPython、Numba、IPython 等解释器。

### 3. Python复杂数据结构与数据可视化

图 1-2 中由下至上的第 3 层中的 Pandas 包、SciPy 包在 NumPy 包的基础上构建了更复杂的数据结构；而 Bokeh 包、matplotlib 包则可以对这些数据结构进行可视化。

### 4. Python数据挖掘与人工智能

图 1-2 中由下至上的第 4 层中是 TensorFlow、Scikit-learn 等机器学习包，可对在 Pandas 包、NumPy 包的基础上构建的数据进行数据挖掘。

### 5. Python在特定领域的数据处理

图 1-2 中由下至上的第 5 层中是在其下层包的基础上构建的特定领域的数据处理包，如太阳数据处理包 SunPy，神经影像数据处理包 NIPY。

## 1.3.3 Excel与Python的数据处理功能对比

1.3.1 和 1.3.2 小节中分别介绍了 Excel 与 Python 的数据处理功能，下面对 Excel 和 Python 的数据处理功能进行对比。

### 1. 交集

Excel 与 Python 功能的交集是数据分析，因此 Excel 功能区中的功能与 Python 中的数据分析模块和包相对应。

### 2. 差异

Excel 与 Python 功能的差异，决定了它们的使用难度与适用对象，二者的主要差异体现在以下几个方面。

（1）入门的难度。

Excel 中的操作是可视化操作，即所有功能"所见即所得"。对 Excel 选项卡中的功能进行探索就能大致理解功能的作用。而使用 Python 则需要一些编程基础，并且需要熟悉各种模块和包中的函数及调用方法。

（2）功能的明确性。

Excel 中数据处理功能的入口很明确，便于记忆和使用。而 Python 中各种模块和包的功能可能重叠，但调用方法在细节上又可能不同。

（3）扩展集成性。

Excel 作为一款成熟的商业软件，自行扩展使用的自由度受限。而 Python 可以按照自己的想法进行扩展。

（4）自动化处理。

自动化处理是Excel的弱项，需要借助其他工具才能完成。而Python自动化处理的能力很强，可通过Python实现Excel的自动化处理。

## 1.4 > Excel与Python的选择和协作

本节将介绍本书的核心内容之一——Excel与Python的选择和协作。

### 1.4.1 如何选择

选择使用Excel还是Python进行数据分析，主要考虑数据量、掌握的技能、数据场景 3 个方面。

#### 1. 数据量

Excel不适合处理数据量太大的数据，微软官方给出的Excel可以处理的最大数据量为 1048576 行×16384 列，相当于一个小型数据库，但会受限于电脑的内存与CPU。Python本身并不存储数据，而是连接到数据库、大数据平台等数据源进行操作。

#### 2. 掌握的技能

掌握一定的编程技能即可组合使用Excel和Python，完成更具创造性的工作。但如果只会使用Excel，对数据的分析处理操作会受到限制。

#### 3. 数据场景

对于临时性的、要快速处理的数据分析需求，使用Excel是一个明智的选择。而对于有计划性的、目标长远的数据分析需求，选择Python会带来更大的收益。

### 1.4.2 如何协作

Excel可以作为Python的数据源，Python可以帮助Excel实现自动化。

#### 1. Excel作为Python的数据源

Python中有很多能读取和操作Excel数据的包，如Pandas、openpyxl、xlwt等。Python可以读取Excel数据，然后将清洗转换后的数据存储到不同的目标中。

#### 2. Python帮助Excel实现自动化

Python可以读取Excel数据并将数据处理转换功能固化到Python脚本中，然后以自动化的方式执行脚本，最终的处理结果还是保存在Excel文件中。

# 第**2**章

# 统计量

实际工作中对于数据处理经常会有这样的需求：计算某个时间段的平均数、中位数、概率、标准差是否可靠。平均数、中位数、概率、标准差等都是统计学中的统计量，通过这些统计量可以得到有价值的信息。本章将对数据分析中常用的统计量进行说明，并在后续章节中使用Excel与Python对这些统计量进行计算。

## 本章主要知识点

>> 各种统计量的概念及作用。

>> 统计学中的各种分布模型。

# 2.1 常用统计量介绍

本节将对数据分析中常用的统计量进行介绍，明确在何种场景中需要使用这些统计量，这些统计量能传递什么信息。

## 2.1.1 集中趋势

平均数、中位数、众数 3 个统计量用于反映数据的集中趋势，这 3 个统计量的计算方法和使用场景如表 2-1 所示。

表2-1　反映数据集中趋势的统计量

| 统计量 | 计算方法 | 使用场景 |
|---|---|---|
| 平均数 | 一组数据中所有数据之和除以数据的个数 | 在数据集中没有大量异常值时使用，反映数据的集中趋势 |
| 中位数 | 将数据按升序排序，若数据个数为奇数，则中位数为中间位置的数据；若数据个数为偶数，则中位数为中间位置的 2 个数相加除以 2 | 数据集中存在异常值，导致数据不集中时，使用中位数衡量数据的整体趋势 |
| 众数 | 一组数据中出现次数最多的数，一组数据中可能有多个众数 | 查找出现次数最多的数据或作为分类数据的集中趋势的测试值 |

下面举例说明反映数据集中趋势的统计量的应用方法，让读者对各统计量的计算方法与使用场景有更深入的理解。本例模拟将苹果按重量划分类别，划分标准为 150~200 克为小，200~250 克为中，250~300 克为大。

### 1. 平均数

假设有 5 个苹果，它们的重量如表 2-2 所示。5 个苹果重量的平均数为（220+235+210+215+240）÷5=224（克），类别划分为"中"，这组数据相对集中且没有异常值，因此通过平均数可以很好地反映数据的整体水平。

表2-2　平均数计算数据

| 重量（克） | 220 | 235 | 210 | 215 | 240 |
|---|---|---|---|---|---|

### 2. 中位数

假设有 5 个苹果，它们的重量如表 2-3 所示。5 个苹果重量的平均数为（220+235+210+215+500）÷5=276（克），类别划分为"大"，很明显该划分结果与数据集中的多数数据不匹配。导致划分结果与多数数据不匹配的主要原因是有一个 500 克的苹果，属于异常数据。此时可以使用中位数进行判断，该组数据的中位数为 220 克，可以反映数据的整体水平。

表2-3 中位数计算数据

| 重量（克） | 220 | 235 | 210 | 215 | 500 |
|---|---|---|---|---|---|

### 3. 众数

假设有 10 个苹果，分别属于两个品种，它们的重量如表 2-4 所示。10 个苹果重量的平均数为 197 克，中位数为 200 克。可以发现这两个统计量的差距不大，但都无法反映数据的整体水平。此时可以通过数据的众数 160 克、230 克，反映两个品种苹果重量的整体水平。

表2-4 众数计算数据

| 1 类品种重量（克） | 225 | 230 | 230 | 240 | 245 |
|---|---|---|---|---|---|
| 2 类品种重量（克） | 150 | 155 | 160 | 160 | 175 |

## 2.1.2 离散程度

平均数、中位数、众数可以反映数据的集中趋势，但无法反映数据的离散程度。下面介绍四分位距、方差、标准差 3 个反映数据离散程度的统计量。

### 1. 四分位距

将一组由小到大排序的数据划分成四等份，划分位置对应的数据为四分位数，如图 2-1 所示，Q1、Q2 和 Q3 为四分位数。

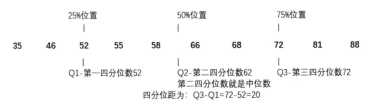

图2-1 四分位数图示

四分位数的划分位置有两种情况，一种是划分位置在数值上，如图 2-1 中 Q1 和 Q3 在具体的数值上，那么这两个数值即为 Q1 和 Q3 的值；另一种是划分位置在两个数值之间，如 Q2，其值的计算方法是划分位置两侧数值相加除以 2。用第三四分位数减去第一四分位数即可得到四分位距，四分位距越小表示数据越集中。下面以判断考试分数等级为例对四分位数进行说明，分数等级判断标准如表 2-5 所示。

表2-5 分数等级判断标准

| 分数区间 | 100~90 | 89~85 | 84~70 | 69~60 | 59~0 |
|---|---|---|---|---|---|
| 等级 | A | B | C | D | E |

通过四分位数，可以明确划分的分数等级标准是否合理。按照划分的标准，72 分属于等级 C，但如果计算的四分位数分别为 86、70、56、43，则说明 72 分实际是比较高的分数。

### 2. 方差和标准差

方差是数据与平均数之差的平方和的平均数。标准差是方差的算术平方根，是衡量数据离散程度的统计量。下面计算表 2-2 中数据的方差和标准差，之前已经计算出数据时平均数为 224，则

$$方差 = [(220-224)^2 + (235-224)^2 + (210-224)^2 + (215-224)^2 + (240-224)^2] \div 5$$
$$= 134$$

$$标准差 = \sqrt{方差} = 11.57$$

计算得到表 2-2 中数据的标准差为 11.57。平均数反映的是数据的集中趋势，而方差则反映数据的离散程度。标准差可以用于判断平均数相同的两组数据中，哪组数据的稳定性更好。

## 2.1.3 可能性评估

日常生活中，人们判断某事件发生的可能性时，会说概率是多少。概率是描述一个事件发生的可能性的统计量，用于反映事件的不确定程度。表 2-6 所示为概率的相关概念。

表2-6　概率的相关概念

| 概念 | 说明 |
| --- | --- |
| 随机现象 | 在一定条件下，并不总是出现相同结果的现象，如掷骰子就是随机现象 |
| 基本结果 | 随机现象最简单的结果，如抛硬币有正面、反面 2 个基本结果 |
| 样本空间 | 随机现象所有可能的基本结果 |
| 随机事件 | 基本结果组成的集合对应的事件 |
| 样本 | 从总体中抽取的一部分个体就是一个样本 |
| 总体 | 根据研究目的确定的观察单位的全体 |
| 概率 | 反映随机事件出现的可能性，事件概率=事件基本结果数÷样本空间 |
| 排列组合 | 排列是从给定集合中取出指定个数的元素进行排序，组合是从给定集合中取出指定个数的元素，但不进行排序。可使用排列组合公式计算基本结果和样本空间 |

## 2.1.4 条件概率

日常生活中，人们经常会有这样的表述：如果明天不下雨，我就有 90% 的可能性去跑步。发生"跑步"事件受天气影响，明天不下雨则去跑步的概率是一个条件概率。关于条件概率需要理解以下两点。

（1）独立事件的判断。

两个事件间的独立性是指一个事件的发生不影响另一个事件的发生。$P(AB)$ 表示事件 $A$ 和事件 $B$ 同时发生的概率，如果 $P(AB) = P(A)P(B)$，则事件 $A$ 和事件 $B$ 是相互独立的。

（2）条件概率的计算公式。

事件 $A$ 和事件 $B$ 相关，且 $P(B) > 0$，在事件 $B$ 发生的条件下，事件 $A$ 发生的概率为 $P(A|B)$，$P(A|B) = P(A \cap B)/P(B)$。

## 2.2 随机变量及其分布

本节将介绍随机变量及其概率分布函数，为了对随机现象进行数学处理，把随机现象结果数量化，引入随机变量。分布函数是随机变量最重要的概率特征，可用于研究随机变量。

### 2.2.1 随机变量

如果一个变量在数轴上的取值依赖随机现象的基本结果，则称此变量为随机变量。如果随机变量仅取数轴上的有限个点，则称此随机变量为离散型随机变量。如果一个随机变量可取值为数轴上的一个区间，则称此随机变量为连续型随机变量。

**1. 概率分布函数**

假设 $X$ 为一个随机变量，对于任意实数 $x$，事件"$X \leqslant x$"的概率是 $x$ 的函数，记为 $F(x)=P(X \leqslant x)$，这个函数称为 $X$ 的累计概率分布函数，简称分布函数。

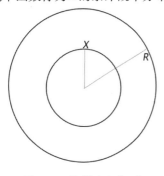

图2-2　计算几何概率

下面通过计算几何概率的例子理解概率分布函数。如图 2-2 所示，向半径为 $R$ 的圆内随机投掷一个点，计算投掷点落在半径为 $X$ 的圆内的概率。

投掷点落在半径为 $X$ 的圆内的概率的计算方法为：半径为 $X$ 的圆的面积 ÷ 半径为 $R$ 的圆的面积；对应的概率分布函数为：$F(x) = \pi X^2 \div \pi R^2$。计算投掷点落在距离圆心 1/3 半径圆内的概率为 $p\left(x \leqslant \dfrac{1}{3}R\right) = \pi\left(\dfrac{1}{3}R\right)^2 \div \pi R^2$，得到的概率为 1/9。

**2. 期望**

（1）离散型随机变量的期望。

若离散型随机变量 $X$ 的可取值为 $x_1, x_2, x_3, \cdots, x_n$，则取值为 $x_i$ 的概率为 $P(X = x_i)$，对应的期望为 $E(X) = \sum_i x_i p(x_i)$。

下面举例说明离散型随机变量期望的计算方法。假设我们用 10000 元购买某股票，该股票当前价格为 4 元，一年后价格可能变为 1 元、2 元、4 元、7 元，通过计算期望评估是否要购买该股票。先计算当前可购买的股票数为 10000÷4=2500（股），一年后股票价格有 4 种可能，每种可能的概率为 25%。随机变量对应概率如表 2-7 所示，期望为 $E = 1 \times 2500 \times 25\% + 2 \times 2500 \times 25\% + 4 \times 2500 \times 25\% + 7 \times 2500 \times 25\% = 8750$（元），比本金 10000 元少。

表2-7 离散型随机变量期望计算

| 随机变量（价格×股数） | 1×2500 | 2×2500 | 4×2500 | 7×2500 |
|---|---|---|---|---|
| 概率 | 25% | 25% | 25% | 25% |

（2）连续型随机变量的期望。

假设连续型随机变量 $X$ 的密度函数为 $p(x)$，则在区间 $[a,b]$ 中对应的期望为 $E(X) = \int_a^b xp(x)dx$。

## 2.2.2 离散型随机变量分布

离散型随机变量取值为有限个，如掷骰子所有可能的结果为 6 个。下面介绍常见的离散型随机变量分布，这些分布往往能在现实中找到对应的场景。

### 1. 二项分布

二项分布用于描述只有两个可能结果的随机事件，相关说明如表 2-8 所示。

表2-8 二项分布

| 说明项 | 说明 |
|---|---|
| 应用场景 | 在同样的条件下重复进行相互独立的实验，每次结果是成功或失败。观察者对结果中成功或失败的次数感兴趣 |
| 概率计算 | 概率分布公式：$C_n^k p^k (1-p)^{n-k}$。其中 $k$ 表示 $n$ 次实验中成功的次数；$p$ 表示单次实验成功的概率；$C_n^k$ 是组合公式，表示从 $n$ 个数中取 $k$ 个的组合个数 |
| 期望计算 | 公式：$E(X)=np$，其中 $n$ 为实验次数；$p$ 为单次实验成功的概率 |
| 期望方差 | 公式：$Var(X)=npq$，其中 $n$ 为实验次数；$p$ 为单次实验成功的概率，$q=1-p$ |

现实中有很多场景符合二项分布，如判断工厂零件质量是否合格，用户是否会点击网站上的广告链接等。计算这些场景中的概率、期望、方差可以为生产运营提供数据支持。

下面是一个二项分布计算的例子。假设某药物经过实验测试后发现有效率为 90%，现对 8 位患者使用，计算期望与至少 6 人被治愈的概率。

1- 计算期望：$np$=8×0.9，得到的结果为 7.2
2- 计算至少 6 人被治愈的概率，需要将治愈 6 人、7 人、8 人的概率相加

$$C_8^6 \times 0.9^6 \times (1-0.9)^{8-6} + C_8^7 \times 0.9^7 \times (1-0.9)^{8-7} + C_8^8 \times 0.9^8 \times (1-0.9)^{8-8}$$
```
=28×0.531×0.01+8×0.478×0.1+1×0.430×1
=0.96
```

### 2. 泊松分布

泊松分布用于描述单位时间或空间内随机事件发生的次数，相关说明如表2-9所示。

表2-9　泊松分布

| 说明项 | 说明 |
| --- | --- |
| 应用场景 | 日常生活中，很多事件是有固定频率的。单位时间内事件发生的平均次数用 $\lambda$ 表示 |
| 概率计算 | 概率分布公式：$\lambda^x e^{-\lambda}/x!$。其中 $x$ 表示在单位时间或空间中事件发生的次数；$\lambda$ 表示单位时间或空间中事件发生的平均次数 |
| 期望计算 | 泊松分布的期望为 $\lambda$ |
| 期望方差 | 泊松分布的方差为 $\lambda$ |

日常生活中，很多事件都有固定频率，如某医院平均每小时出生 3 个婴儿、某网站平均每分钟有 2 次访问，这些事件都可以通过泊松分布计算。

图 2-3 所示为部分泊松分布概率值。第一行为 $\lambda$ 值，第一列为变量的值。如要确定 $\lambda=9$ 时变量值为 10 的概率，只需在表中查找交叉单元格中的概率值。

| m/λ | 6.5 | 7 | 7.5 | 8 | 8.5 | 9 | 9.5 | 10 |
| --- | --- | --- | --- | --- | --- | --- | --- | --- |
| 0 | 0.00150 | 0.00091 | 0.00055 | 0.00034 | 0.00020 | 0.00012 | 0.00007 | 0.00005 |
| 1 | 0.00977 | 0.00638 | 0.00415 | 0.00268 | 0.00173 | 0.00111 | 0.00071 | 0.00045 |
| 2 | 0.03176 | 0.02234 | 0.01556 | 0.01073 | 0.00735 | 0.00500 | 0.00338 | 0.00227 |
| 3 | 0.06881 | 0.05213 | 0.03889 | 0.02863 | 0.02083 | 0.01499 | 0.01070 | 0.00757 |
| 4 | 0.11182 | 0.09123 | 0.07292 | 0.05725 | 0.04425 | 0.03374 | 0.02540 | 0.01892 |
| 5 | 0.14537 | 0.12772 | 0.10937 | 0.09160 | 0.07523 | 0.06073 | 0.04827 | 0.03783 |
| 6 | 0.15748 | 0.14900 | 0.13672 | 0.12214 | 0.10658 | 0.09109 | 0.07642 | 0.06306 |
| 7 | 0.14623 | 0.14900 | 0.14648 | 0.13959 | 0.12942 | 0.11712 | 0.10371 | 0.09008 |
| 8 | 0.11882 | 0.13038 | 0.13733 | 0.13959 | 0.13751 | 0.13176 | 0.12316 | 0.11260 |
| 9 | 0.08581 | 0.10140 | 0.11444 | 0.12408 | 0.12987 | 0.13176 | 0.13000 | 0.12511 |
| 10 | 0.05578 | 0.07098 | 0.08583 | 0.09926 | 0.11039 | 0.11858 | 0.12350 | 0.12511 |

图2-3　泊松分布概率表

### 3. 几何分布

几何分布用于描述在 $n$ 次伯努利实验中，实验 $x$ 次才获得第一次成功的概率，相关说明如表2-10所示。

表2-10　几何分布

| 说明项 | 说明 |
| --- | --- |
| 应用场景 | 计算事件第一次成功需要进行多少次实验及其对应的概率 |

| 说明项 | 说明 |
|---|---|
| 概率计算 | 概率分布公式：$p(1-p)^{x-1}$。其中 $p$ 表示事件发生的概率，$x$ 表示在第几次成功 |
| 期望计算 | 公式：$1/p$，$p$ 为事件成功的概率 |
| 期望方差 | 公式：$(1-p)/p^2$，$p$ 为事件成功的概率 |

日常生活中有很多"第一次成功"的场景。例如，篮球运动员进行三分球投篮，完成第一次命中需要投篮几次。

下面是一个泊松分布计算的例子。某篮球运动员的罚球命中率为 85%，计算三罚不中的概率。

三罚不中也就是第一次命中为第 4 次罚球，根据表 2-10 中的公式计算概率
`0.85 × (1-0.85)⁴⁻¹ = 0.0028`

### 2.2.3 连续型随机变量分布

连续型随机变量与离散型随机变量相比最大的区别是，连续型随机变量的取值个数是无限个。但和离散型随机变量一样，连续型随机变量中也有很多分布模型，应用最广泛的是正态分布。

在日常生活、工作生产中经常会遇到正态分布，如身高、血压、考试成绩、零件误差等都符合正态分布。图 2-4 所示为正态分布曲线，下面对图中内容进行简要说明。

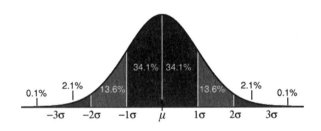

图2-4　正态分布

（1）正态分布中 $\mu$ 为期望值，$\sigma$ 为方差。

（2）无论 $\mu$ 和 $\sigma$ 取何值，正态分布曲线与横轴之间的面积总等于 1。

（3）$\mu=0$，$\sigma=1$ 的正态分布是标准正态分布。

第 **3** 章

# 实践环境的搭建

　　在使用 Excel 与 Python 进行数据处理前，先对它们的安装方法、操作环境、使用方法、基础语法进行说明。本章将以轻松的方式讲解 Python 基础语法，帮助没有编程基础的读者更好地理解后续章节中的内容。

## 本章主要知识点

>> Excel 的数据分析环境、基础操作方法。

>> Python 数据分析环境的安装、使用方法。

>> Python 基础语法说明与实践操作。

>> Excel 与 Python 集成开发演示说明。

## 3.1 Excel数据分析环境

目前，Excel可以在Windows系统、MacOS系统上使用，在联网环境下可使用Excel从网站中拉取数据，在特定IT构架环境下可使用Excel连接数据库查询数据，这些操作主要通过Excel功能区中的各项功能完成。

### 3.1.1 配置和扩展功能区

Excel 的功能区布局是可以调整的，如显示或隐藏功能区、调整选项卡中功能的位置、新增选项卡、对功能重命名等。

#### 1. 配置功能区

用户可以根据自己的喜好和习惯对功能区进行配置。

（1）显示、隐藏功能区。

如图 3-1 所示，当功能区为显示状态时，单击右下角的"折叠功能区"按钮可以隐藏功能区；当功能区为隐藏状态时，单击右下角的"固定功能区"按钮可以显示功能区。

图3-1　显示、隐藏功能区

（2）配置功能区中的功能。

用户可以根据自己的喜好配置功能区中的功能。单击"文件"→"选项"→"自定义功能区"选项，打开如图 3-2 所示的"Excel选项"窗口。单击图中标识 1 处的按钮可以新建选项卡、新建组、重命名选项卡或组。单击图中标识 2 处的按钮可以添加、删除功能区中的功能。

图3-2　配置功能区中的功能

（3）配置快速访问工具栏。

单击"文件"→"选项"→"快速访问工具栏"选项，打开如图 3-3 所示的"Excel选项"窗口，即可对快速访问工具栏进行配置。选择左侧列表框中的功能后单击"添加"按钮，即可将选择的功能添加到快速访问工具栏。

图3-3　快速访问工具栏配置界面

**2. 扩展插件**

在Excel中可以使用第三方编写或自编写的扩展插件，这些插件具有特定的功能，可以为用户带来极大的便利。安装扩展插件的方法主要有以下几种。

（1）通过安装包安装。

微软官方与一些第三方机构都提供了一些优秀的扩展插件供用户使用，只需在对应的网站中下载安装包并安装即可。

（2）通过Office应用商店安装。

单击"插入"→"应用程序"→"Office应用程序"按钮，即可查看、安装扩展应用，如图 3-4 所示。

图3-4  在Office应用商店中安装应用

安装新应用的方法是：单击"在Office应用商店中查找更多应用程序"链接，打开浏览器并自动跳转到微软应用商店网站，用户可以在该网站中查找、选择需要的应用程序。需要注意的是，下载应用程序必须登录微软账号。

## 3.1.2 Excel的操作方法

本小节将介绍Excel的主要操作对象、数据类型、常规操作方式。

**1. 主要操作对象**

Excel中可操作的对象有单元格、行、列、单元格区域，如图 3-5 所示。

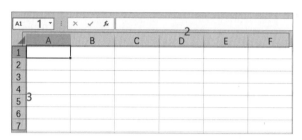

图3-5　Excel中可操作的对象

（1）单元格。

单元格的位置通过行、列交叉点定位，图3-5中标识1处为名称框，名称框中显示"A1"，表示A列第1行的单元格。

（2）行和列。

图3-5中标识2和标识3处分别为列标和行号，列标为字母，行号为数字。

（3）单元格区域。

单元格区域由多个单元格组成，表示方法为指定两个单元格并用冒号隔开，如"A1:C3"表示由A1单元格和C3单元格确定的单元格区域。

### 2. 数据类型

在Excel中，用户可以根据需要设置单元格中数值的数据类型。

在Excel功能区中单击"开始"→"数字"→"数字格式"按钮，打开"设置单元格格式"对话框，在"数字"选项卡下可以设置数据类型，如图3-6所示。

图3-6　设置单元格的数据类型

### 3. 常规操作方式

Excel中的主要操作流程为：选择要操作的对象→明确数据类型符合计算要求→实施对应的操作。

（1）选择单元格区域。

按住鼠标左键并拖曳即可选择单元格区域，也可以在名称框中输入单元格区域。如图3-7所示，在名称框中输入"A1:D3"后按【Enter】键,即可选择A1:D3单元格区域。

(2)设置数据类型。

如图 3-8 所示,在 H 列、I 列中输入相同的数据,然后为 I 列中的单元格设置不同的数据类型。设置数据类型的操作为:选中要设置数据类型的单元格,然后选择"开始"→"数字"→"数字格式"下拉列表中的数据类型。观察 I 列数据可以发现,为相同的原始数据设置不同的数据类型,数据的显示会有很大差异。

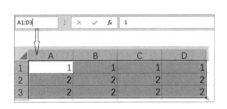

图3-7 通过名称框选择单元格区域

图3-8 设置数据类型

(3)插入函数。

Excel 中的"公式"→"插入函数"是常用功能之一,下面通过调用 SUM 函数介绍"插入函数"功能的使用方法。插入函数的操作步骤为:选中 B1 单元格,单击"公式"→"插入函数"命令,打开"插入函数"窗口,如图 3-9 所示,选择 SUM 函数,打开"函数参数"窗口,在"Number1"编辑框中输入"A1:A6",即会在 B1 单元格中输出 A1:A6 单元格区域中数据的和。按快捷键【Shift+F3】,可以快速打开"插入函数"窗口。

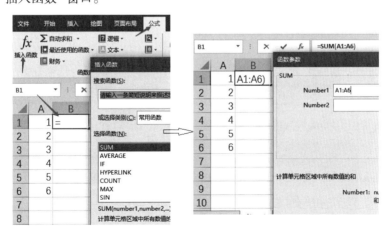

图3-9 插入函数窗口

(4)使用编辑栏。

在编辑栏中可以输入数据或公式。编辑栏中的公式以等号"="开始,如图 3-10 所示,图中标识 1 处是输出公式结果的单元格，标识 2 处是公式内容。编辑栏左侧有 3 个按钮，单击 fx 按钮可以打开"插入函数"窗口，单击√按钮可以确认公式，单击×按钮可以取消输入公式。

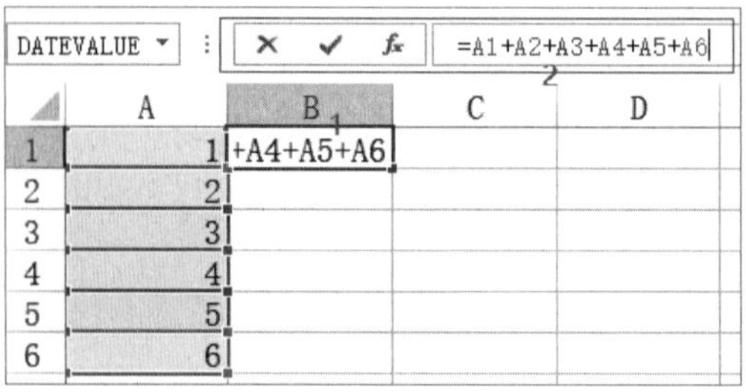

图3-10　使用编辑栏

（5）快速填充数据和设置数据格式。

重复的操作会浪费很多时间，Excel中有很多功能可以帮助用户避免重复操作。下面介绍两种常用的功能："单元格填充"功能和"格式刷"功能。

使用"单元格填充"功能可以对单元格进行批量填充，如图 3-11 所示，将鼠标指针移动到C1单元格右下角，当鼠标指针变为十字形时按住鼠标左键并向下拖曳至C8 单元格，释放鼠标后出现"自动填充选项"按钮，单击该按钮即可选择填充方式。

使用"格式刷"功能可以将已经设置好的格式快速应用到其他单元格，如图 3-12 所示，选中A1 单元格，单击"开始"→"剪贴板"→"格式刷"按钮，此时A1 单元格四周会显示虚线框，鼠标指针显示为刷子形状，选择要应用格式的单元格区域即可。

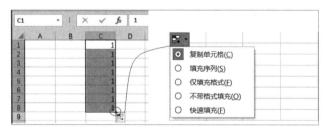

图3-11　单元格填充功能

图3-12　格式刷功能

（6）插入图表。

在Excel中可以快速插入图表。选中要可视化的单元格区域，单击"插入"→"图表"组中各图表对应的按钮即可，如图 3-13 所示。

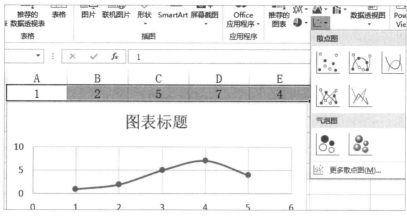

图3-13　插入图表

## 3.2 Python开发环境

Python作为跨平台编程语言，几乎可以在所有操作系统上使用，其安装配置过程也相对简单，本节将介绍Python在Windows系统中的安装和配置方法。

### 3.2.1 安装Python

打开Python官方网站，进入下载界面，如图3-14所示（文中最新版本为3.10.0），选择与操作系统对应的版本下载。在Windows操作系统中双击下载的安装包打开Python安装界面，如图3-15所示，勾选"Add Python 3.10 to PATH"复选框会将Python信息写入环境变量，然后单击"Install Now"选项以默认方式安装。目前Python有Python 2和Python 3两大版本，但Python 2已经不再更新，除有特殊原因外一般选择使用Python 3。

图3-14　Python下载界面

图3-15　Python安装界面

### 1. Python安装项说明

Python安装完毕后，打开"开始"菜单可以看到Python目录下包含 4 个安装项，如图 3-16 所示。其中 IDLE(Python 3.10 64-bit) 是 Python 内置的开发与学习集成环境，用于编写、调试代码；Python 3.10(64-bit) 是解释器，用于解释并执行 Python 代码；Python 3.10 Manuals(64-bit) 是 Python 操作文档，包含 Python 各方面的详细文档；Python 3.10 Module Docs(64-bit) 也是 Python 操作文档。

图3-16　Python安装项

### 2. 操作演示

验证 Python 是否安装成功。首先打开 IDLE(Python 3.10 64-bit)，输入简单的 Python 代码，如下所示。

```
Python 3.10.0 (tags/v3.10.0:b494f59, Oct  4 2021, 19:00:18) [MSC v.1929 64……
Type "help", "copyright", "credits" or "license" for more information.
>>> print("Hello World")     #输出字符串 Hello World
Hello World
>>> name= "NEO"              #定义变量
>>> print(name)              #输出变量值
NEO
```

Python 解释器有两种使用方法，一种是交互式代码编写，操作方式类似于 IDLE；另一种是调用 Python 脚本，下面新建一个 Python 脚本并命名为 "test.py"，脚本内容如下。

```
# -*- coding: UTF-8 -*-
str = input(" 请输入: ")      # input 函数接收一个标准输入数据
print(str)                    #输出输入的信息
```

调用 test.py 脚本，打开 Power Shell 或 CMD 控制台程序，定位到 test.py 脚本所在的目录，然后执行以下命令。

```
PS C:\Users\Administrator\Desktop> python.exe .\test.py
请输入: 你好, Python
你好, Python
```

### 3. pip工具的使用

Python 安装目录下 Scripts 文件夹中的 pip 工具可以对 Python 包进行安装与管理，以下代码为在 Power Shell 控制台中演示使用 pip 工具安装 NumPy 包。

```
1- 首先使用 pip.exe show 命令查看是否安装了 NumPy 包
PS C:\Users\Administrator> pip.exe show numpy
WARNING: Package(s) not found: numpy
2- 如果未安装 NumPy 包，使用 pip.exe install numpy 命令安装，成功安装会输出如下信息
PS C:\Users\Administrator> pip.exe install numpy
Collecting numpy
  Downloading numpy-1.19.4-cp39-cp39-win_amd64.whl (13.0 MB)
  |██████████████████████████████████████| 13.0 MB 930 kB/s
Installing collected packages: numpy
Successfully installed numpy-1.19.4
```

### 3.2.2 安装Anaconda开发环境

Anaconda是一个开源的Python发行版本，其中包含大量的科学包。使用Anaconda搭配IDE可以高效开发、有效管理包。

#### 1. 下载安装Anaconda

打开Anaconda官方网站，在网页的最下方选择Windows版的Anaconda 3下载。下载完成后双击安装包，以默认方式安装即可。

#### 2. 验证使用

安装完毕后，打开Anaconda Navigator，出现如图3-17所示的界面。选择"Home"选项，右侧界面中会显示默认安装的工具；选择"Environments"选项，可以以可视化的方式管理、安装Python包。下面演示使用JupyterLab开发环境。

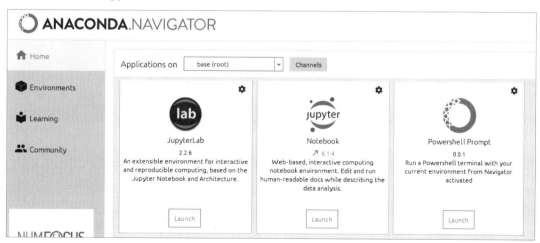

图3-17　Anaconda Navigator界面

单击Anaconda Navigator界面中JupyterLab图标下的"Launch"按钮启动JupyterLab开发环境，或通过命令启动JupyterLab开发环境，在Anaconda Powershell Prompt控制台中输入命令"jupyterlab.exe"，出现类似 "http://127.0.0.1：8888/?token…" 的信息则表示启动成功。

```
(base) PS C:\Users\Administrator> jupyter-lab.exe
……
To access the notebook, open this file in a browser:
        file:///C:/Users/Administrator/AppData/Roaming/jupyter/runtime/nbserver-9032-
open.html
Or copy and paste one of these URLs:
        http://localhost:8888/?token=9083ccb793d89dbff2ed464f6c3bc3beebad1ec928117d7b
    or http://127.0.0.1:8888/?token=9083ccb793d89dbff2ed464f6c3bc3beebad1ec928117d
7b
[I 09:41:42.421 LabApp] Build is up to date
[I 09:41:45.881 LabApp] Kernel started: 523558aa-a585-42d4-af7e-dd006485063f, name:
python3
```

在浏览器地址栏中输入启动信息中的 URL 信息，打开 JupyterLab 开发环境对应的 Web 应用，如图 3-18 所示。图中标识 1 处的按钮从左到右作用分别为：打开一个新 Launcher、新建文件夹、上传文件、刷新。在 Launcher 界面中，单击标识 2 处的按钮即可创建一个新的 Notebook，可用于输入代码。

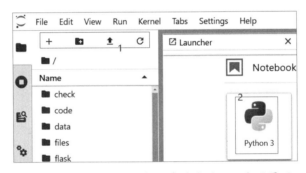

图3-18　JupyterLab开发环境对应的Web应用界面

在新建的 Notebook 中输入下面的代码，输出的数据如图 3-19 所示，图中标识 1 处是工具栏，可以进行代码的拷贝、剪切、执行等操作；单击 ▶ 按钮可以执行 Python 代码；单击 ■ 按钮可以取消执行代码；■ 按钮右侧是刷新按钮，单击该按钮可以重新执行代码。

```
import pandas as pd        # 导入 Pandas 包，Anaconda 中已经安装了很多包，可直接使用
import numpy as np         # 导入 NumPy 包
pd.__version__,np.__version__        # 查看 Pandas 包和 NumPy 包的版本
# 构建 DataFrame 类型数据
df = pd.DataFrame(np.random.randn(4, 4), index=list("1234"), columns=list("ABCD"))
```

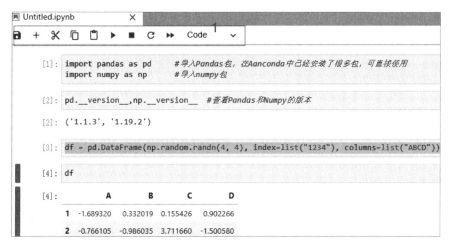

图3-19　在JupyterLab Notebook中执行Python代码

## 3.3 Python基础语法

本节将结合不同学科中的基础知识介绍Python的基础语法。

### 3.3.1 认识Python的工作方式

Python可以被视为一个在开发者和计算机沟通时进行协调的"中间人"，如图3-20所示。

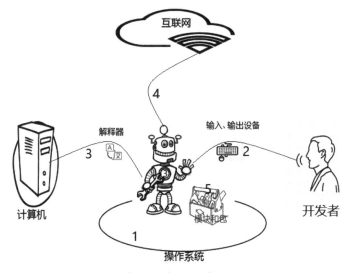

图3-20　Python在开发者和计算机沟通时进行协调

图3-20中各处标识的说明如下。

（1）标识1：Python的运行环境是各操作系统，需要在操作系统的管理下运行。

（2）标识 2：开发者通过输入、输出设备与 Python 进行沟通，其中鼠标、键盘、显示器是最常见的输入、输出设备。

（3）标识 3：Python 将开发者通过输入设备输入的代码用解释器翻译给计算机执行。

（4）标识 4：Python 通过 pip、easy_install 等工具从互联网上下载不同功能的包。

（5）标识 5：导入 Python 模块和包中的功能用于完成不同的操作。

通过上面的说明，我们认识到不应该以单一的视角看待 Python。以不同的视角看待一个事物，会有不同的思维方式与学习方法。本书的视角是：以面向对象的方式认识 Python，将 Python 视为一个"中间人"，它与开发者、计算机、互联网、操作系统都有关联。我们学习的重点是 Python 与开发者的沟通方式，即接下来要介绍的 Python 语法。

## 3.3.2 基础语法——Python 的独特"口音"

Python 被视为一个"中间人"，通过特定的语言与开发者沟通。本小节将对 Python 语言中最基本的知识点进行说明。

### 1. 空格的缩进

空格的缩进方式是 Python 语法中最有特色的一部分，往往也是初学者实践时最容易忽略的知识点。需要缩进 4 个空格的语法包括：条件判断、循环处理、定义函数、定义类。以下代码为在 IDLE 中演示缩进空格错误的提示信息，读者可对其进行修改，以输出正确信息。

```
>>> if 1==1:        #使用 if 条件做判断
print("1")          #在 if 的语句块中没有缩进 4 个空格，读者可修改为缩进 4 个空格，改正错误
  File "<ipython-input-8-3f3d08928fd5>", line 2
    print("1")
    ^
IndentationError: expected an indented block        #缩进错误的提示信息
>>>   if 1==1:    #if 条件前缩进了 1 个空格，读者可删除缩进空格，改正错误
 SyntaxError: unexpected indent
```

### 2. 保留关键字

保留关键字是 Python 语言中一些已经被赋予特定意义的单词，以下代码为在 IDLE 中查看保留关键字并测试对保留关键字赋值会引发何种错误。

```
>>> import keyword        #导入 keyword 库
>>> keyword.kwlist        #查看 Python 内置保留关键字
['False', 'None', 'True', '__peg_parser__', 'and', 'as', 'assert', 'async', 'await',
'break', 'class', 'continue', 'def', 'del', 'elif', 'else', 'except', 'finally',
'for', 'from', 'global', 'if', 'import', 'in', 'is', 'lambda', 'nonlocal', 'not',
'or', 'pass', 'raise', 'return', 'try', 'while', 'with', 'yield']
>>> False=1            #对 False 关键字赋值，出现如下错误
```

```
SyntaxError: cannot assign to False
>>> if="OK"          #对 if 关键字赋值，出现如下错误
SyntaxError: invalid syntax
```

### 3. 特殊符号

Python语言中有用于表示特定逻辑的特殊符号，特殊符号可分为 3 类，如表 3-1 所示。

表3-1　特殊符号说明

| 特殊符号分类 | 说明 |
|---|---|
| 操作符 | 用于赋值、比较、布尔计算等，在介绍运算符、条件控制、循环等知识点时将展开说明 |
| 格式化符 | 用于对输出内容的格式进行设置，在介绍字符串时将展开说明 |
| 转义符 | 将普通字符转换为特殊意义的字符，或将特殊意义的字符转换回它原来的意义 |

转义符用反斜杠 "\" 表示，以下代码为在 Jupyter QT Concole 控制台中使用转义符的各种场景的说明。在 Anaconda Powershell Prompt 中输入 "jupyter qtconcole" 命令即可打开 Jupyter QT Concole。

```
1- 输出转义符 "\" 的方法
In [1]: print('a')  #使用 print 函数，输出字符 a
a
In [2]: print('\')  #使用同样的方法输出 "\" 会提示错误，因为单引号也是特殊符号，"\'" 会被
转义
File "<ipython-input-2-eaac87876c3b>", line 1
print('\')
         ^
SyntaxError: EOL while scanning string literal
In [3]: print('\\')    #要保留 "\" 的字面意义，对 "\" 进行转义即可
\
2- 字符转义
In [4]: print('\a')    #转义字符 a，发出系统提示音
In [5]: print('\b')    #转义字符 b，作用为退格
3- 制表转义与换行转义
In [9]: print('aaaa\nbbbb')    #转义字符 n，作用为换行
aaaa
bbbb
In [10]: print('aaaa\tbbbb')    #转义字符 t，作用为横向制表
aaaa    bbbb
In [11]: print('aaaa\vbbbb')    #转义字符 v，作用为纵向制表
aaaa
bbbb
```

### 4. 注释

注释语句是给开发者查看的，不会被 Python 解释器执行，注释的符号是 "#" 或三个引号，演示

代码如下。

```
#使用#符号对print函数添加注释，print函数添加注释后将不会输出Hello World
In [13]: #print ('Hello World')

#使用3个单引号，进行多行注释
In [14]: ''' 连接到数据库获取客户信息
    ...: 并对客户行为进行分析 '''
Out[14]: ' 连接到数据库获取客户信息 \n 并对客户行为进行分析 '
#使用3个双引号，进行多行注释
In [14]: """ 连接到数据库获取客户信息
    ...: 并对客户行为进行分析 """
Out[14]: ' 连接到数据库获取客户信息 \n 并对客户行为进行分析 '
```

### 3.3.3 变量与类型——角色扮演

本小节将介绍变量的创建和使用方式。在Python中变量像是一个演员，可以扮演各种不同类型的数据。在学习Python变量的同时，读者可以将其与Excel中的数据类型进行对比，以达到更好的学习效果。

#### 1. 定义变量的方式

在Python中，对变量定义、赋值时不需要声明类型，但需要遵守一定的命名规则。具体规则主要包括3项：不能使用保留关键字，不能以数字开头，不能包含空格。需要注意Python中的变量是区分大小写的，如a和A是两个不同的变量。

```
#1- 定义以数字开头的变量 1a，提示错误：invalid syntax
In [15]: 1a=1
File "<ipython-input-19-fbf1bec92ff8>", line 1
1a=1
^
SyntaxError: invalid syntax
#2- 定义含有空格的变量 a b，提示错误：invalid syntax
In [16]: a b = 1
File "<ipython-input-20-2bab97d7970c>", line 1
a b = 1
^
SyntaxError: invalid syntax
#3- 使用变量前，需确保变量已被定义，否则将提示以下错误
In [17]: var    #使用未定义的变量 var
---------------------------------------------------------------------------
NameError     Traceback (most recent call last)
<ipython-input-21-84ddba356ca3> in <module>
----> 1 var
```

```
NameError: name 'var' is not defined
In [18]: var=1        #定义并赋值变量 var 后，再使用变量时将不会出现错误
In [19]: var
Out[19]: 1
```

### 2. 可使用的数据类型

变量可以扮演不同类型的数据，表 3-2 所示为 Python 中的数据类型。

表3-2　Python中的数据类型

| 数据类型 | 作用 |
|---|---|
| int（整数类型） | 有符号整数，如 1、123、1000 |
| bool（布尔类型） | 包含 False、True 两个值 |
| float（浮点类型） | 浮点数，如 1.23、3.56 |
| complex（复数类型） | 数学中的复数，即 $a+bi$ |
| string（字符串类型） | 字符串类型数据，如 "hello world"，可通过单、双、三引号定义 |
| 复合类型 | 包括列表、元组、字典等 |

以下代码中使用了各种不同的数据类型，需要明确的是 Python 中变量类型是根据等号右边的数据类型决定的。

```
1- 定义变量 var，并赋值整数 100，此时变量 var 扮演整数
In [20]: var = 100
2- 为变量 var 赋值浮点数 10.10，此时变量 var 扮演浮点数
In [21]: var=10.10
3- 为变量 var 赋值中文字符串，此时变量 var 扮演字符串
In [22]: var=' 你好，世界 '
3- 为变量 var 赋值数组，此时变量 var 扮演数组
In [23]: var=[1,2,3,4]
4- 为变量 var 赋值 True，此时变量 var 扮演布尔值
In [24]: var=True
5- 可以一次给多个变量赋值，下面同时定义了 3 个变量
In [24]: var1,var2,var3=1,'a',12.3
In [25]: var1,var2,var3
Out[26]: (1, 'a', 12.3)
```

### 3. 数据类型的查看与转换

变量的数据类型是可以转换的，以下代码演示了常用数据类型的转换方式。

```
1-int 类型转换为 float 类型、string 类型
In [1]: var=12          #定义整数变量 var
In [2]: float(var)      #使用 float 函数将变量 var 转换为浮点数
Out[2]: 12.0
```

```
In [3]: str(var)          #使用 str 函数将变量 var 转换为字符串
Out[3]: '12'
2-float 类型转换为 int 类型、string 类型
In [4]: var2=0.123
In [5]: int(var2)
Out[5]: 0
In [6]: str(var2)
Out[6]: '0.123'
3-string 类型转换为 int 类型、float 类型，需要确保字符串是纯数字
In [7]: var3='100'
In [8]: int(var3)
Out[8]: 100
In [9]: float(var3)
Out[9]: 100.0
```

以上演示代码中转换数据类型时，只是返回转换类型后的数据，并不会改变原变量类型。可以通过 isinstance 函数和 type 函数验证变量的类型，演示代码如下。

```
In [11]: isinstance(var,int)      #查看变量 var 是否为 int 类型，返回 True
Out[11]: True
In [12]: isinstance(var,float)    #查看变量 var 是否为 float 类型，返回 False
Out[12]: False
In [13]: type(var2)               #通过 type 函数查看变量 var2 的类型
Out[13]: float
In [14]: type(var3)               #通过 type 函数查看变量 var3 的类型
Out[14]: str
```

### 4. Python与Excel的数据类型对比

在学习了 Python 变量与数据类型后，可以将其与 Excel 中的数据类型进行对比，以在后续章节中进行数据处理分析时有更深刻的理解，如表 3-3 所示。

表3-3　Python与Excel的数据类型对比

| 对比项 | Python | Excel |
|---|---|---|
| 变量表示 | 以特定的规则定义变量，然后赋予变量不同类型的值 | 可以将 Excel 中的单元格视为变量的容器，其中可以填充不同类型的数据 |
| 数值类型 | Python 内置 int 整数、float 浮点、complex 复数等类型 | 数字、百分比、分数、科学记数等类型 |
| 字符串类型 | Python 中字符串类型数据通过单引号、双引号、三引号定义 | 常规、文本类型 |
| 复合类型 | Python 内置元组、列表、字典等复合类型 | Excel 中的行、列、单元格区域可视为复合类型数据的容器 |

### 3.3.4 ▶ 运算符——算术演示

Python通过运算符进行各种运算，本小节介绍Python中的4类运算，分别是算术运算、比较运算、赋值运算、逻辑运算。

#### 1. 算术运算

包括加、减、乘、除等运算，以下演示代码在JupyterLab开发环境中运行，读者可参考本书代码素材文件"3-1-运算符.ipynb"进行学习。

```
#1- 使用运算符 +、- 进行加减运算
var1,var2 = 10,3
print(" 加法运算: ",var1+var2)
print(" 减法运算: ",var1-var2)
加法运算: 13
减法运算: 7
#2- 使用运算符 *、/ 进行乘除运算
print(" 乘法运算: ",var1*var2)
print(" 除法运算: ",var1/var2)
乘法运算: 30
除法运算: 3.3333333333333335
#3- 使用运算符 //、% 进行取整、取模运算
print(" 取整运算: ",var1//var2)
print(" 取模运算: ",var1%var2)
取整运算: 3
取模运算: 1
#4- 使用运算符 ** 进行幂运算
print(" 幂运算: ",var1**var2)
幂运算: 1000
#5- 使用除法运算符，除数不能为 0，否则将报错
print(" 除 0 运算: ",var1/0)
ZeroDivisionError: division by zero
```

#### 2. 比较运算

通过比较运算可以对相同类型的数据进行比较。需要注意区分"=="和"="的使用场景，前者用于比较，后者用于赋值。比较运算的返回结果是布尔类型数据，即结果只有True与False两种可能。

```
#6- 使用 == 、!= 比较变量是否相等
var3,var4 = 1,'1'      #定义两个变量，一个赋值为整数 1，另一个赋值为字符串 1
print(" 不同类型变量的比较: ",var3==var4)
不同类型变量的比较: False
print(" 整数变量的比较: ",var3==1,var3!=2)
print(" 字符串变量的比较: ",var4=='a',var4!='A')
```

```
整数变量的比较： True True
字符串变量的比较： False True
#7- 使用 <、> 进行大小比较；使用 >=、<= 进行大于等于、小于等于比较
print(" 整数变量大小比较： ",var3>1,var3>=1,var3<1,var3<=1)
print(" 字符串变量大小比较： ",var4>'a',var4>='a',var4<'a',var4<='a')
整数变量大小比较： False True False True
字符串变量大小比较： False False True True
```

### 3. 赋值运算

前文的代码中多次使用了等号对变量赋值，Python中还有很多其他赋值运算符能够完成更多的赋值操作，最常见的是将算术运算符和等号组合使用。

```
#8- 使用 +=、-= 将运算符左右两侧的值相加、相减，结果赋值给运算符左侧的变量
var4,var5=4,5
var4+=var5      # 使用 += 运算符运算后 var4 值为 9
print(var4)
9
var4-=var5      # 使用 -= 运算符运算后 var4 值为 4
print(var4)
4
#9- 使用 *=、/= 将运算符左右两侧的值相乘、相除，结果赋值给运算符左侧的变量
var4*=var5      # 使用 *= 运算符运算后 var4 值为 20
var4/=var5      # 使用 /= 运算符运算后 var4 值为 4
```

### 4. 逻辑运算

逻辑运算包括与、或、非，常结合条件判断语句使用，Python中的逻辑运算说明如表 3-4 所示。

**表3-4　Python中的逻辑运算说明**

| 逻辑运算 | 表达式 | 说明 | 实例 |
|---|---|---|---|
| and（与） | x and y | 如果x为True，x and y返回x的值，否则返回y的值 | a为 20，b为 10，a and b返回 20 |
| or（或） | x or y | 如果x为True，x or y返回x的值，否则返回y的值 | a为 0，b为 10 a or b返回 10 |
| not（非） | not x | 如果x为True，not x返回False；如果x为False，not x返回True | a、b都为 0 not(a and b)返回 False |

下面在JupyterLab开发环境中演示使用bool函数对不同类型的数据进行转换，转换的结果用于确定不同数据类型对应的布尔值。

```
#bool 函数的参数为 0 和 0.0，对应的布尔值为 False
bool(0)
False
bool(0.0)
```

```
False
#bool 函数的参数为非 0 数值，对应的布尔值为 True
bool(1)
True
bool(0.24)
True
#bool 函数的参数为空字符 ''，对应的布尔值为 False
bool('')
False
#bool 函数的参数为非空字符，对应的布尔值为 True
bool('HELLO')
True
bool(' ')
True
```

#### 5. Python与Excel中的运算符对比

在Python和Excel中进行相同的运算时使用的运算符有差异，表3-5所示为Python与Excel中的运算符对比。

**表3-5　Python与Excel中的运算符对比**

| 运算 | Python运算符 | Excel运算符 |
| --- | --- | --- |
| 算术运算 | 使用+、−、*、/进行加、减、乘、除运算，使用**进行幂运算，使用%、//进行取模与取整运算 | 使用+、−、*、/进行加、减、乘、除运算，使用函数进行幂运算、取整运算、取模运算 |
| 比较运算 | 使用<、>、<=、>=、==、!=作为比较运算符 | 使用<>表示不等于，其他比较运算符与Python相同 |
| 赋值运算 | 使用=、+=、−=、*=、/=作为赋值运算符 | Excel中没有赋值运算符，但公式以=开始，相当于给单元格赋值 |
| 逻辑运算 | 使用and、or、not进行逻辑运算 | 使用and、or、not进行逻辑运算 |

### 3.3.5　字符串操作——以语文实例演示

本小节介绍Python中的字符串操作。读者在学习过程中可以将Python与Excel的字符串操作进行对比，可参考本书代码素材文件"3-2-字符串操作.ipynb"进行学习。

#### 1. 字符与字符串的表示

在Python中可使用单引号、双引号、三引号定义字符类型。字符串由多个字符构成，因此可以对单个字符进行索引，演示代码如下。

```
#1- 定义字符与字符串
char1 = '1'    # 变量 char1 是单个字符
```

```
str1 = 'hello,world'    #变量 str1 是字符串，由 11 个字符构成
#2- 使用方括号对字符串中第 5 个字符进行索引
str1[4]
  #结果: o
```

  str1 字符串中包含 11 个字符，正向索引（从左向右）从 0 开始，逆向索引（从右向左）从 -1 开始，如图 3-21 所示。str1[4] 和 str1[-7] 索引的是相同位置，对应字符为"o"。

| 字符串 | h | e | l | l | o | , | w | o | r | l | d |
|---|---|---|---|---|---|---|---|---|---|---|---|
| 正向索引 | 0 | 1 | 2 | 3 | 4 | 5 | 6 | 7 | 8 | 9 | 10 |
| 逆向索引 | -11 | -10 | -9 | -8 | -7 | -6 | -5 | -4 | -3 | -2 | -1 |

图3-21　Python字符串索引

### 2. 以语文实例演示字符串操作

  下面以《静夜思》为例演示字符串操作，读者需学会使用操作文档，查找需要的功能。

```
#3-《静夜思》字符串的操作
str_poem = " 床前明月光，疑是地上霜。举头望明月，低头思故乡。"
                        #定义 str_poem 字符串，并为其赋值《静夜思》的内容
len(str_poem)           #通过 len 函数获取字符串长度，共有 24 个字符
24
str_poem = " 作者：李白 -" + str_poem# 通过 + 符号将作者与诗句拼接
' 作者：李白 - 床前明月光，疑是地上霜。举头望明月，低头思故乡。'
#4- 通过 [:] 操作符索引字符串
str_poem[3:5]           #获取作者名
' 李白 '
str_poem[-3:-1]         #进行逆向索引
' 故乡 '
#5- 使用 index 函数查找字符串中子字符串的位置
str_poem.index(' 明月 ')                    #索引字符串中"明月"子字符串的位置
8
#6- str_poem 字符串的长度为 24，若索引值超过字符串长度，将提示如下错误
str_poem[100]
IndexError: string index out of range
```

  在 Python 中可使用 % 操作符与 format 函数对字符串进行格式化。在 Python 早期版本中使用 % 操作符格式化字符串，Python 2.6 版本中新增了 format 函数。若无版本原因，建议使用 format 函数对字符串进行格式化。

```
#7- format 函数的使用方式：字符串 .format( 不同的参数 )
# 例 1：使用 {} 作为占位符，分别对整数、浮点数、字符串数据格式化输出
print(' 今年是 {} 年，商店盈利 {:.2f} 元，决定大量引进 {} 产品 '.format(2021,3234.43,' 水果 '))
# 例 2：使用 { 关键字 } 作为占位符，分别对整数、浮点数、字符串数据格式化输出
print(' 今年是 {year} 年，商店盈利 {profit:.2f} 元，决定大量引进 {fruit} 产
```

```
品 '.format(profit=3234.43,fruit=' 水果 ',year=2021))
print(" 静夜思共有 {} 个字符, 是李白在 {} 年创作的 {} 言诗 ".format(24,726,' 五 '))
今年是 2021 年, 商店盈利 3234.43 元, 决定大量引进水果产品
今年是 2021 年, 商店盈利 3234.43 元, 决定大量引进水果产品
静夜思共有 24 个字符, 是李白在 726 年创作的五言诗
```

以上代码中只使用了少量的字符串操作函数，读者可通过查询Python操作文档学习更多字符串操作函数。打开Python操作文档，定位到 "The Python Standard Library" → "Built-in Types" → "Text Sequence Type" → "String Methods" 文档，如图 3-22 所示，该文档对字符串操作函数进行了详细的说明与演示。

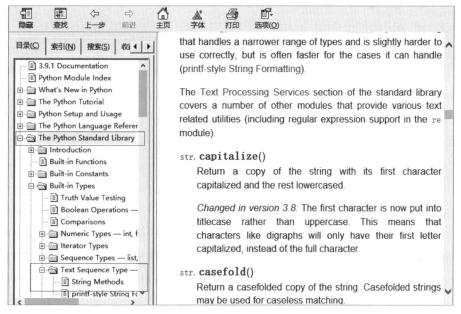

图3-22　Python操作文档

## 3.3.6 条件控制——以物理实例演示

本小节介绍Python中的条件控制。条件控制是编程的基础知识点之一，本例通过条件控制模拟物理中水的 3 态变化，读者可参考本书代码素材文件 "3-3-条件控制.ipynb" 进行学习。

### 1. 条件控制的关键字与符号

条件控制的关键字有if、else、elif，这些关键字语句以冒号 ":" 结尾，对应的语句块要缩进 4 个空格。条件控制对应的中文表述类似 "如果……就……"，以下代码为条件控制的基础演示。

```
#1- 定义变量 var1、var2, 使用 if 条件判断变量是否相等
var1,var2 = 1,'1'
if var1==var2:                # 使用两个等号判断变量是否相等, 并在判断语句结尾加冒号
    print('var1 等于 var2')   # if 语句块要缩进 4 个空格
```

```
else:                      # if 条件不成立时, 进入 else 语句块, 需注意语句以冒号结束并缩进
    print('var1 不等于 var2')
var1 不等于 var2
#2- 在 if 条件中使用比较运算符
if 1>=2:
    print('1 大于等于 2')
elif 1<2:
    print('1 小于 2')
1 小于 2
#2- 在 if 条件中使用逻辑运算符
if 0 and '':
    print(' 数值 0 和空字符转换为逻辑 True 值 ')
else:
    print(' 数值 0 和空字符转换为逻辑 False 值 ')
数值 0 和空字符转换为逻辑 False 值
if 0 or 1:
    print(' 若数值 1 对应逻辑 True 值, 则不执行以下 else 语句 ')
else:
    print(' 若数值 1 对应逻辑 False 值, 则执行 else 语句 ')
若数值 1 对应逻辑 True 值, 则不执行以下 else 语句
```

### 2. 以物理实例演示条件控制

物理中水有 3 种状态, 分别是固态、液态、气态。水的 3 种状态在温度、气压达到临界值时会互相转化。下面通过代码模拟在标准大气压下, 水的 3 种状态随温度的变化。

```
#3- 模拟水的 3 种状态随温度的变化
temp = 30                        # 定义温度变量 temp 初始值为 30 摄氏度
if temp< 100 and temp > 0:       # 当温度大于 0 摄氏度, 小于 100 摄氏度时水为液态
    print(' 液态水 ')
elif temp <= 0:                  # 当温度小于等于 0 摄氏度时水为固态
    print(' 固态水 ')
elif temp >= 100 :               # 当温度大于等于 100 摄氏度时水为气态
    print(' 气态水 ')
液态水
#4- 通过 -= 赋值运算符将温度降低到 -2 摄氏度
temp -= 32
if temp <= 0:
    print(' 固态水 ')
if temp > 0 and temp < 100:
    print(' 液态水 ')
固态水
```

## 3.3.7 循环控制——以数学实例演示

在 Python 中可以通过循环控制处理一些重复的操作，循环控制和条件控制在某些情况下是互通的。本小节以数学中水池排水、注水问题和九九乘法口诀表为例演示循环控制，读者可参考本书代码素材文件"3-4-循环控制.ipynb"进行学习。

### 1. 循环控制的关键字与符号

循环控制的关键字有 while、for...in、break、pass 等，关键字语句以冒号":"结尾。循环控制对应的中文表述类似"直到……就……"。

```python
#1-while 循环控制
num = 1          #定义变量 num
# 当变量 num 的值小于 10 时，执行 while 语句块中的代码
while num < 10:
    num += 1     # 对 num 变量值加 1，注意要缩进 4 个空格
print('num 值为 :',num)
num 值为 : 10
#2- 使用 for...in 遍历字符串
str1 = 'hello,world'
for c in str1:   #使用 for...in 遍历字符串
    print(c)
输出结果
h
e
......
l
d
```

### 2. 以数学实例演示循环控制

数学中有一个经典的水池问题：水池有注水口、排水口，同时进行注水与排水但速度不一样，问将水排干需要多少时间。在这个问题中有 2 个判断条件：排水速度大于注水速度才能计算将水排干需要的时间；水池中水被排干就停止注水和排水。下面通过代码计算水池排水、注水问题。

```python
#3- 定义要使用的变量
var1 = 100       # 变量 var1 为水池中原有水量
var2 = 8         # 变量 var2 为每秒注水量
var3 = 10        # 变量 var3 为每秒排水量
time = 0         # 变量 time 为将水排干需要的时间
while var1 >= 0 and var2 < var3:    # 水池中有水且排水速度大于注水速度，才进行计算
    var1 += var2     # 注水后水池中水的总量
    var1 -= var3     # 排水后水池中水的总量
    time += 1        # 时间加 1
print(' 总共需要的时间为：',time,' 秒 ')
```

总共需要的时间为： 51 秒

以下代码演示了使用循环控制输出九九乘法口诀表，print 函数中的 end 参数用于设置输出文本的结尾内容，赋值转义符 \t 用于横向制表。

```
for i in range(1,10):
    a = 1
    while a <= i:
        print("{0}*{1}={2}".format(a,i,a*i),end="\t") # 使用 format 函数格式化输出结果
        a +=1
    print()
# 输出样式如下
1*1=1
1*2=2    2*2=4
1*3=3    2*3=6    3*3=9
......
1*8=8    2*8=16   3*8=24   4*8=32   5*8=40   6*8=48   7*8=56   8*8=64
1*9=9    2*9=18   3*9=27   4*9=36   5*9=45   6*9=54   7*9=63   8*9=72   9*9=81
```

## 3.3.8 GUI编程——以美术实例演示

介绍 GUI 编程，一方面是为了介绍图形用户界面与素材资源等概念，另一方面可以对前面几个小节中的知识点进行汇总复习。本小节中使用 Python 自带的 GUI 包 Tkinter 编写 GUI 程序，读者可参考本书代码素材文件 "3-5-gui 编程 .ipynb" 进行学习。

### 1. 什么是GUI编程

GUI 是 Graphical User Interface 的缩写，即图形用户界面。GUI 程序提供可视化的操作界面，如 Excel 就是一款 GUI 程序。GUI 编程就是编写图形操作应用程序，Python 中自带一个 GUI 包 Tkinter，其基础使用方法的演示代码如下。

```
#1- 通过 Tkinter 创建窗口
import tkinter as tk          # 导入 Tkinter 包
root =tk.Tk()                 # 构建 Tkinter 窗口对象
my_button = tk.Button(root, text=" 一个按钮 ")      # 创建一个按钮对象
my_button.pack()              # 将按钮关联到主窗口中
root.mainloop()               # 开启消息循环监听
```

演示代码中变量 root 表示整个窗口，变量 my_button 表示按钮，通过 pack 函数将按钮关联到主窗口中，mainloop 函数用于消息监听，运行代码得到的程序界面如图 3-23 所示。

图 3-23　GUI 程序的界面

### 2. 资源的加载

编程中使用的图片、音频、视频等文件是外部资源，这些外部资

源可以让程序的内容更加丰富且容易使用。外部资源的类型有很多，加载使用的方式也有差异。以下代码演示了在GUI编程中加载外部资源的操作，最终GUI程序的样式如图3-24所示。

```
from tkinter import *          # 导入 Tkinter 包中的所有功能
tk = Tk()                      # 创建主窗口对象
tk.title('Python')             # 设置主窗口标题
photo = PhotoImage(file="python.png")       # 加载图片资源
theLabel = Label(tk, image=photo)           # 设置 Label 控件显示图片
label = Label(tk, text="Python 学习指导图, \nPython 和开发者 \n 计算机等联系沟通 ",
font=('heiti', 15), fg='red', bg='gray')    # 添加一个 Label 控件, 显示图片的说明文字
label.place(x=10, y=95)                      # 设置 Label 控件在 GUI 程序界面上的位置坐标
theLabel.pack()
tk.mainloop()
```

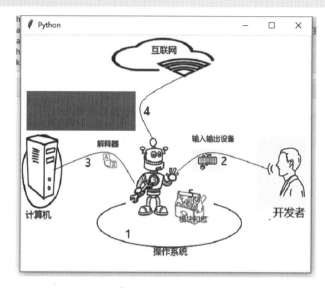

图3-24　在GUI编程中加载外部资源

**3. 知识点汇总示例**

下面将本章各小节中介绍的Python语法知识应用到GUI编程中，通过可视化的操作加深对Python语法的理解。以下代码演示了通过Tkinter制作一个计算器程序的界面，读者可参考本书代码素材文件"3-6-计算器.ipynb"进行学习。

（1）首先构建Tkinter主窗口，设置窗口的大小、标题等。

```
import tkinter as tk
root = tk.Tk()
root.minsize(300, 400)      # 窗口大小为 300*400
root.resizable(0, 0)        # 窗口大小不可改变
root.title('tk 计算器 ')     # 程序的名称
```

（2）定义"算术运算符"按钮变量，并设置控件在主窗口中的位置与显示的信息。

```
result = tk.StringVar()        #变量 result 用于存储计算结果
#print('result 的类型: ',type(result))            #使用 type 函数查看变量 result 的类型
result.set(0)                  #将变量 result 的值初始化为 0
#定义控件变量 show_label，用于显示计算结果
show_label = tk.Label(root, bg='white', textvariable=result)
show_label.place(x=10, y=20, width=240, height=30)     #设置控件变量 show_label 在主窗口
中的位置
#定义运算符变量，并绑定到按钮控件上显示
var1 , var2 , var3 , var4 , var5 , var6 , var7 = '+' , '-' , '*' , '/' , '**' , '//'
, '%'
button_var1 = tk.Button(root, text=var1)     #变量 button_var1 对应的按钮控件显示加号字符
button_var1.place(x=10, y=80, width=30, height=30) #设置变量 button_var1 对应按钮的位置
button_var2 = tk.Button(root, text=var2)
button_var2.place(x=50, y=80, width=30, height=30)
......
button_var7 = tk.Button(root, text=var7)
button_var7.place(x=250, y=80, width=30, height=30)
```

（3）定义"逻辑运算关键字"按钮变量，并以字符串遍历方式分配控件显示值。

```
str1 = 'andnotor'            #将逻辑运算的关键字 and、not、or 放到一个字符串变量中
button_and = tk.Button(root, text=str1[0:3])            #变量 button_and 对应的按钮控件显示
                                                         and 字符串
button_and.place(x=10, y=120, width=30, height=30)   #设置变量 button_and 对应按钮的位置
button_not = tk.Button(root, text=str1[3:6])
button_not.place(x=50, y=120, width=30, height=30)
button_or = tk.Button(root, text=str1[6:8])
button_or.place(x=90, y=120, width=30, height=30)
```

（4）将数字 0~9 通过循环控制添加到主界面中。

```
num1=1234567890        #定义数值类型变量 num1
str_num = str(num1)    #将变量 str_num 转换为字符串类型，可使用 for 语句循环遍历
pos_gap = 40           #定义控件位置的水平间隔
a = 0
for i in str_num:      #使用 for 循环添加按钮控件
    b=a % 5            #每行显示 5 个控件
    if int(i) <= 4:
            button_num = tk.Button(root, text=i)
            button_num.place(x=10 + b* pos_gap, y=160, width=30, height=30)
    else:
            button_num = tk.Button(root, text=i)
            button_num.place(x=10 + b* pos_gap, y=200, width=30, height=30)
    a+=1
button_cal = tk.Button(root, text=' 计算 ')    #添加计算按钮
button_cal.place(x=210, y=200, width=60, height=30)
root.mainloop()
```

经过以上4步操作后，得到的GUI程序界面如图3-25所示，在构建GUI界面时使用了变量定义、算术运算符、逻辑运算符、字符串索引、循环控制、条件判断等Python基础语法。在介绍完Python函数相关知识后，将对该计算器程序进行完善。

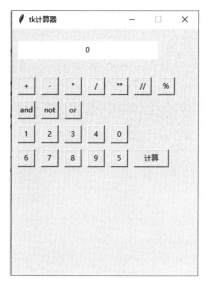

图3-25　Tkinter计算器界面

## 3.3.9 复合数据类型——以地理实例演示

Python中常用的复合数据类型有元组、列表、字典，读者可参考本书代码素材文件"3-7-复合数据类型.ipynb"进行学习。

### 1. 认识复合数据类型

Python中常用的复合数据类型如表3-6所示，需注意构建各种类型的关键字与符号。

表3-6　Python复合数据类型

| 类型 | 关键字或符号 | 说明 |
|---|---|---|
| 元组 | 使用圆括号()或tuple函数创建，用逗号分隔元素 | 用于存储一组固定的数据元素 |
| 列表 | 使用方括号[]或list函数创建，用逗号分隔元素 | 用于存储一组可变的数据元素，可添加、删除元素 |
| 字典 | 使用花括号{}或dict函数创建，用逗号分隔元素 | 与列表类似，不同的是存储的元素是键值对 |

（1）首先演示元组的定义及基础操作，需要注意的是元组中的元素值是不可改变的。

```
#1- 元组的定义与操作
tup1 = (1,2,3,4,5)              #使用()定义包含5个整数元素的元组
tup2 = ('a','b','c','d','d')    #使用()定义包含5个字符元素的元组
tup3 = ('hello','world',2020,12,31)  #使用()定义包含5个元素的元组，包括字符串与数值
```

```
#2- 改变元组中元素的值
tup1[1] = 'c'                    # 改变元组中元素的值，会提示如下错误
-------------------------------------------------------------------------
TypeError          Traceback (most recent call last)
<ipython-input-7-caa793b62fa2> in <module>
      1 #2- 元组操作
----> 2 tup1[1] = 'c'            # 改变元组中元素的值，会提示如下错误
TypeError: 'tuple' object does not support item assignment
#3- 元组中的操作
len(tup1),len(tup2),len(tup3)   # 使用 len 函数获取元组中元素的个数
(5, 5, 5)
tup1 = tup2 + tup3              # 使用 + 将两个元组相加，结果为两个元组中的元素构成的新元组
#tup1 的结果为 ('a', 'b', 'c', 'd', 'd', 'hello', 'world', 2020, 12, 31)
# 使用 max 函数和 min 函数可以查找元组中的最值，需确保元素类型相同，
# 否则将会报错，如执行 max(tup1) 会报错
max(tup1)
-------------------------------------------------------------------------
TypeError          Traceback (most recent call last)
<ipython-input-25-9dea9b6b1c1d> in <module>
......
----> 2 max(tup1)
TypeError: '>' not supported between instances of 'int' and 'str'
#4- 元组中元素的判断
if 'e' in tup2:                 # 使用 in 判断元素是否在元组中
    print('e 在元组 tup2 中 ')
else:
    print('e 不在元组 tup2 中 ')
e 不在元组 tup2 中
for i in tup3:                  # 使用 for 遍历元组中的元素
    print(i)
#5- 通过 tuple 函数构建元组，函数的参数是可迭代对象，如字符串、元组、列表、字典等
t1=tuple('hello')                     # 将字符串转换为元组
type(tup1),type(tup2),type(t1)        # 查看 tup1、tup2、t1 的数据类型
 (tuple, tuple, tuple)
```

（2）以下代码演示了列表的定义和基础操作。

元组与列表的最大差别是列表中元素的值可以改变，因此支持的操作也更多。

```
#1- 使用 [] 创建列表，列表元素可以是任意类型
list1 = [1,2,3,'a','b','c']
list2 = [100.2,3,'New']
#2- 列表元素的增删改查操作
list1[1],list2.index( 'new' )  # 可使用 [] 索引元素，index 函数用于找出元素第一次匹配的索引
                                 位置
(2,2)
list1.append('e')              # 使用 append 函数在列表末尾添加字符 'e'
```

```
list1.insert(3,4)         # 使用 insert 函数在列表第 4 个位置插入数字 4，注意索引值从 0 开始
# 结果: list1 为 [1, 2, 3, 4, 'a', 'b', 'c', 'e']
list1.pop(7)              # 使用 pop 函数将第 7 个位置的元素移除
list1.remove(4)           # 使用 remove 函数移除列表中第一个值为 4 的元素
# 结果: list1 为 [1, 2, 3, 'a', 'b', 'c']
#3- 使用 max 函数和 min 函数查找最大值、最小值。使用 sort 函数进行排序，需确保元素类型一致
list1.sort()             # 由于 list1 中的元素类型不一致，排序时会出现错误
-----------------------------------------------------------------------------
TypeError  Traceback (most recent call last)
<ipython-input-24-73031ee8c861> in <module>
----> 1 list1.sort()
TypeError: '<' not supported between instances of 'str' and 'int'
#4- 使用 list 函数创建列表，参数为可迭代对象，如元组、字符串、列表、字典等
list3 = list('Hello')      # 通过字符串创建列表
list4 = list((1,2,3,4))   # 通过元组创建列表
```

（3）以下代码演示了字典的定义和操作。

字典和元组、列表的最大差别为，字典中元素由两部分构成，分别称为键和值，键和值以冒号分隔，格式为 {key1:value1, key2:value2}。

```
#1- 使用 {} 创建字典，其中元素由键值对构成
dict1 = {'a': 1, 'b': 2, 'c': 3}       # 定义以字符 a、b、c 为键，数字 1、2、3 为值的字典
# 字典不支持重复键，如有重复，将使用最后出现的键，因此 dict2 字典中键 b 对应的值为 6
dict2 = {'a': 1, 'b': 2, 'c': 3,'b': 6}
dict3 = {' 姓名 ':' 小明 ',' 年龄 ':18,' 性别 ':' 男 '}     # 通过字典存储个人信息数据
#2- 通过键查询值，如果字典中没有对应的键则会报错
name=dict3[' 姓名 ']
# 结果: name 值为 ' 小明 '
name=dict3[' 联系方式 ']                # 字典中没有 "联系方式" 键，因此会报错
-----------------------------------------------------------------------------
KeyError    Traceback (most recent call last)
<ipython-input-35-cf3cb4bfa155> in <module>
----> 1 name=dict3[' 联系方式 ']
KeyError: ' 联系方式 '
#3- 字典的操作: 添加、更新、删除
dict3[' 联系方式 ']='12345678'          # 添加新键 "联系方式"
dict3[' 年龄 ']=20                     # 更新 "年龄" 键对应的值
del dict3[' 性别 ']                    # 使用 del 函数删除键值对
# 结果: dict3 值变为 {' 姓名 ': ' 小明 ', ' 年龄 ': 20, ' 联系方式 ': '12345678'}
```

### 2. 以地理实例演示

地理学中会用数据描绘地表环境特征，下面使用复合数据类型表示国内五大河流的长度数据，五大河流分别为长江、黄河、黑龙江、珠江、澜沧江。

（1）使用 2 个元组变量分别表示各河流的名称和长度。

```
#1- 使用元组变量存储河流数据
rivers=(' 长江 ',' 黄河 ',' 黑龙江 ',' 珠江 ',' 澜沧江 ')   #元组变量 rivers 存储河流名称
length=(6300,5464,3474,2400,2179)   #元组变量 length 存储河流长度，单位为千米
#2- 使用 while 循环输出河流信息
i = 0
#输出标题栏
print( '{:<} \t {:>8} \t {}'.format( '河流名 ',' 长度 - 千米 ',' 长度可视化 ' ))
while i<5:
    num=length[i]//100                #num 变量用于表示河流的长度，单位为百千米
    print( '{:<} \t {:>8} \t {}'.format( rivers[i],length[i],'*'*num ))
    i+=1
```

输出结果如图 3-26 所示，图中第 3 列中一个星号表示 100 千米，星号的个数体现了河流的长度。元组的特点是无法改变其中的数据，而河流的长度在短期内不会有很大变化，因此使用元组变量较为合适。

```
while i<5:
    num=length[i]//100   # 用于表示河流的长度
    print( '{:<} \t {:>8} \t {}'.format( rivers[i],length[i],'*'*num ))  #格式化输出
    i+=1

河流名      长度-千米     长度可视化
长江         6300       ***************************************************************
黄河         5464       ******************************************************
黑龙江       3474       **********************************
珠江         2400       ************************
澜沧江       2179       *********************
```

图3-26　使用元组变量表示河流数据

（2）使用 2 个列表变量分别表示各河流的名称和长度。

列表与元组的最大差别是列表中的元素可以修改，使用列表变量可以添加国内其他河流数据。

```
#1- 使用列表变量存储河流数据
rivers=[' 长江 ',' 黄河 ',' 黑龙江 ',' 珠江 ',' 澜沧江 ']   #河流名称
length=[6300,5464,3474,2400,2179]                          #河流长度
#2- 向列表中添加新数据
rivers.append(' 雅鲁藏布江 ')
length.append(1940)
rivers.reverse()   #使用 reverse 可反转列表数据
length.reverse()
#结果：rivers- [ ' 雅鲁藏布江 ', ' 澜沧江 ', ' 珠江 ', ' 黑龙江 ', ' 黄河 ', ' 长江 ']
#length- [1940, 2179, 2400, 3474, 5464, 6300]
#3- 定义列表 rivers，列表元素为元组，元组元素中包含河流名称和长度
rivers=[(' 长江 ',6300),(' 黑龙江 ',3474),(' 黄河 ',5464),(' 澜沧江 ',2179),(' 珠江 ',2400)]
rivers[1][1]   #索引元组中的数据
#结果：3474
#使用 sort 函数对元祖元素排序
#参数 key 用于指定排序比较的数据，参数 reverser 表示排序方法，值为 False 时表示升序
rivers.sort(key=lambda x:x[1] , reverse = False)
# 结果 rivers： [(' 澜沧江 ', 2179), (' 珠江 ', 2400), (' 黑龙江 ', 3474), (' 黄河 ',
```

5464),(' 长江 ', 6300)]

（3）使用字典表示河流参数，进行更加灵活的统计。

上一步中定义了元素是元组的列表，减少了需要维护的数据，操作也更方便。通过字典也能达到同样的效果。

```
#1- 通过 {} 定义字典表示河流长度，单位为千米
rivers={' 黄河 ':5464,' 黑龙江 ':3474,' 长江 ':6300,' 珠江 ':2400,' 澜沧江 ':2179}
#2- 通过 keys 函数、values 函数获取字典中的键和值
rivers.keys()          #keys 函数返回一个可迭代对象
dict_keys([' 黄河 ', ' 黑龙江 ', ' 长江 ', ' 珠江 ', ' 澜沧江 '])
rivers.values()        #values 函数返回一个可迭代对象
dict_values([5464, 3474, 6300, 2400, 2179])
rivers.items()            # 使用 items 函数返回字典中所有元素
dict_items([(' 黄河 ', 5464), (' 黑龙江 ', 3474), (' 长江 ', 6300), (' 珠江 ', 2400), (' 澜
沧江 ', 2179)])
#3- 使用 sotred 函数对字典值排序
sorted(rivers.items(),key=lambda x:x[1],reverse=True)          # 按河流长度降序排序
 结果: [(' 长江 ', [6300, 9513]),
        (' 黄河 ', [5464, 580]),
        (' 黑龙江 ', [3474, 3465]),
        (' 珠江 ', [2400, 3338]),
        (' 澜沧江 ', [2179, 740])]
```

演示使用元组、列表、字典存储和处理河流数据，一方面表明了各学科中的数据使用 Python 进行处理是比较简单的，这也是 Python 能在数据科学中脱颖而出的原因；另一方面验证了元组、列表、字典中的元素也可以是复合数据类型，这样就能组合出更多的数据结构类型，完成更加复杂的数据操作。

## 3.3.10 函数——以化学实例演示

Python 中的函数是组织好的、可重复使用的逻辑单元，函数与化学反应有点像，在特定的条件下二者都有输入和输出。读者可参考本书代码素材文件 "3-8-函数 .ipynb" 进行学习。

### 1. 函数的定义方法

在 Python 中定义函数只需要遵循以下 5 项规则即可。

（1）函数代码块以 def 关键词开头，后接函数名称和圆括号 ()。

（2）任何传入参数和自变量都必须放在上一步的圆括号 () 中。

（3）函数的第一行语句可以是文档字符串，作为函数的说明。

（4）函数语句块以冒号开始，且需要缩进。

（5）return［表达式］返回一个值给调用者，但 return 语句并不是必需的。

```
# 定义函数 func1, 没有参数, pass 是空语句, 用于保持程序结构的完整性
def func1():
    pass
# 定义函数 func2, 参数为 name, 在函数体中调用 print 函数输出参数 name
def func2(name):
    print(name)
# 定义函数 func3, 有两个字符串参数, 在函数体中将两个参数拼接, 然后返回拼接的字符串
def func3(firstName,lastName):
    return firstName + lastName
# 使用 lambda 定义匿名函数, 通过冒号分隔参数和执行逻辑
func4=lambda x: print(x)
func5=lambda arg1, arg2: arg1 + arg2
```

### 2. 函数的调用方法

函数的调用方法非常简单, 输入函数名后传入需要的参数即可。

```
#1- 直接调用函数
func1()                    # 调用函数 func1, 没有任何信息输出
func2('neo')               # 调用函数 func2, 输出传入的参数
'neo'
func3(' 李 ',' 雷 ')        # 调用函数 func3
' 李雷 '
func5(1,2)                 # 调用匿名函数 func5, 传入两个整数类型的参数
3
#2- 在函数中调用函数
def func6(firstName,lastName):
    res=func3(firstName,lastName)    # 调用函数 func3
    res = ' 计算结果为: ' + res
    return res
func6(' 李 ',' 雷 ')        # 调用函数 func6
计算结果为: 李雷
list1=[7,-1,4,2,9,3,5]     # 定义列表变量 list1
sorted(list1,key=lambda x:x)       # 参数 key 使用匿名函数
[-1, 2, 3, 4, 5, 7, 9]
```

### 3. 使用函数演示化学反应

以下代码通过函数演示化学反应——氢气的燃烧、碳的燃烧。

```
# 化学反应条件列表
status = [' 点燃 ',' 加热 ',' 催化剂 ',' 高温 ',' 光照 ',' 高压 ',' 通电 ',' 紫外线 ']
reagent = ['H₂','C']        # 反应物列表, 氢气和碳
# 定义函数 chemistry, 包含 3 个参数: var1 是参与反应的物质, status 是反应条件, var2 默认值为 O₂
def chemistry(var1 ,status,var2='O₂'):
    if status == ' 点燃 ' and var1 == 'H₂' and var2=='O₂':
        res=''.join(['2',var1,'+',var2,'==','2H₂O',' 氢气燃烧时发出淡蓝色火焰 '])
```

```
            return res
    if status == '点燃' and var1 == 'C' and var2=='O₂':
            res=''.join([var1,'+',var2,'==','CO₂,' 碳在氧气充足时燃烧生成 CO₂'])
            return res
    else:
            return ''.join([' 本函数还待完善 :',var1,' 和 ',var2,' 在 ',status,' 状态下的反
应……'])
# 调用 chemistry 函数，传入不同的参数查看输出结果
chemistry(reagent[0],status[0])
'2H₂+O₂==2H₂O 氢气燃烧时发出淡蓝色火焰 '
chemistry(reagent[1],status[0])
'C+O₂==CO₂ 碳在氧气充足时燃烧生成 CO₂'
chemistry(reagent[1],status[1])
' 本函数还待完善 :C 和 O₂ 在加热状态下的反应……'
```

### 4. 完善计算器程序

3.3.8 小节中介绍 GUI 编程时制作了计算器程序界面，下面为计算器程序添加处理逻辑，单击 GUI 程序窗口中的按钮即会执行相应的回调函数。读者可参考本书代码素材文件 "3-9-计算器回调函数 .ipynb" 进行学习。

```
#1- 定义点击数字按钮的回调函数，将点击按钮对应的数值存放在结果变量 result 中
def number(num):
    oldnum = result.get()
    if oldnum == '0':
        result.set(num)
    else:
        result.set(oldnum + num)
# 定义点击算术运算、逻辑运算、比较运算按钮的回调函数 symbol
def symbol(sym):
    num = result.get()
    result.set(''.join([num,' ',sym,' ']))        # 将运算符号拼接到结果变量 result 中
# 定义点击计算按钮的回调函数 calcu，调用 eval 函数计算存储在变量 result 中的表达式
def calcu():
    num = result.get()
    endnum = eval(num)
    result.set(''.join([num,' => ',str(endnum),' ']))
def clear():             # 定义点击清空按钮的回调函数 clear，将结果变量 result 的值设置为 0
    result.set('0')
#2- 定义主窗口上的按钮，函数中参数 command 指定点击按钮的回调函数
button_var1 = tk.Button(root, text=var1,command=lambda:symbol('+'))      # 添加 + 运算按钮
button_var1.place(x=10, y=80, width=30, height=30)
……
button_1 = tk.Button(root, text='1',command=lambda:number('1')) # 添加数字 1 按钮
button_1.place(x=10 , y=160, width=30, height=30)
……
```

```
#3- 定义主窗口上的计算与清空按钮
button_cal = tk.Button(root, text=' 计算 ',command=calcu)  #添加计算按钮，回调函数为 calcu
button_cal.place(x=210, y=160, width=60, height=30)
button_clear = tk.Button(root, text=' 清空 ',command=clear)   #添加清空按钮，回调函数为
clear
button_clear.place(x=210, y=200, width=60, height=30)
......
```

完善后的GUI计算器程序的操作界面如图 3-27 所示。读者可以根据自己的需求，将Python中的各种基础运算语法扩展到该程序上。

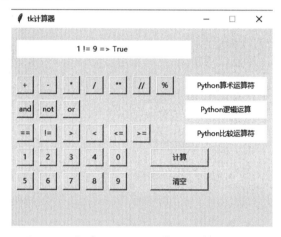

图3-27　完善后的GUI计算器程序操作界面

## 3.3.11 类——时间对象的演示

以不同的视角看待一个事物，会有不同的思维方式与学习方法，3.3.10 小节中介绍的函数属于面向过程的编程方式——将要实现的需求拆分为不同步骤，然后使用函数按步骤处理。本小节介绍Python的面向对象编程方式，创建Python类就是创建新的对象类型，可以将数据与功能封装在一起。

### 1. 定义类的方法

使用class关键字定义类，class之后是类的名称，以冒号结尾，然后在类语句块中定义属性和方法。以下代码演示了最简单的类的定义和使用方法。

```
class NameOfClass:              #定义类
    property = 0               #定义类中的属性
    def func(self):            #定义类中的方法，至少要包含一个 self 参数
        print(self.__class__)
c=NameOfClass()                #实例化类对象
type(c)                        #查看对象类型
结果：__main__.NameOfClass
c. func()                      #调用 func 方法
```

```
结果: 输出 <class '__main__.NameOfClass'>
c. property                    # 调用 property 属性
结果: 0
```

类可以简单理解为属性和方法的集合体。类的相关概念说明如表 3-7 所示。

表3-7　类的相关概念

| 概念 | 说明 |
|------|------|
| 属性 | 类属性用变量表示，用于表示类对象的特征、状态 |
| 方法 | 类方法用函数表示，用于表示类对象的功能、行为 |
| 封装 | 将属性和方法封装在一个类中 |
| self参数 | self参数是对当前类实例的引用 |

### 2. 类的继承

面向对象程序设计中最重要的一个概念是继承，继承允许我们依据一个已有类来定义一个新类，有利于实现功能复用、动态性等。图 3-28 所示为 Python 操作文档中对自带的日期时间相关类的继承说明。接下来将对图中的类的继承进行简单说明，然后进行代码实践，读者可参考本书代码素材文件 "3-10-类的操作.ipynb" 进行学习。

（1）object类说明。

object类是 Python 3 中的基类，图 3-29 展示了 object 类的定义，需要注意的是 object 类中的方法都是以两个下划线开始和结束的。__init__()方法是特殊方法，在实例化类对象时会被自动调用。

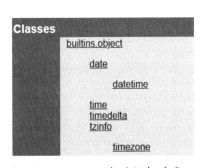

| | |
|---|---|
| 图3-28　Python日期时间相关类 | 图3-29　Python中object类的定义 |

（2）date类说明。

date类用于表示日期，即由年、月、日组成的对象。date类在 Python 系统模块 datetime 中定义，以下代码为源码片段，虽然代码中 date 类没有显示从 object 类继承，但 date 类默认继承 object 类中的方法、属性。

```
class date:
    #__new__ 为特殊方法，会在 __init__() 方法之前被调用
```

```
    def __new__(cls, year, month=None, day=None):
        ......
    self._year = year
    self._month = month  # 在属性前添加一个下划线表示私有属性，无法通过类对象直接访问
    self._day =day
    @classmethod
    def today(cls):        # 通过 @classmethod 装饰的方法是类方法，可直接通过类调用
        t = _time.time()
        return cls.fromtimestamp(t)
    @property
    def year(self):        # 通过 @propert 装饰的方法可以作为属性被调用
        return self._year
        ......
```

以下代码中使用date类调用以上源码中介绍的基础类属性、类方法。

```
#1-date 类的基础属性、方法的使用演示
from datetime import date    #date 类在 datetime 模块中定义，因此从 datetime 模块中导入
d = date(2021, 12, 31)      # 创建 date 对象，__new__ 方法会被调用
d.today()                   # 通过类对象调用 today 方法
# 输出结果为: datetime.date(2021, 12, 31)
date.today()                #today 方法由装饰器 @classmethod 定义类方法，可通过类名调用
# 输出结果为: datetime.date(2021, 12, 31)
d.year #year 方法由装饰器 @classmethod 装饰，可作为属性调用
# 输出结果为: 2021
#2- 使用 YYYY-MM-DD 时间格式
d2 = date.fromisoformat('2021-12-31')
# 通过 month、day 方法查看日期中的月和日
d2.month,d2.day
# 输出结果为: (12, 31)
```

（3）datetime类说明。

datetime类是时间对象，datetime类从date类继承year、month、day等方法，因此这些方法也可以在datetime类实例中调用。datetime类在Python系统模块datetime.py中定义的源码片段如下。

```
class datetime(date):        #datetime 类从 date 类继承
    def __new__(cls, year, month=None, day=None, hour=0, minute=0, second=0,
                        microsecond=0, tzinfo=None, *, fold=0):
        ......
    @property
    def hour(self):        # 添加以 @property 装饰的 hour 方法
        ......
    @property
    def minute(self):        # 添加以 @property 装饰的 minute 方法
        ......
    def timestamp(self):        # 定义 timestamp 方法，用于生成当前时间戳
        ......
```

```
    def date(self):              #定义 date 函数, 用于返回日期
        return date(self._year, self._month, self._day)
```

通过以上源码片段可以发现datetime类是从date类继承的，以下代码演示了调用datetime类中的属性和方法。

```
from datetime import datetime    # 导入 datetime
dt = datetime(2021,12,31)        # 构建 datetime 对象时还可以传递时、分、秒等数据
dt.today()                       # 在 datetime 对象中调用从 date 类中继承的 today 方法
#输出结果为: datetime.datetime(2021, 12, 31, 17, 51, 24, 388385)
dt.year,dt.month,dt.day          # 调用从 date 类中继承的 year、 month、 day 方法
#输出结果为: (2021, 12, 31)
dt.hour,dt.minute                # 调用 datetime 类中的 hour、minute 方法
#输出结果为: (0, 0)
dt.timestamp()                   # 调用 timestamp 方法, 生成时间戳
#输出结果为: 1609430400.0
dt.now()                         # 调用 now 方法, 获取当前时间
#输出结果为: datetime.datetime(2021, 12, 31, 21, 10, 18, 584719)
```

## 3.3.12 包和模块

前面几个小节中介绍了使用变量与各种操作符进行简单的逻辑处理，通过函数将功能封装以复用功能，通过类将变量和函数集成以完成更高层次的封装。接下来将要介绍的包和模块可以将类、函数、变量都集成在一起。读者可参考本书代码素材文件夹 "3-10-模块和包" 中的代码进行学习。

### 1. 模块的介绍

模块是一个文件，文件名就是模块的名称。在模块中可以定义变量、函数、类等对象，然后使用import导出使用模块中的对象。以下代码演示的操作为创建一个birthday模块，在模块中定义一个名为is_my_birthday的函数，传入的函数参数是生日日期，在函数体中判断传入的生日日期是否为今天。在call.py模块中调用birthday模块中的功能。

```
#1-birthday.py 文件的内容如下
from datetime import date       #使用 from...import... 的方式导入 date 类
# 在模块中定义函数 : is_my_birthday
def is_my_birthday(birthday):
    if birthday != date.today():     #判断传入的生日日期是否为今天
        print(' 今天不是生日 ')
    else:
        print(' 生日快乐 ')
#2- 将 call.py 文件与 birthday.py 放在同一个文件夹中
import birthday                      #导入自定义的模块 birthday
from datetime import date
bir = date(2022,2,1)
birthday.is_my_birthday(bir)         # 调用 birthday 模块中的函数
```

```
# 调用 call.py 文件
python.exe .\call_birthday.py
今天不是生日
```

### 2. 包的介绍

包是一个文件夹，文件夹名就是包名。包中需要有一个名为"\_\_init\_\_.py"的文件，该文件中可以没有内容。将上面创建的birthday模块调整为新建包中模块的操作步骤为：在call.py文件所在的文件夹下新建一个名为"package"的文件夹，在package文件夹中新建名为"\_\_init\_\_.py"的文件，然后将birthday.py文件拷贝到package文件夹中。对call.py文件的内容进行修改，用于调用package包中birthday模块的功能。

```
# 以 from ...import... as 的方式对包中的模块重命名
from package import birthday as p_birthday
p_birthday.is_my_birthday(bir)          # 调用包中的函数
# 调用 call.py 文件
python.exe .\call_birthday.py
结果：今天不是生日
      今天不是生日
```

## 3.3.13 主要的数据科学包

本小节将对Python中主要的数据科学包进行介绍，包括NumPy、Pandas、SciPy、Matplotlib、Bokeh、scikit-learn包。表 3-8 所示为各数据科学包的说明与对应的 Excel 中的功能。

表3-8　Python数据科学包

| 包 | 说明 | 对应的Excel中的功能 |
|---|---|---|
| NumPy | 通用的数组处理包，提供了一个高性能的多维数组对象，以及处理这些数组的功能 | Excel通过数据单元格组成各种粒度的数据；使用功能区中"公式"选项卡中的函数对数据进行处理 |
| Pandas | 提供了快速、灵活和富有表现力的数据类型Series和DataFrame，用于快速进行数据分析和操作 | |
| SciPy | 数学、科学、工程领域中常用的软件包，可以处理插值、优化、图像处理、常微分方程等问题 | |
| Matplotlib | Matplotlib是类似MATLAB的数据绘图工具，通常与NumPy、Pandas一起使用 | 对应Excel功能区中"插入"选项卡中"图表"组中的功能 |
| Bokeh | 使用HTML和JavaScript渲染图形，将数据可视化 | 无 |
| scikit-learn | 基于NumPy、SciPy和Matplotlib构建的简单有效的数据挖掘和数据分析工具 | 使用Excel函数实现挖掘算法，或使用Excel数据挖掘插件 |

### 1. NumPy数组对象相关操作

NumPy包提供了一个强大的N维数组对象，以下代码演示如何使用NumPy包的数组对象。

```
#1- 通过 numpy.array 直接构造 array
>>>import numpy as np                         # 导入 NumPy 包
>>>ar1=np.array([0,1,2,3]                     # 一维数组
>>>ar2=np.array ([[0,3,5],[2,8,7]])           # 二维数组
>>>ar1
array([0, 1, 2, 3])
>>>ar2
array([[0, 3, 5],[2, 8, 7]])
#2- 通过 numpy.arange 函数创建等差数组
>>>ar3=np.arange(10)
>>>ar4=np.arange(start=4,end=10, scan=2)
>>>ar3
array([0, 1, 2, 3, 4, 5, 6, 7, 8, 9])
>>>ar4
array([4, 6, 8])
#3- 通过不同的功能函数创建数组
>>>ar7=np.ones((1,3,3))      # 使用 numpy.ones 函数构建 3*3 的数组，初始值为 1
>>>ar7                       #zeros、empty 函数类似于 ones 函数，但初始值为 0 和空值
array([[[1., 1., 1.],[1., 1., 1.],[1., 1., 1.]]])
>>>np.random.seed(99)        # 设置随机种子数
>>>ar9=np.random.rand(3)     # 创建包含 3 个随机数的数组
>>>ar9
array([0.67227856, 0.4880784 , 0.82549517])
#4-array 数据索引和切片
>>>ar1[1],ar2[0],ar3[-1]     # 通过下标索引数据
(1, array([0, 3, 5]), 9)
>>>ar2[1,2]
# 通过切片方式索引数据，格式为 [ 开始索引：结束索引：步长 ]
>>>ar3[2:9:3]
array([2, 5, 8])
#5- 对于相同结构的数组可使用 +、-、*、/ 等运算符进行运算
>>>ar1*10
>>> np.array([7,11,23,13]) - np.arange(4)        #将两个数组相减
array([ 7, 10, 21, 10])
# 使用 mean、std、var、cumsum 等函数对数组进行统计
>>> np.random.seed(10) ; ar=np.random.randint(0,10, size=(5,8))      #生成随机数据
>>> ar.mean() , ar.std() , ar.var() , ar.cumsum()
(4.775,3.213156547695739,10.324375,…)
# 数组变形操作
>>> ar=np.arange(1,16)            # 创建一维数组 ar
>>> ar.reshape(3,5)              # 将一维数组变形为二维数组
```

## 2. Pandas DataFrame数据结构

Pandas包是在NumPy包的基础上构建的，Pandas包中的Series、DataFrame、Panel数据类型用

于处理不同维度的数据，其中DataFrame是表格型的数据结构，也是最常使用的数据类型，表3-9所示为DataFrame数据索引方式的说明。

表3-9　DataFrame数据的索引方式

| 操作 | 相关行数和操作符 |
|---|---|
| 列的索引 | DataFrame 类型数据使用 [ ] 索引列，使用列表可索引多列，如 df[['Name','Class']] |
| | DataFrame 类型数据使用点号索引列，如 df.Name |
| | DataFrame 类型数据对列重命名的方式为：df.columns=[新列名列表] |
| 行的索引 | DataFrame 类型数据通过切片方式对行进行索引，切片格式为 [startpos:endpos:step]，如 df[1:8:2] |
| | DataFrame 类型数据使用 loc 属性对行、列索引，传入的参数格式可以是单个值、列表、切片 |
| | DataFrame 类型数据使用 iloc 属性基于位置对行、列索引，传入的参数是整数，表示行、列的位置 |
| | DataFrame 类型数据使用 set_index 函数设置索引 |
| 定位元素 | DataFrame 类型数据使用 iloc 或 loc 属性定位行和列交叉处的元素 |
| | DataFrame 类型数据可使用 iat、at 函数定位特定的元素 |

以下代码为表3-9中介绍的DataFrame数据索引方式的操作演示。

```
#1- 构建 Pandas 的 DataFrame 类型数据
>>>import pandas as pd
>>>import numpy as np                # 导入 Pandas 和 NumPy 库
# 构建一份测试用字典数据，用于生成 Pandas DataFrame 类型数据
>>>city_data_dict={'BeiJing':{'2020-Q1':100000,'2020-Q2':120000,'2020-
Q3':150000,'2020-Q4':180000},'ShangHai':{'2020-Q1':120000,'2020-
Q2':140000,'2020-Q3':170000,'2020-Q4':190000},'GuangZhou':{'2020-
Q1':90000,'2020-Q2':110000,'2020-Q3':160000,'2020-Q4':180000},'ShenZhen':{'2020-
Q1':97000,'2020-Q2':112000,'2020-Q3':156000,'2020-Q4':187000}}
>>>city_data=pd.DataFrame.from_dict(city_data_dict)      # 创建 DataFrame
#2- 通过 [] 索引列
>>>city_data['GuangZhou']       # 查看 GuangZhou 列的数据
2020-Q1      90000
2020-Q2     110000
2020-Q3     160000
2020-Q4     180000
Name: GuangZhou, dtype: int64
#3- 使用点号索引列
>>>city_data.BeiJing
2020-Q1     100000
```

```
2020-Q2    120000
2020-Q3    150000
2020-Q4    180000
Name: BeiJing, dtype: int64
```
#4- 设置新列名
```
>>> city_data.columns=[' 北京 ',' 上海 ',' 广州 ',' 深圳 ']     #将列名替换为中文
>>> city_data              # 查看替换后的数据
            北京       上海       广州       深圳
2020-Q1  100000     90000     120000     97000
2020-Q2  120000    140000     110000    112000
2020-Q2  150000    170000     160000    156000
......
```
#5- 以切片方式索引行
```
>>> city_data[1:2]
            北京       上海       广州       深圳
2020-Q2  120000    110000     140000    112000
```
#6- 使用 iloc 属性索引行，传入的参数必须是整数
```
>>>city_data.iloc[1]
北京      120000
上海      110000
广州      140000
深圳      112000
```
#7- 定位到 DataFrame 特定单元格
```
>>> city_data.loc['2020-Q2',' 北京 ']     # 使用 loc 属性获取行和列对应的单元格数值
120000
>>> city_data.iloc[2,1]     # 使用 iloc 属性获取行和列对应的单元格数值
160000
```

### 3. Matplotlib绘图方式

Matplotlib 有 3 种绘图方式，分别是使用pyplot模块、使用pylab模块、以Python面向对象编程。在演示使用Matplotlib绘图前，先对Matplotlib的一些概念进行说明，如表 3-10 所示。

表3-10    Matplotlib中的主要对象

| 对象 | 说明 |
|---|---|
| Figure | Figure 是整个绘图对象，至少包含一个 Axes 对象 |
| Axes | Axes 中包含大多数图形元素，如 Axis、Tick、Line2D(Artist)、Text等 |
| Axis | Axis 是图形上的坐标轴，用于设置坐标轴范围和刻度 |
| Artist | Matplotlib 图形中所有可见的对象都是 Artist 的子类 |

以下代码演示了表 3-10 中介绍的Matplotlib对象的创建和操作，注意在 Matplotlib 的绘制图中找到表 3-10 中对象对应的区域及它们的包含关系。

（1）创建一个包含 4 个 Axes 对象的 Figure 对象，可以使用add_subplot 函数或subplots函数完成。

```
import numpy as np
import matplotlib.pyplot as plt
fig = plt.figure()                      #使用 figure 方法创建 Figure 对象
ax1 = fig.add_subplot(221)
ax2 = fig.add_subplot(222)
ax3 = fig.add_subplot(223)
ax4 = fig.add_subplot(224)              # 在创建的 Figure 对象上创建 4 个 Axes 对象
# 使用 set_figheight、set_figwidth 方法设置绘图对象的高度和宽度
fig.set_figheight(7)
fig.set_figwidth(10)
```

（2）在第一个 Axes 对象上调用 plot 方法绘图。

```
x=np.linspace(-2, 2, 24)
y1=np.tan(x)
y2=-np.tan(x)                   #变量 x、y1、y2 作为测试数据使用
art_1=ax1.plot(x,y1,'b')
ax1.set_xlabel('X for both tan and -tan')
ax1.set_ylabel('Y values for tax')

ax11 = ax1.twinx()          # 在 ax1 对象上绘制其他图形, 设置共享 X 轴
art_11=ax11.plot(x, y2, 'r')
ax11.set_xlim([0, np.e])
ax11.set_ylabel('Y values for -tan')
ax.yaxis.grid(True) #显示网格线
```

（3）在第二、三、四个 Axes 对象上分别调用 hist、errorbar、pie 方法绘制直方图、误差条形图、饼图。

```
y = np.random.randn(1000)
art_2=ax2.hist(y)                  # 在第二个 Axes 对象上绘制直方图
a = np.arange(0, 5, 0.3)
b = np.exp(-a)
e1 = 0.1 * np.abs(np.random.randn(len(b)))
art_3=ax3.errorbar(a,b,yerr=e1, fmt='.-')          # 在第三个 Axes 对象上绘制误差条形图
ax3.xaxis.set_label_text('errorbar')               #设置 X 轴标签名
art_4=ax4.pie([45, 35, 20],labels=['seafood', 'drink', 'vegetables'])   # 在第四个 Axes
对象上绘制饼图
plt.subplots_adjust(wspace=0.5,hspace=0.4)         # 调整 4 个 Axes 对象的间距
```

最终绘制出的可视化图如图 3-30 所示，整个图对应代码中创建的 Figure 对象 fig。图被分为 4 个部分，对应代码中创建的 4 个 Axes 对象 ax1、ax2、ax3、ax4。

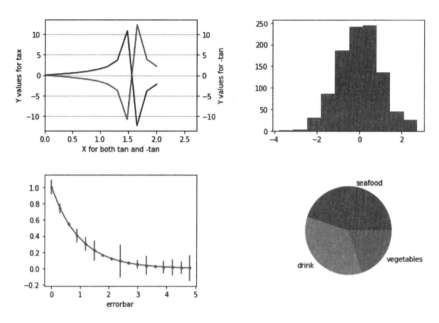

图3-30　Matplotlib可视化

#### 4. Bokeh绘图方式

Bokeh是一个能与Web浏览器交互的可视化库，提供通用的数据可视化图，具有良好的交互性，主要操作步骤如下。

（1）通过ColumnDataSource类构建要可视化的数据。

Bokeh将接收的数据转换为ColumnDataSource类型，然后再进行可视化。单独构建ColumnDataSource对象时传入的数据可以是Python字典或Pandas DataFrame类型数据。

（2）使用figure函数创建整个绘图对象。

使用figure函数创建整个绘图对象，参数title用于设置图表的标题，参数x_axis_label用于设置X轴的名称，参数y_axis_label用于设置Y轴的名称，函数返回Figure类型对象。

（3）在Figure类型对象上绘制不同的图表。

Bokeh支持最常用的图表，如可以使用line函数绘制线段图，使用circle函数绘制散点图，使用vbar函数绘制柱形图。

（4）为图表添加动态交互功能。

Bokeh支持图表的动态交互，在Bokeh中可以使用小工具进行数据交互。

（5）图表的展示或保存。

使用show函数可以展示图表，使用output_file函数可以保存图表。

上述5个步骤的操作演示代码如下。

```
from bokeh.layouts import layout
from bokeh.models import ColumnDataSource,Div, Spinner
```

```
from bokeh.plotting import figure, show
# 1- 通过 ColumnDataSource 类构建要可视化的数据
data ={
    'x':[1, 2, 3, 4, 5, 6, 7, 8, 9, 10],
    'y':[4, 5, 5, 7, 2, 6, 4, 9, 1, 3]
}
source = ColumnDataSource(data=data)
#2- 使用 figure 函数创建绘图对象
p = figure(title="Bokeh 使用测试 ",x_axis_label="X轴 ",y_axis_label="Y轴 ",width=500,
height=300)
#3- 在 Figure 对象上绘制图表，使用 circle 函数绘制散点图
points = p.circle(source=source, size=30, fill_color="#21a7df")
#4- 为图表添加交互功能
spinner = Spinner(              # 创建 Spinner 控件
    title=" 散点图大小 ",
    low=0,
    high=30,
    step=2,
    value=points.glyph.size,
    width=100,
)
spinner.js_link("value", points.glyph, "size")    # 使用 js_link 函数关联交互的图表
layout = layout(
    [
        [p, spinner]
    ]
)
#5- 展示图表
show(layout)
```

执行以上代码后，绘制的交互式散点图如图 3-31 所示。使用图中标识 1 处的小工具可以调整散点图的大小。

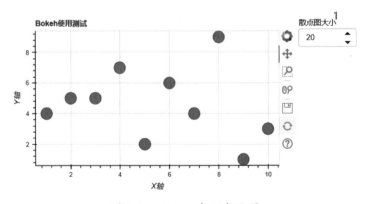

图3-31　Bokeh交互式绘图

#### 3.3.14 数据库操作

Python对除SQLite外的数据库都需要安装对应的驱动包才能操作。以下代码演示了对SQLite数据库的操作，读者可参考本书代码素材文件 "3-17-sqlite.ipyb" 进行学习。

（1）连接SQLite数据库。

```
import sqlite3      # 导入 sqlite3 库
# 使用 connect 函数连接 SQLite 数据库，参数 mydata.db 是数据库文件，若文件不存在则会新建
con = sqlite3.connect('mydata.db')
```

（2）使用CREATE TABLE...语句创建表。

```
# 创建 employee 表，包含 4 个字段：唯一标识 ID、名字 NAME、年龄 AGE、地址 ADDRESS
c. execute('''CREATE TABLE employee
      (ID INT PRIMARY KEY      NOT NULL,
      NAME              TEXT      NOT NULL,
      AGE               INT       NOT NULL,
      ADDRESS           CHAR(50));''')
```

（3）使用INSERT INTO TABLE...语句向表中插入数据。

```
# 插入两条测试数据
c. execute("INSERT INTO employee (ID,NAME,AGE,ADDRESS)VALUES (1, 'mike', 32, 'GZ')")
c. execute("INSERT INTO employee (ID,NAME,AGE,ADDRESS)VALUES (2, 'Kate', 25, 'SZ')")
```

（4）使用SELECT...FROM...语句查询数据。

```
cursor = c.execute("SELECT id, name, address FROM employee")
for row in cursor:        # 遍历查询的数据
    print("ID = ", row[0])
    print("NAME = ", row[1])
    print("ADDRESS = ", row[2])
# 输出结果如下
ID =  1
NAME =  mike
ADDRESS =  GZ
ID =  2
NAME =  Kate
ADDRESS =  SZ
```

### 3.4 Excel与Python的整合环境

本节将介绍openpyxl包，使用openpyxl包可对Excel数据进行各类操作，达到自动化处理Excel数据的目的。

### 3.4.1 安装openpyxl包

使用pip工具、easy_install工具可以安装openpyxl包。Anaconda默认安装了openpyxl包，在编写代码时可直接使用。

```
pip install openpyxl        # 使用 pip 工具安装
esay_insall openpyxl        # 使用 easy_install 工具安装
```

如果正确安装了openpyxl包，在导入使用时不会报错，否则会出现 "NameError: name 'openpyxl' is not defined error" 错误提示。

### 3.4.2 构建测试数据

Python中的Faker包可用于构建各种测试数据，在填充数据库、创建数据文档、数据压力测试等场景下都可以使用。读者可参考本书代码素材文件 "3-11-faker-demo.ipynb" 进行学习。

#### 1. 安装Faker包

对于官方版本的Python，可使用pip工具进行安装。

```
pip install openpyxl            # 使用 pip 工具安装 openpyxl 包
```

对于Anaconda，可在 Anaconda Navigator 中搜索Faker包然后安装，或是在 Anaconda Powershell 中使用conda工具安装。

```
conda install -c conda-forge faker
```

#### 2. 使用Faker包

以下代码演示了Faker包的基础使用方法，Faker包中提供了各类数据的Provider，可用于生成各种不同的测试数据。

```
#1- 从 Faker 包中导入 Faker 类
from faker import Faker
#2- 创建 Faker 类对象
fake = Faker(locale='zh_CN')
#3- 调用各种不同的 provider 生成数据
print(fake.country())    # 国家数据
print(fake.name())       # 姓名数据
print(fake.url())        # url 数据
print(fake.company())    # 公司名称数据
print(fake.address())    # 地址数据
# 输出信息如下，每次执行以上代码生成的数据都不同
玻利维亚
黄龙 *
http://www.****.cn/
```

**** 信息有限公司
安徽省贵阳市高明陈路 Q 座 **418351**

### 3. 生成金融测试数据

介绍了Faker包的基础使用方法后，下面通过Faker包构建一份银行信用卡相关的测试数据，并写入Excel文件中。读者可参考本书代码素材文件 "3-12-faker-data.ipynb" 进行学习。

```
from faker import Faker  # 导入 Faker 类
fake = Faker(locale='zh_CN')
# 输入表头信息
col=[' 姓名 ',' 职位 ',' 公司 ',' 手机号 ',' 地址 ',' 身份证号 ',' 信用卡卡号 ',' 信用卡提供商 ',' 信用额度 ',' 过期年月 ']
# 导入 openpyxl 中的 Workbook 库，新建 Excel 文件
from openpyxl import Workbook
excel = Workbook()          # 创建工作簿对象 Workbook，Workbook 对象代表 Excel 文件
ws = excel.active           # 激活工作簿对象中的工作表
ws.append(col)              # 使用 append 方法将表头信息插入工作表中
# 向激活的 Excel 工作表对象中插入测试数据
for _ in range(10):         # 使用 for 循环生成 10 条测试数据
    list1=[ fake.last_name() + fake.first_name(), # 姓名
    fake.job(),             # 职位
    fake.company(),         # 公司
    fake.phone_number(),# 手机号
    fake.address(),         # 地址
    fake.ssn(min_age=18, max_age=90),   # 身份证号
    fake.credit_card_number(),          # 信用卡卡号
    fake.credit_card_provider(),        # 信用卡提供商
    fake.pyint( min_value=10000, max_value=100000, step=1000),    # 信用额度
    fake.credit_card_expire(start="now", end="+7y", date_format="%Y-%m-%d") ]
                                        # 过期年月

    ws.append(list1)
excel.save('data.xlsx')  # 将创建的 Excel 保存为 data.xlsx
```

最终生成的Excel文件中的数据如图3-32所示，通过Faker、openxlpy包可以生成各类业务场景的测试数据，并可以将数据保存到Excel中，对于方案验证、测试有很大的帮助。

| 姓名 | 职位 | 公司 | 手机号 | 地址 | 身份证号 | 信用卡卡号 | 信用卡提供 | 信用额度 | 过期年月 |
|---|---|---|---|---|---|---|---|---|---|
| 鞠成 | 搬运工 | ****网络有限 | 1817805** | 广东省鑫县沈 | 6102****** | 420****15582 | JCB 16 dig | 25000 | 2021-11-21 |
| 张娟 | 广告 | **信息有限公 | 1399074** | 天津市太原市 | 6101******** | 461****68187 | Mastercard | 38000 | 2028-01-27 |
| 郭瑞 | 算法工程 | **传媒有限公 | 1327236** | 广西壮族自治 | 4212******* | 060****8585 | JCB 16 dig | 91000 | 2027-01-14 |
| 陈坤 | 其他 | **传媒有限公 | 1886076** | 北京市东莞县 | 4408******* | 460****35542 | VISA 16 di | 35000 | 2021-05-29 |
| 刘金凤 | 售前/售后 | **传媒有限公 | 1476069** | 陕西省雷市南 | 4513******** | 222****03022 | Discover | 82000 | 2024-08-06 |
| 王淑英 | 宠物护理 | **时科信息有 | 1385296** | 甘肃省潜江市 | 4228******* | 447****97199 | JCB 15 dig | 26000 | 2021-07-28 |
| 赵军 | 培训策划 | **传媒有限公 | 1513938** | 广东省兴城市 | 4409******** | 458****35490 | Maestro | 65000 | 2023-06-23 |
| 陈雪梅 | 合规经理 | **100科技有阳 | 1581282** | 福建省沈阳市 | 5323******** | 423****62461 | JCB 16 dig | 70000 | 2025-11-20 |
| 黄琳 | 培训督导 | **传媒有限公 | 1573077** | 湖北省武汉县 | 1525******* | 493****64942 | VISA 16 di | 70000 | 2021-02-03 |
| 侯淑英 | 餐厅领班 | **信息有限公 | 1500588** | 北京市太原市 | 1409******** | 502****44263 | Diners Clu | 29000 | 2025-03-07 |

图3-32　通过Faker包构造测试数据

### 3.4.3 Excel文件读写

前文中介绍Faker包时，已经演示了使用openpyxl包向Excel文件写入数据的操作，本小节将进行更加详细的说明，读者可参考本书代码素材文件"3-13-openpyxl.ipynb"进行学习。

#### 1. openpyxl类结构

Excel的基础操作流程是：新建或打开已有的工作簿→选择工作表→操作数据单元格。使用openpyxl处理Excel文件也是按这个流程对相关对象进行处理，表3-11所示为openpyxl包中的类和模块与对应的Excel对象的说明。

表3-11　openpyxl包中的类和模块与对应的Excel对象

| openpyxl包中的类和模块 | 对应的Excel对象 |
| --- | --- |
| Workbook | 对应Excel中的工作簿，即Excel文件。通过Workbook类可以创建、删除、查看Excel中的工作表 |
| Worksheet | 对应Excel中的工作表，通过Worksheet类可以对工作表中的行、列、单元格等对象进行操作 |
| Cell | 对应Excel中的单元格，通过Cell类可以对单元格的数据和属性进行查看和设置 |
| styles | 对应Excel中的单元格样式，通过styles包中的样式类可以对单元格的样式进行查看和设置 |
| chart | 对应Excel中的图表，chart包中有各类Excel的图表类，用于创建、管理Excel图表 |
| pivot | pivot包中有数据透视相关类，对应Excel中的数据透视功能 |

#### 2. Excel工作簿的操作

通过load_workbook函数读取Excel文件，返回Workbook类对象，然后通过Workbook对象创建和查看工作表。

（1）打开Excel工作簿查看现有工作表。

```python
from openpyxl import Workbook              # 导入 Workbook 类
from openpyxl import load_workbook         # 导入 load_workbook 函数
excel_file = load_workbook('data.xlsx')    # 通过 load_workbook 读取 Excel 文件，返回
Workbook 对象
excel_file.sheetnames                      # 获取 Excel 工作表，也可以用 get_sheet_names 方法
# 结果：返回 ['Sheet']
# 使用 copy_worksheet 方法拷贝工作表
excel_file.copy_worksheet(excel_file['Sheet'])
excel_file.sheetnames
# 结果：['Sheet' , 'Sheet Copy']
```

```
excel_file.worksheets                          # 通过 worksheets 属性查看工作表对象
# 结果: [<Worksheet "Sheet">, <Worksheet "Sheet Copy">]
Sheet_Copy = excel_file['Sheet Copy']          # 通过工作表的名称索引工作表
excel_file.remove(Sheet_Copy )                 # 使用 remove 方法删除工作表
# 调用 save 方法保存 Excel 文件
excel_file.save('test2.xlsx')                  # 将修改的数据保存到 test2.xlsx 文件
```

Workbook 对象可调用 remove_sheet 方法删除工作表，remove_sheet 方法中的参数需要为 Worksheet 对象，所有修改操作在调用 save() 方法后生效。

（2）使用 create_sheet 方法创建新的 Excel 工作表。

```
excel_new = Workbook()                   # 创建新的工作簿对象
excel_new.sheetnames                     # 新建的工作簿对象中默认有一个名为 Sheet 的工作表
# 结果: ['Sheet']
sheet_new = excel_new.active             # 使用 active 属性获取当前的工作表
excel_new.create_sheet(title='Sheet2', index=2)    # 使用 create_sheet 方法创建新的工作表
excel_new.save('test3.xlsx')             # 将新建的工作簿保存到 test3.xlsx 文件
```

Workbook 对象可调用 create_sheet 方法新建工作表，create_sheet 方法中的 title 参数指定新建工作表的名称，index 参数指定新建工作表的位置。

### 3. Excel 中行和列的相关操作

在 Excel 中可以通过工作表区分不同的数据，使用 openpyxl 包中的工作表类 Worksheet，可以对工作表中的行和列进行操作。

（1）定位查找工作表。

```
from openpyxl import Workbook              # 导入 Workbook 对象
from openpyxl import load_workbook         # 导入 load_workbook 函数
excel_file = load_workbook('data.xlsx')
# 通过方括号查找工作表时，如果有名为 Sheet 的工作表，才返回 Worksheet 对象
sheet1 = excel_file['Sheet']
excel_file['test']                        # 如果没有名为 test 的工作表，则提示如下错误
----------------------------------------------------------------------------
KeyError                                  Traceback (most recent call last)
<ipython-input-19-9939b32ca8af> in <module>
KeyError: 'Worksheet test does not exist.'
```

（2）对工作表中的行、列、数据单元格对象进行操作。

```
#1- 对工作表中的行和列进行操作
rds = sheet1.rows      # 调用属性 rows 获取工作表中的所有行
for rd in rds:         # 遍历工作表中所有行的数据
    for cell in rd:
        print(cell.value)
col=sheet1.columns     # 通过属性 columns 获取工作表中的所有列
#2- 查找工作表中的最大行、最小行、最大列、最小列
```

```
sheet1.max_row,sheet1.min_row,sheet1.max_column,sheet1.min_column
(11, 1, 10, 1)
#3- 使用属性 values 查看单元格数据
for d in sheet1.values:
    print(d)
# 输出结果如下
('姓名', '职位', '公司', '手机号', '地址', '身份证号', '信用卡卡号', '信用卡提供商',
'信用额度', '过期年月')
('鞠成', '搬运工', '****网络有限公司', '1817805****', '广东省鑫县沈北新陈街 A 座
795577',
'6102**********6326', '420***155829', 'JCB 16 digit', 25000, '2021-11-21')……
#4- 通过 iter_cols 方法以列为单位选择工作表中的单元格区域，用 4 个参数设置行和列的范围
piece=sheet1.iter_cols(min_col=3,max_col=4,min_row=2,max_row=6)
for cells in piece:
    for d in cells:
        print(d.value)
#5- 通过 iter_rows 方法以行为单位选择工作表中的单元格区域，用 4 个参数设置行和列的范围
piece2=sheet1.iter_rows(min_row=2, max_row=6, min_col=3, max_col=4, values_only=True)
for cells in piece2:
for d in cells:
        print(d)
```

（3）向工作表中插入数据。

```
# 使用 append 方法向工作表中添加行数据
sheet1.append(('小明','IT 经理','IT**** 科技','1420278****','北京市长沙市双滦街 U 座 22
06','2106**********3842','338****243135318','VISA 16 digit','12000','2023-07-01'))
# 使用 insert_rows(idx, amount=1) 方法插入空行，idx 表示插入的位置，amount 表示插入的空行数
sheet1.insert_rows(idx=3)
# 使用 insert_cols(idx, amount=1) 方法插入空列，idx 表示插入的位置，amount 表示插入的空列数
sheet1.insert_cols(idx=2,amount=2)
excel_file.save('test4.xlsx')       # 将修改后的工作表保存到 test4.xlsx 文件中
```

执行完对工作表的操作后，工作表的样式如图 3-33 所示。使用 delete_rows、delete_cols 方法可以删除工作表中的行和列。

| | A | B | C | D | E | F | G | H | I | J | K | L |
|---|---|---|---|---|---|---|---|---|---|---|---|---|
| | 姓名 | | | 职位 | 公司 | 手机号 | 地址 | 身份证号 | 信用卡卡号 | 信用卡提供 | 信用额度 | 过期年月 |
| | 鞠成 | | | 搬运工 | ****网络有限 | 1817805*** | 广东省鑫县 | 6102***** | 420***1558 | JCB 16 dig | 25000 | 2021-11-2 |
| | | | | | | | | | | | | |
| | 张娟 | | | 广告 | **信息有限公 | 1399074*** | 天津市太原 | 6101***** | 461***6818 | Mastercard | 38000 | 2028-01-2 |
| | 郭瑞 | | | 算法工程 | **传媒有限公 | 1327236*** | 广西壮族自 | 4212***** | 060***8585 | JCB 16 dig | 91000 | 2027-01-1 |
| | 陈坤 | | | 其他 | **传媒有限公 | 1886076*** | 北京市东莞 | 4408***** | 460***3554 | VISA 16 di | 35000 | 2021-05-2 |
| | 刘金凤 | | | 售前/售后 | **时科信息公 | 1476069*** | 陕西省雷州 | 4513***** | 222***0302 | Discover | 82000 | 2024-08-0 |
| | 王淑英 | | | 宠物护理 | **时科信息有 | 1385296*** | 甘肃省潜江 | 4228***** | 447***9719 | JCB 15 dig | 26000 | 2021-07-2 |
| | 赵军 | | | 培训策划 | **传媒有限公 | 1513938*** | 广东省兴城 | 4409***** | 458***3549 | Maestro | 65000 | 2023-06-2 |
| | 陈雪梅 | | | 合规经理 | **100科技有限 | 1581282*** | 福建省沈阳 | 5323***** | 423***6246 | JCB 16 di | 70000 | 2021-02-0 |
| | 黄琳 | | | 培训督导 | **传媒有限公 | 1573077*** | 湖北省武汉 | 1525***** | 493***6494 | VISA 16 di | 70000 | 2021-02-0 |
| | 侯淑英 | | | 餐厅领班 | **信息有限公 | 1500588*** | 北京市太原 | 1409***** | 502***4426 | Diners Clu | 29000 | 2025-03-0 |
| | 小明 | | | IT 经理 | IT****科技 | 1420278*** | 北京市长沙 | 2106***** | 338***2431 | VISA 16 di | 12000 | 2023-07- |

图3-33　工作表操作演示

#### 4. Excel中单元格的相关操作

Excel中单元格是最基本的数据单元，使用openpyxl包中的工作表类Worksheet可以对单元格进行操作。

（1）操作单元格中的数据。

```
#要定位到单元格，首先要确定单元格所在的工作表
from openpyxl import Workbook          # 导入 Workbook 对象
from openpyxl import load_workbook     # 导入 load_workbook 函数
excel_file = load_workbook('data.xlsx')
sheet1 = excel_file['Sheet']           # 获取工作表对象
cell1 = sheet1['C4']       # 在工作表中通过行、列定位单元格
cell1.value                # 调用单元格对象中的 value 属性，获取单元格中的值
'**** 有限公司 '
# 获取单元格其他属性的方法
(
cell1.column,              # 获取单元格所在列的数字索引
cell1.column_letter,       # 获取单元格所在列的字母索引
cell1.row,                 # 获取单元格所在行的数字索引
cell1.comment,             # 获取单元格关联的注释
cell1.data_type,           # 获取单元格的数据类型
cell1.encoding,            # 获取单元格的数据编码
cell1.hyperlink,           # 获取单元格上的超链接信息
cell1.parent               # 获取单元格所在工作表对象
)
(3, 'C', 4, None, 's', 'utf-8', None, <Worksheet "Sheet">)
#调用方法 offset(row=0, column=0)，通过设置行和列偏移量查找其他单元格
cell2=cell1.offset(row=1,column=1)
cell2.value
'1886076****'
cell2.value = '1531093****'            # 对属性方法 value 赋值，更新单元格数据
# 索引单元格区域
data=sheet1['C2':'D4']
#调用 MAX 方法、MIN 方法分别计算单元格区域中的最大值、最小值，相当于在编辑栏中输入对应的
Excel 公式
sheet1['I12'] = '=MAX(I1:I11)'         # 对 I12 单元格使用 MAX 函数，计算 I1:I11 单元格区域中
                                          的最大值
sheet1['I13'] = '=MIN(I1:I11)'         # 对 I13 单元格使用 MIN 函数，计算 I1:I11 单元格区域中
                                          的最小值
```

（2）单元格格式的设置。

使用Excel时经常需要对单元格的格式进行设置，在Pythone中可通过openpyxl包中styles包中的样式类对单元格格式进行设置。

```
#openpyxl.styles 中包含用于设置单元格格式的类
```

```
from openpyxl.styles import Font ,Alignment    #Font 类用于设置字体，Alignment 用于设置对
                                                 齐方式
# 定义红色、粗体、大小为 16 的字体对象
font_set = Font( name=' 等线 ', color='FF0000' , size=16, bold=True)
title = sheet1['A1':'J1']    # 选择标题栏单元格
for cells in title:          # 将字体格式应用于标题栏单元格
    for cell in cells:
        cell.font = font_set
# 设置 B2:B11 单元格区域的对齐方式为垂直居中对齐
alignment_set = Alignment(horizontal='center', vertical='center')
for cells in sheet1['B2:B11']:
     for cell in cells:
        cell.alignment = alignment_set
# 设置 I2:I11 单元格区域的数字格式
for cells in sheet1['I2:I11']:
    for cell in cells:
        cell.number_format = '#,##0.00'
# 设置行和列的高度和宽度
sheet1.row_dimensions[1].height = 20          # 设置第 2 行行高
sheet1.column_dimensions['C'].width = 30      # 设置 C 列列宽
sheet1.column_dimensions['D'].width = 20
excel_file.save('test4.xlsx')
```

图 3-34 所示为设置单元格格式后的效果，通过 styles 包中的样式类设置单元格格式可以达到和手动设置 Excel 单元格格式一样的效果。

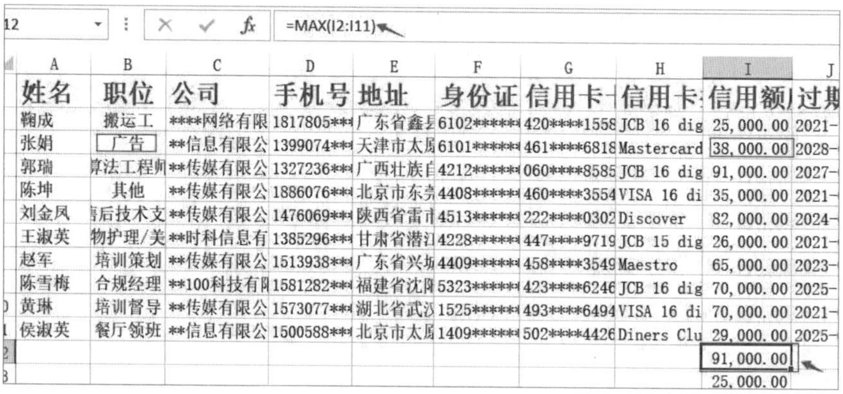

I12 =MAX(I2:I11)

| A | B | C | D | E | F | G | H | I | J |
|---|---|---|---|---|---|---|---|---|---|
| 姓名 | 职位 | 公司 | 手机号 | 地址 | 身份证 | 信用卡 | 信用卡 | 信用额 | 过期 |
| 鞠成 | 搬运工 | ****网络有限 | 1817805*** | 广东省鑫 | 6102****** | 420****1558 | JCB 16 dig | 25,000.00 | 2021- |
| 张娟 | 广告 | **信息有限公 | 1399074*** | 天津市太 | 6101****** | 461****6818 | Mastercard | 38,000.00 | 2028- |
| 郭瑞 | 算法工程师 | **传媒有限公 | 1327236*** | 广西壮族 | 4212****** | 060****8585 | JCB 16 dig | 91,000.00 | 2027- |
| 陈坤 | 其他 | **传媒有限公 | 1886076*** | 北京市东 | 4408****** | 460****3554 | VISA 16 di | 35,000.00 | 2021- |
| 刘金凤 | 售后技术支 | **传媒有限公 | 1476069*** | 陕西省雷 | 4513****** | 222****0302 | Discover | 82,000.00 | 2024- |
| 王淑英 | 物护理/美 | **时科信息有 | 1385296*** | 甘肃省潜 | 4228****** | 447****9719 | JCB 15 dig | 26,000.00 | 2021- |
| 赵军 | 培训策划 | **传媒有限公 | 1513938*** | 广东省兴 | 4409****** | 458****3549 | Maestro | 65,000.00 | 2023- |
| 陈雪梅 | 合规经理 | **100科技有 | 1581282*** | 福建省沈 | 5323****** | 423****6246 | JCB 16 dig | 70,000.00 | 2025- |
| 黄琳 | 培训督导 | **传媒有限公 | 1573077*** | 湖北省武 | 1525****** | 493****6494 | VISA 16 di | 70,000.00 | 2021- |
| 侯淑英 | 餐厅领班 | **信息有限公 | 1500588*** | 北京市太 | 1409****** | 502****4426 | Diners Clu | 29,000.00 | 2025- |
| | | | | | | | | 91,000.00 | |
| | | | | | | | | 25,000.00 | |

图3-34　设置单元格格式后的效果

## 3.4.4 自动化处理

学习了 openpyxl 包的相关知识后，接下来介绍利用 Python 自动化处理 Excel 的方法。假设有以下场景：有一个商品供应商，需要将各门店手动记录的 Excel 数据进行汇总。如果每次都通过人工手动合并数据会造成人力资源的浪费，也容易出错。通过以下代码可以自动完成合并 3 个门店的

Excel数据的工作。读者可参考本书代码素材文件"3-14-openpyxl_auto.ipynb"进行学习。

（1）Excel数据样式。

3家门店的Excel数据文件名分别为"门店1.xlsx""门店2.xlsx""门店3.xlsx"，数据示例如图3-35所示。

| 门店 | 商品 | 进货量 | 总金额 | 运费 | 录入时间 |
|------|------|--------|--------|------|----------|
| 1 | X | 10.00 | 120.00 | 11.00 | 2021/1/5 |
| 1 | A | 12.00 | 100.00 | 20.00 | 2021/1/6 |
| 1 | Z | 100.00 | 9000.00 | 100.00 | 2021/1/7 |

图3-35　Excel数据示例

（2）合并3个文件的内容。

```python
from openpyxl import Workbook              # 导入 Workbook 对象
from openpyxl import load_workbook         # 导入 load_workbook 函数
from datetime import datetime
file_name = datetime.now().strftime('%Y%m%d-%H') + '.xlsx' # 以当前时间作为 Excel 的文件名
#1- 创建新工作簿，用于存储各门店工作簿中的数据
excel_merge = Workbook()
merge_sheet = excel_merge.active           # 获取当前活动的工作表
merge_sheet.append(('门店','商品','进货量','总金额','运费','录入时间'))     # 插入标题栏
#2- 打开各门店的 Excel 工作簿
excel1 = load_workbook('门店 1.xlsx')
excel2 = load_workbook('门店 2.xlsx')
excel3 = load_workbook('门店 3.xlsx')
# 读取各门店工作簿中的数据
excel1_sheet = excel1['Sheet1']
excel2_sheet = excel2['Sheet1']
excel3_sheet = excel3['Sheet1']
#3-merge_sheet.append(tuple(excel2_sheet.values)[1:1])
# 将数据追加到新建的 Excel 工作簿中
for a in tuple(excel1_sheet.values)[1:]:
    merge_sheet.append(a)
for a in tuple(excel2_sheet.values)[1:]:
    merge_sheet.append(a)
for a in tuple(excel3_sheet.values)[1:]:
    merge_sheet.append(a)
excel_merge.save(filename=file_name)       # 保存文件
```

将上面的代码保存到文件中，然后配置操作系统的调度任务进行调用，即可实现自动化的数据处理。

# 第 **4** 章

# 数据处理与分析

　　本章介绍如何使用Excel与Python完成常见的数据分析与统计，让读者对比并理解二者的操作差异。本章内容主要根据Excel功能区中的功能展开，便于读者依托Excel建立相关的知识体系。

## 本章主要知识点

>> Excel与Python中统计量、概率的计算，快速分析数据的方法。

>> Excel与Python中逻辑计算的演示与对比。

>> Excel与Python中文本处理的演示与对比。

>> Excel与Python中时间数据的处理与对比。

>> Excel与Python中数据的排序、过滤、分组操作。

# 4.1 各种统计量的计算

第 2 章中介绍了各种统计量，第 3 章中介绍了 Python 基础语法和常用的数据科学包。本节在第 2、3 章的基础上，介绍如何使用 Excel 和 Python 对各种统计量进行计算。

## 4.1.1 平均数的计算

Excel 数据操作可以分为 4 步：明确数据类型，选择输出结果的单元格，选择要操作的单元格，实施具体的操作。Python 代码也可以按照这样的步骤编写，以使代码更清晰。本节的测试数据为 Excel 文件 "data-4.xlsx" 中的数据，测试数据的样例如表 4-1 所示。

表4-1　本节测试数据样例

| 销售员 | 产品编号 | 单价（元） | 数量 | 成本（元） | 提成（%） |
|---|---|---|---|---|---|
| 销售员 7 | CC-2 | 29.62 | 4 | 16.78 | 15 |
| 销售员 2 | AA-3 | 39.60 | 6 | 17.38 | 25 |
| 销售员 4 | CC-5 | 21.34 | 12 | 16.86 | 15 |

### 1. 在Excel中操作

（1）明确数据类型，选择"数量"列，其数据类型为"常规"，可以进行平均数计算。

（2）选择输出结果的单元格 H2。

（3）选择要计算平均数的单元格区域。

在"公式"选项卡下，单击"插入函数"按钮，打开如图 4-1 所示的"插入函数"窗口。在"选择函数"列表框中选择"AVERAGE"函数。

图4-1　"插入函数"窗口

选择 AVERAGE 函数后,打开如图 4-2 所示的"函数参数"窗口。图中标识 1 处是要计算平均数的单元格区域,标识 2 处是编辑栏中对应的公式。

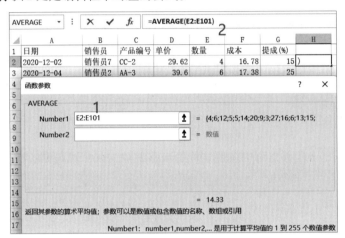

图4-2　AVERAGE函数参数窗口

### 2. 在Python中操作

在 Python 中可使用两种方法计算平均数,一种是通过平均数公式计算,另一种是通过库中已经编写好的平均数计算函数计算。读者可参考本书代码素材文件"4-1-平均数.ipynb"进行学习。

使用 Pandas 包中的 read_excel 函数读取"data-4.xlsx"文件中"销售明细"工作表中的"数量"列数据,返回 DataFrame 类型的数据,然后调用 mean 方法计算平均数。

```
import pandas as pd                #导入 Pandas 包
#使用 read_excel 函数读取"data-4.xlsx"文件中"销售明细"工作表中的"数量"列(第 4 列)
dataframe = pd.read_excel('data-4.xlsx',usecols=[4],dtype=int)
dataframe.size,dataframe.sum()    #调用 size 属性返回元素个数,调用 sum 方法计算汇总值
(100,
数量   1433
dtype: int64)
avg=dataframe.sum() / dataframe.size    #将汇总值除以总数量计算平均数
#avg 值为 14.33
dataframe.mean()        #使用 mean 方法直接计算平均数
数量    14.33
dtype: float64
```

### 4.1.2　中位数的计算

中位数是按大小顺序排列的一组数据中中间位置的数,可以用来衡量数据的集中趋势,相比平均数可以减少异常值的干扰。

### 1. 在Excel中操作

（1）明确数据类型，选择"数量"列，其数据类型为"常规"，可以进行中位数计算。

（2）选择输出结果的单元格H3。

（3）选择要计算中位数的单元格区域。

在"公式"选项卡下，单击"插入函数"按钮，打开"插入函数"窗口。在不确定要使用的函数的情况下，可以在"搜索函数"文本框中输入关键字，然后单击"转到"按钮查找函数，如图4-3所示。

选择"MEDIAN"函数后，打开如图4-4所示的"函数参数"窗口，选择要计算中位数的单元格区域E2:E101，在编辑栏中可以看到对应的公式。

图4-3　查找不确定函数名的函数　　　　图4-4　MEDIAN函数参数窗口

### 2. 在Python中操作

在Python中可以通过Pandas包计算中位数，读者可参考本书代码素材文件"4-1-中位数.ipynb"进行学习。

使用Pandas包中的read_excel函数读取"data-4.xlsx"文件中"销售明细"工作表中的"数量"列数据，返回DataFrame类型的数据，然后调用median方法计算中位数。

```
import pandas as pd      # 导入 Pandas 包
# 读取第 4 列数据，并设置数据类型为 int，返回 DataFrame 类型数据
dataframe = pd.read_excel('data-4.xlsx',usecols=[4],dtype=int)
dataframe.median()        # 使用 median 方法计算中位数
数量     13.5
dtype: float64            # 数据的类型为 int
```

## 4.1.3 众数的计算

众数是一组数据中出现次数最多的一个或几个数。通过众数可以查找出现次数最多的数据，或是作为分类数据的集中趋势的测试值。

### 1. 在Excel中操作

（1）明确数据类型，选择"数量"列，其数据类型为"常规"，可以进行众数计算。

（2）选择输出结果的单元格H4。

（3）选择要计算众数的单元格区域，使用MODE函数计算众数，如图 4-5 所示。

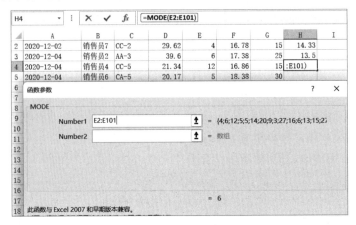

图4-5　MODE函数参数配置

### 2. 在Python中操作

在 Python 中可以通过 Pandas 包计算众数，读者可参考本书代码素材文件"4-1-众数 .ipynb"进行学习。

使用Pandas包中的read_excel函数读取"data-4.xlsx"文件中的"数量"列数据，返回 DataFrame 类型的数据，然后调用mode方法计算众数。

```
import pandas as pd      # 导入 Pandas 包
dataframe = pd.read_excel('data-4.xlsx')
dataframe[' 数量 '].mode()        #使用 mode 方法计算"数量"列数据的众数
0      2
1      6
2      15
dtype: int64
```

### 4.1.4 最大值、最小值的计算

一组数据中的最大值、最小值可用于界定数据集的边界，从而发现异常值。在Excel中可以使用MAX函数、MIN函数计算最大值、最小值。在 Python 中可以使用 Pandas DataFrame 类中的max方法、min方法计算最大值、最小值。

### 1. 在Excel中操作

（1）选择输出结果的单元格H5。

（2）选择要计算最大值、最小值的单元格区域。

使用MAX函数计算最大值，使用MIN函数计算最小值。图 4-6 所示为MAX函数的参数配置

界面。

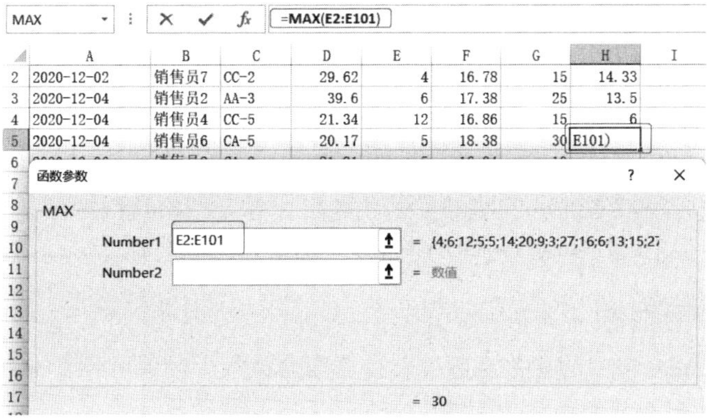

图4-6　MAX函数参数配置界面

### 2. 在Python中操作

在 Python 中可以通过 Pandas 包计算最大值、最小值，读者可参考本书代码素材文件 "4-1-最大值和最小值.ipynb" 进行学习。

使用 Pandas 包中的 read_excel 函数读取 "data-4.xlsx" 文件中的数据，返回 DataFrame 类型的数据，然后调用 max 方法、min 方法计算 "数量" 列中的最大值、最小值。

```
import pandas as pd          # 导入 Pandas 包
dataframe = pd.read_excel('data-4.xlsx')
dataframe[' 数量 '].max()     # 使用 max 方法计算最大值
30
dataframe[' 数量 '].min()     # 使用 min 方法计算最小值
1
```

## 4.1.5　四分位数的计算

将一组从小到大排列的数据分成四等份，每份占全部数据的 25%，划分位置对应的数据就是四分位数。四分位数与方差、标准差都可以表示数据的分散程度，但四分位数更多是作为一种稳健统计的指标。

### 1. 在Excel中操作

（1）选择输出结果的单元格 H7。

（2）选择要计算四分位数的单元格区域。

使用 QUARTILE 函数可以计算四分位数，图 4-7 所示为 QUARTILE 函数的参数配置界面。通过 2.1.2 小节中对四分位距的介绍可知有 3 个四分位数，图中的 Quart 文本框用于设置要计算的四分位数。

图4-7 QUARTILE函数参数配置界面

### 2. 在Python中操作

使用NumPy、Pandas包中的相关函数可以计算四分位数，读者可参考本书代码素材文件"4-1-四分位数.ipynb"进行学习。

```
import pandas as pd        # 导入 Pandas 包
dataframe = pd.read_excel('data-4.xlsx')
import numpy as np         # 使用 NumPy 中的 percentile 函数计算四分位数
np.percentile(dataframe[' 数量 '], [25, 50, 75])
array([ 6. , 13.5, 22. ])
# 调用 describe 方法返回的描述性统计信息中包含四分位数
dataframe[' 数量 '].describe().loc['25%':'75%']
25%      6.0
50%     13.5
75%     22.0
name: 数量 , dtype: float64
```

### 4.1.6 标准差的计算

标准差可用于衡量数据的分散性，计算方法是对方差进行开方。针对平均数相同的两组数据，可以通过分析标准差确定哪组数据的稳定性更好。

#### 1. 在Excel中操作

（1）选择输出结果的单元格H8。

（2）选择要计算标准差的单元格区域，图 4-8 所示为STDEV函数的参数配置界面。

图4-8 STDEV函数参数配置界面

## 2. 在Python中操作

通过Pandas DataFrame类型数据可以计算方差与标准差，读者可参考本书代码素材文件"4-1-标准差.ipynb"进行学习。

```
import pandas as pd              #导入 Pandas 包
dataframe = pd.read_excel('data-4.xlsx')     # 读取 Excel 文件，返回 DataFrame 类型数据
dataframe[' 数量 '].var()         #使用 var 方法计算方差
78.22333333333334
dataframe[' 数量 '].std()         #使用 std 方法计算标准差
8.844395588921458
```

### 4.1.7 频率计算

前面几个小节中使用的函数生成的结果都只有一个，在Excel中还有一类统计函数，生成的结果为一组。本小节将对频率函数进行演示说明。

#### 1. 在Excel中操作

使用FREQUENCY函数计算频率，返回的结果是列表。

（1）设置频率分组依据。

在J2:J6 单元格区域中分别输入 24、28、32、36、40 作为频率分组依据，读者可根据需要设置其他值。

（2）选择需要计算频率的单元格区域。

选择K2:K6 单元格区域用于输出结果，然后在"公式"选项卡下，单击"插入函数"按钮，在"插入函数"窗口中选择FREQUENCY函数，如图 4-9 所示。

在"Data_array"文本框中输入"D2:D101"作为要计算频率的单元格区域，在"Bins_array"文本框中输入"J2:J6"作为分组的划分标准。参数配置完成后单击"确定"按钮，此时只有K2 单元格中有数据。选择K2:K6 单元格区域，单击编辑栏，然后按【Ctrl+Shift +Enter】组合键，公式会被套上大括号"{=FREQUENCY(D2:D101,J2:J6)}"，K3:K6 单元格区域中即会显示频率。

图4-9　FREQUENCY函数参数配置界面

### 2. 在Python中操作

使用Pandas包中的cut函数可以将数据划分为不同等级进行统计，读者可参考本书代码素材文件 "4-1-频率.ipynb" 进行学习。

```
import pandas as pd        # 导入 Pandas 包
dataframe = pd.read_excel('data-4.xlsx')    # 读取 Excel 文件，返回 DataFrame 类型数据
# 使用 cut 函数，设置单价列数据划分组的标准
cats1=pd.cut(dataframe[' 单价 '],bins=[0,24,28,32,36,40])
cats1.value_counts()    # 查看统计的频率
(28, 32]    22
(32, 36]    21
(36, 40]    20
(0, 24]     19
(24, 28]    18
Name: 单价 , dtype: int64
```

### 4.1.8 Excel与Python中统计量函数对比

表 4-2 所示为 Excel 和 Python 中计算相同统计量时使用的函数对比，本节在 Python 中主要通过 Pandas 包实现相关操作，但实际上还有很多其他方法。

**表4-2 Excel与Python中统计量函数对比**

| 统计量 | 在Excel中操作 | 在Python中操作 |
| --- | --- | --- |
| 平均数 | 使用 AVERAGE 函数 | 通过 Pandas DataFrame 类中的 mean 方法 |
| 中位数 | 使用 MEDIAN 函数 | 通过 Pandas DataFrame 类中的 median 方法 |
| 众数 | 使用 MODE 函数 | 通过 Pandas DataFrame 类中的 mode 方法 |
| 最大值、最小值 | 使用 MAX、MIN 函数 | 通过 Pandas DataFrame 类中的 max 方法、min 方法 |
| 四分位数 | 使用 QUARTILE 函数 | 通过 NumPy 包中的 percentile 函数或 Pandas DataFrame 类中的 describe 方法 |
| 标准差 | 使用 STDEV 函数 | 通过 Pandas DataFrame 类中的 var 方法、std 方法 |
| 频率 | 使用 FREQUENCY 函数 | 通过 Pandas 包中的 cut 函数和 value_counts 函数 |

## 4.2 数据分析与概率统计

本节将介绍如何使用 Excel 与 Python 进行数据分析与概率统计，测试数据为 Excel 文件 "data-4 .xlsx"。

## 4.2.1 描述统计

在获取一份数据后，往往需要先对数据进行探查，了解数据的分布情况与数据质量。探查结果以统计量表示，Excel 和 Python 中都提供了全面计算统计量的方法。

### 1. 在Excel中操作

Excel 中提供了用于进行全面的数据统计的分析工具。单击"数据"→"分析"→"数据分析"按钮，打开"数据分析"窗口，即可看到分析工具列表，如图 4-10 所示。

若读者在 Excel 功能区中没有找到"数据分析"按钮，可以通过以下操作将"数据分析"按钮添加到 Excel 功能区中。选择"文件"→"选项"→"加载项"，在"管理"下拉列表中选择"Excel 加载项"，单击"转到"按钮，打开如图 4-11 所示的"加载项"窗口，勾选"分析工具库"复选框，然后单击"确定"按钮。

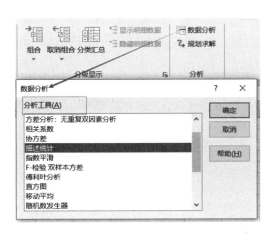

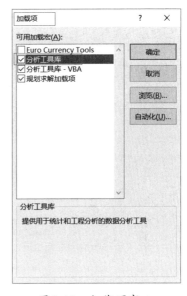

图4-10　数据分析窗口中的分析工具列表　　　　图4-11　加载项窗口

配置完成后，选择图 4-10 中分析工具列表中的"描述统计"工具，打开如图 4-12 所示的"描述统计"窗口。配置"输入"和"输出选项"区域中的选项，说明如下。

（1）输入。

"输入区域"表示要进行描述统计的单元格区域，选择 \$D:\$G 单元格区域，选择"分组方式"为"逐列"。由于"输入区域"的单元格区域中包含表头，应勾选"标志位于第一行"复选框。

（2）输出选项。

选择"新工作表组"为描述统计结果输出目标。"汇总统计""平均数置信度""第 K 大值""第 K 小值"四个选项中至少要选择一个，一般情况下选择"汇总统计"即可。

描述统计的输出结果如图 4-13 所示。

图4-12 描述统计工具配置界面

图4-13 描述统计输出结果

### 2. 在Python中操作

Pandas包中提供了对数据进行描述统计的功能，读者可参考本书代码素材文件"4-2-描述统计.ipynb"进行学习。以下代码中使用了Pandas DataFrame类中的describe方法对数据进行描述统计。

```python
import pandas as pd
dataframe = pd.read_excel('data-4.xlsx')
# 调用 describe 方法，获得的统计量有：计数、平均数、标准差、最大值、最小值、四分位数
dataframe.describe()
```

图 4-14 所示为通过describe方法计算的统计量。

| [4]: | 单价 | 数量 | 成本 | 提成% |
|---|---|---|---|---|
| count | 100.000000 | 100.000000 | 100.000000 | 100.000000 |
| mean | 30.262100 | 14.330000 | 17.499600 | 19.600000 |
| std | 5.844512 | 8.844396 | 1.379617 | 7.059631 |
| min | 20.170000 | 1.000000 | 15.120000 | 10.000000 |
| 25% | 25.405000 | 6.000000 | 16.277500 | 15.000000 |
| 50% | 30.425000 | 13.500000 | 17.660000 | 20.000000 |
| 75% | 35.135000 | 22.000000 | 18.640000 | 25.000000 |
| max | 39.720000 | 30.000000 | 19.900000 | 30.000000 |

图4-14 通过DataFrame类中describe方法计算的统计量

## 4.2.2 排列组合

通过排列组合公式可以计算事件基本结果数和样本空间数，从而计算事件发生的概率。本小节使用Excel与Python对"data-4.xlsx"文件中"销售成功概率"工作表中"销售员"列中的10个销售员的相关数据进行排列组合计算。

## 1. 在Excel中操作

（1）阶乘计算。

对 10 个销售员的销售额进行排列，所有排列方式的可能性可通过阶乘计算。Excel 提供了 FACT 函数计算阶乘，10 的阶乘的计算结果为 3,628,800。

```
=FACT(10)                          计算 10 的阶乘，结果为 3,628,800
```

（2）排列计算。

从 10 个销售员中选出 3 个分别参加 2022 年 2 月 1 日—3 日的培训，就是一个排列问题。Excel 提供的 PERMUT 函数用于计算不可重复的排列数，在编辑栏中输入公式 "=PERMUT(10,3)"，计算得到有 720 种排列方式。"销售员 1" 共有 3* PERMUT(9,2)=216 种可能参加培训，对应的参加培训的概率为 $\frac{216}{720}=0.3$。

```
=PERMUT(10,3)        从 10 个数中取 3 个进行不可重复排列，结果为 720
=3*PERMUT(9,2)
```

Excel 提供的 PERMUTATIONA 函数用于计算可重复排列数，其参数与 PERMUT 函数相同。

```
= PERMUTATIONA (10,3)    从 10 个数中取 3 个进行可重复排列，结果为 1000
```

（3）组合计算。

从 10 个销售员中选出 3 个同时参加 2022 年 2 月 1 日—3 日的培训，就是一个组合问题。Excel 提供的 COMBIN 函数用于计算组合数，在编辑栏中输入公式 "=COMBIN(10,3)"，计算得到共有 120 种组合方式。

```
=COMBIN(10,3)            从 10 个数据中取 3 个进行组合，结果为 120
```

## 2. 在Python中操作

使用 Python 同样可以完成排列组合计算，读者可参考本书代码素材文件 "4-2-排列组合.ipynb" 进行学习。

（1）阶乘计算。

```
import numpy
numpy.math.factorial(10)      # 使用 NumPy 包中 math 模块中的 factorial 函数进行阶乘计算
3628800
import math
math.factorial(10)            # 使用 Python math 库中的 factorial 函数进行阶乘计算
3628800
from scipy import special
special.factorial(10)         # 使用 SciPy 包中 special 模块中的 factorial 函数进行阶乘计算
3628800
```

（2）排列计算。

```
import itertools
# 列表 list1 用于存储要进行排列、组合计算的数据
list1=[' 销售员 0',' 销售员 1',' 销售员 2',' 销售员 3',' 销售员 4',' 销售员 5',' 销售员 6',' 销售
员 7',' 销售员 8',' 销售员 9']
# 使用 itertools 模块中的 permutations 函数进行排列计算
permu = itertools.permutations(list1,3)
len(list(permu))
720
# 使用 SciPy 包中 special 模块中的 perm 函数进行排列计算
permu_sci = special.perm(5, 3, exact = True)
720
```

（3）组合计算。

```
# 使用 itertools 模块中的 combinations 函数进行组合计算
combi=itertools.combinations(list1,3)
list(combi)
# 组合计算的结果以列表形式返回
[(' 销售员 0', ' 销售员 1', ' 销售员 2'),
 (' 销售员 0', ' 销售员 1', ' 销售员 3'),
 (' 销售员 0', ' 销售员 1', ' 销售员 4'),
 (' 销售员 0', ' 销售员 1', ' 销售员 5'),
……
# 使用 SciPy 包中 special 模块中的 comb 函数进行组合计算
special.comb(10,3)
120
```

### 4.2.3 二项分布计算

二项分布是随机变量只有两个结果的随机事件的分布，并且事件每次发生都是独立的，彼此不影响。下面以文件 "data-4.xlsx" 中 "销售员 1" 的相关数据为例介绍二项分布计算，已知销售员 1 销售成功的概率为 40%，计算销售员 1 进行 10 次销售成功 6 次的概率。

#### 1. 在 Excel 中操作

在 Excel 中使用 BINOM.DIST 函数进行二项分布计算。BINOM.DIST 函数的语法为：BINOM.DIST(number_s,trials,probability_s,cumulative)，函数参数配置界面如图 4-15 所示。

图4-15　BINOM.DIST函数参数配置界面

参数Number_s是必需参数，为实验成功的次数；参数Trials是必需参数，为独立实验的次数；参数Probability_s是必需参数，为实验成功的概率；参数Cumulative是必需参数，决定函数的形式。如果Cumulative为TRUE，则函数为累积分布函数，计算小于等于Number_s次成功的概率的和；如果Cumulative为FALSE，则函数为概率密度函数，计算第Number_s次成功的概率。

### 2. 在Python中操作

通过SciPy包中stats模块中的binom实例对象进行二项分布计算，读者可参考本书代码素材文件"4-2-概率分布.ipynb"进行学习。

```
from scipy import stats
#计算10次实验中成功6次的概率，通过pmf函数查看二项分布的概率
stats.binom.pmf(6,10,0.4)
#结果：0.11147673600000013
import numpy as np
pro_list = stats.binom.pmf(np.arange(0,7,1),10,0.4)        #累计分布概率计算
#结果：pro_list 为 array([0.00604662, 0.04031078, 0.12093235, 0.21499085, 0.25082266,
        0.20065812, 0.11147674])
pro_list.sum()    #计算累积概率
 #结果：0.9452381184000007
```

### 4.2.4 几何分布计算

几何分布用于描述在$n$次伯努利实验中，实验到第$x$次才成功的概率。下面以文件"data-4.xlsx"中"销售员1"的相关数据为例介绍几何分布计算，已知销售员1销售成功的概率为40%，计算销售员1在第5次销售才成功的概率。

### 1. 在Excel中操作

在 Excel 中，根据几何分布概率公式，在编辑栏中输入以下公式。

```
=0.4 * power((1-0.4),5-1)          计算得到的概率为 0.05184
```

### 2. 在Python中操作

通过 SciPy 包中 stats 模块中的 geom 实例对象进行几何分布计算，读者可参考本书代码素材文件"4-2-概率分布 .ipynb"进行学习。

```
from scipy import stats
# 计算第 5 次实验才成功的概率，通过 pmf 函数查看几何分布的概率
stats.geom.pmf(5, 0.4)
0.05184
# 或根据几何分布概率计算公式编写对应的功能函数
def geom_fun(p,k):          # 参数 p 是成功的概率，参数 k 表示首次成功是在哪次
    return p*(1-p)**(k-1)
geom_fun(0.4,5)
0.05184
```

## 4.2.5 正态分布计算

正态分布是一个在数学、物理及工程等领域都非常重要的概率分布，正态分布概率计算涉及期望和标准差，因此使用 Excel 和 Python 中相应函数计算正态分布概率时需要注意函数中的期望参数和标准差参数。

### 1. 在Excel中操作

Excel 中的函数 NORM.DIST(x,mean,standard_dev,cumulative) 用于计算正态分布概率，其参数配置界面如图 4-16 所示。

图4-16　NORM.DIST函数参数配置界面

参数 X 是必需参数，为要计算分布的数值；参数 Mean 是必需参数，为正态分布的平均数；参数 Standard_dev 是必需参数，为正态分布的标准差；参数 Cumulative 是必需参数，决定函数的形式。如果 Cumulative 为 TRUE，则函数为概率密度函数；如果 Cumulative 为 FALSE，则函数为累积分布函数。

### 2. 在Python中操作

通过 SciPy 包中 stats 模块中的 norm 实例对象进行正态分布计算，pdf 函数是概率密度函数，cdf 函数是累积分布函数。读者可参考本书代码素材文件"4-2-概率分布.ipynb"进行学习。

```
from scipy.stats import norm
norm.pdf(x=5,loc=2, scale=1)      #pdf 概率密度函数
0.0044318484119380075
norm.cdf(x=5,loc=2, scale=1)      #cdf 累积分布函数
0.9986501019683699
```

### 4.2.6 抽样工具

通过抽样工具可以从总体数据中抽取部分数据作为样本，当总体数据量太大而不能进行处理时，可以选取具有代表性的样本进行分析，从而预测总体数据的特征。

### 1. 在Excel中操作

打开"数据分析"窗口，在分析工具列表中选择"抽样"工具，其参数配置界面如图 4-17 所示。

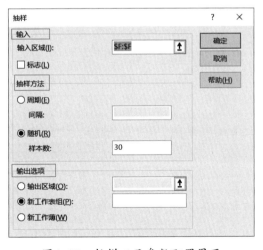

图4-17　抽样工具参数配置界面

抽样工具中有"周期""随机"两种抽样方法，任选其中一个即可。需要注意"输入区域"选择的单元格区域中不能包含非数值类型数据。

### 2. 在Python中操作

使用 Pandas 包中的 dataframe.sample 方法可以完成抽样操作，读者可参考本书代码素材文件"4-2-抽样.ipynb"进行学习。

```
import pandas as pd
dataframe = pd.read_excel('data-4.xlsx')
#sample 随机抽取 30 行数据
dataframe.sample(30)
```

## 4.2.7 相关系数

相关系数用于判断相关性分析中两个变量之间线性关系的强度，相关系数是介于-1~1 的无单位的值，值越接近于 0，线性关系越弱。本节通过 Excel 和 Python 对数据文件"data-4.xlsx"中各列数据的相关程度进行计算。

### 1. 在Excel中操作

打开"数据分析"窗口，在分析工具列表中选择"相关系数"工具，其参数配置界面如图 4-18 所示。

选择"分组方式"为"逐列"，以列为单位计算相关性，需要注意"输入区域"选择的单元格区域中不能包含非数值类型数据。相关系数工具计算的结果如图 4-19 所示。

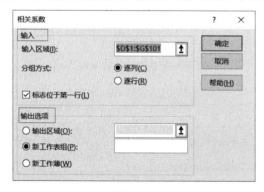

图4-18  相关系数工具参数配置界面

| A | B | C | D | E |
|---|---|---|---|---|
| | 单价 | 数量 | 成本 | 提成 (%) |
| 单价 | 1 | | | |
| 数量 | 0.06565 | 1 | | |
| 成本 | -0.1348 | 0.09059 | 1 | |
| 提成(%) | 0.00224 | 0.02883 | 0.08736 | 1 |

图4-19  相关系数工具计算的结果

### 2. 在Python中操作

使用 Pandas 包中 DataFrame 类的 corr(method='pearson', min_periods=1) 方法完成相关系数计算，参数 method 是计算相关系数的算法，默认使用"皮尔逊算法"。读者可参考本书代码素材文件"4-2-相关系数.ipynb"进行学习。

```
import pandas as pd
dataframe = pd.read_excel('data-4.xlsx')
dataframe.corr()
```

| | 单价 | 数量 | 成本 | 提成 (%) |
|---|---|---|---|---|
| 单价 | 1 | 0.065652 | -0.134765 | 0.002236 |
| 数量 | 0.065652 | 1 | 0.090591 | 0.028829 |
| 成本 | -0.134765 | 0.090591 | 1 | 0.08736 |
| 提成 (%) | 0.002236 | 0.028829 | 0.08736 | 1 |

### **4.2.8** 方差分析

方差分析也叫变异数分析，是对两个及两个以上样本的方差进行对比分析。本节用于测试的两份数据样本分别是：“data-4.xlsx”文件中“销售明细”工作表中“日期”列值在 2020 年范围内，随机抽样 20 条“单价”列数据；“data-4.xlsx”文件中“销售明细”工作表中“日期”列值在 2021 年范围内，随机抽样 20 条“单价”列数据。

#### 1. 在Excel中操作

打开“数据分析”窗口，在分析工具列表中选择“方差分析：单因素方差分析”工具，如图 4-20 所示，左侧是“方差分析：单因素方差分析”工具要配置的参数，右侧是方差分析的结果。

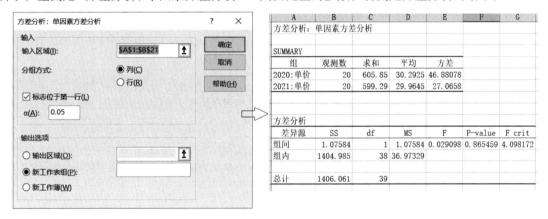

图4-20　方差分析工具参数配置及计算结果

#### 2. 在Python中操作

使用 Pandas 包读取数据，然后使用 scipy. stats 模块中的 f_oneway 函数进行方差分析。读者可参考本书代码素材文件“4-2-方差分析 .ipynb”进行学习。

```
import pandas as pd
dataframe = pd.read_excel('data-4.xlsx')
# 抽样获取 2020 年的 20 条数据
d1=dataframe.loc[(dataframe[' 日期 ']>'2020-12-01')&(dataframe[' 日期 ']<'2020-12-31')].
sample(20)
# 抽样获取 2021 年的 20 条数据
d2=dataframe.loc[(dataframe[' 日期 ']>'2021-01-01')&(dataframe[' 日期 ']<'2021-02-01')].
sample(20) from scipy import stats
```

```
f,p=stats.f_oneway(d1[' 单价 '],d2[' 单价 '])
#结果：(0.047623748938275666, 0.8284186929341522)
```

### 4.2.9 Excel和Python数据分析和概率计算功能对比

表 4-3 所示为 Excel 和 Python 数据分析和概率计算功能对比。在 Python 中实现同一个功能有很多不同的方法，不局限于表中的方法。Excel 中 "数据" 选项卡中 "数据分析" 功能提供的分析工具，功能完备性与易用性都很高，值得在数据分析时探索使用。

**表4-3　Excel和Python数据分析和概率计算功能对比**

| 功能 | 在Excel中操作 | 在Python中操作 |
|---|---|---|
| 描述统计 | 使用 "数据分析" 功能中的 "描述统计" 分析工具计算 | 使用 Pandas DataFrame 类中的 desribe 方法计算 |
| 排列组合 | 使用 FACT 函数计算阶乘，PERMUT 函数计算排列，COMBIN 函数计算组合 | 使用 Python itertools 模块或 SciPy 包中的相关函数计算 |
| 二项分布 | 使用 BINOM.DIST 函数计算 | 使用 SciPy 包中 stats 模块中的二项分布实例对象 binom 计算 |
| 几何分布 | 按几何分布计算公式在编辑栏中使用 power 函数计算 | 使用 SciPy 包中 stats 模块中的几何分布实例对象 geom 计算 |
| 正态分布 | 使用 NORM.DIST 函数计算 | 使用 SciPy 包中 stats 模块中的正态分布实例对象 norm 计算 |
| 抽样操作 | 使用 "数据分析" 功能中的 "抽样" 分析工具计算 | 使用 Panda DataFrame 类中的 sample 方法计算 |
| 相关系数 | 使用 "数据分析" 功能中的 "相关系数" 分析工具计算 | 使用 Pandas DataFrame 类中的 corr 方法计算 |
| 方差分析 | 使用 "数据分析" 功能中的 "方差分析" 分析工具计算 | 使用 SciPy 中的 stats.f_oneway 函数计算 |

## 4.3 逻辑运算

本节将介绍逻辑运算，内容围绕 Excel 的逻辑函数展开，可以在 "公式" → "函数库" → "逻辑" 中找到逻辑函数。本节以 "data-4.xlsx" 文件作为演示操作数据，读者可参考本书代码素材文件 "4-3-逻辑操作.ipynb" 进行学习。

## 4.3.1 逻辑"与"的运算

在 Excel 中使用 AND 函数进行逻辑"与"的运算，函数的语法为：AND(logical1, [logical2], ...)，函数的参数是逻辑运算表达式，最多可以有 225 个。在 Python 中 Pandas Dataframe 类型数据使用"&"运算符和"and"运算符进行逻辑"与"的运算。

### 1. 在Excel中操作

Excel 中测试逻辑表达式分别是 D2>27 和 E2>20，只有这两个表达式的结果同时为逻辑真时，AND 函数才返回 TRUE，操作步骤如下。

（1）选择 I2 单元格作为输出结果的单元格。

（2）在编辑栏中输入公式：=AND(D2>27,E2>20)。

（3）将公式填充至 I3:I101 单元格区域。

在 Excel 中使用 OR 函数进行逻辑"或"的运算，函数的语法为：OR(logical1, [logical2], ...)，只要函数参数有一个是逻辑真，OR 函数就返回 TRUE。

### 2. 在Python中操作

使用 Pandas 包中的 read_excel 函数读取"data-4.xlsx"文件数据，得到 DataFrame 类型数据。然后对 Dataframe 类型数据进行逻辑"与"的运算，具体操作代码如下。

（1）通过 read_excel 函数读取"data-4.xlsx"文件数据，返回 DataFrame 类型数据。

```
import pandas as pd
dataframe = pd.read_excel('data-4.xlsx')
```

（2）使用"&"运算符进行逻辑"与"的运算。

```
dataframe[(dataframe.单价 >27.0) & (dataframe.数量 >20)]
```

（3）对 Dataframe 类型数据进行每行遍历，使用"and"操作符进行逻辑"与"的运算。

```
# 使用 and 操作符对 DataFrame 列进行逻辑判断
for index, row in dataframe.iterrows():
    if(row.单价 > 27 and row.数量 > 20):
        print(row)
```

对 Dataframe 类型数据进行逻辑"或"的运算可使用"|"操作符和"or"操作符。

## 4.3.2 逻辑假的设置

在 Excel 中使用 FALSE 函数可以将单元格的值设置为逻辑假，函数的语法为：FALSE()。在 Python 中使用 False 关键字表示逻辑假。注意 Python 中的关键字和函数是区分大小写的，而 Excel 中的关键字和函数是不区分大小写的。

### 1. 在Excel中操作

要将 Excel 中单元格的值设置为逻辑假，只需要选择输出结果的单元格区域，然后在编辑栏中输入 "=FALSE()" 即可。

```
=FALSE()
```

在 Excel 中设置逻辑真使用 TRUE 函数，函数的语法为：TRUE()。

### 2. 在Python中操作

要将 Python 中变量值设置为逻辑假，只需要对变量赋值 False 即可。以下代码在 DataFrame 中添加了名为 Logic_False 的列，并对列赋值 False。

```
import pandas as pd
dataframe = pd.read_excel('data-4.xlsx')
dataframe['Logic_False'] = False
```

要将 Python 中变量值设置为逻辑真，只需要对变量赋值 True 即可。

## 4.3.3 逻辑条件判断

IF 函数是 Excel 中常用的函数之一，函数的语法为：IF(logical_test, value_if_true, [value_if_false])。在 Python 中使用 if 关键字进行逻辑条件判断。

### 1. 在Excel中操作

IF 函数中的参数 logical_test 是逻辑表达式，如果 logical_test 为逻辑真，IF 函数返回参数 value_if_true；如果 logical_test 为逻辑假，IF 函数返回参数 value_if_false。下面演示使用 IF 函数判断单元格的值是否大于 25。

（1）选择 K2 单元格作为输出结果的单元格。

（2）在编辑栏中输入公式：= IF(G2>=25,"高","低")。

（3）将公式填充至 K3:K101 单元格区域。

### 2. 在Python中操作

使用 Pandas 包中的 read_excel 函数读取 "data-4.xlsx" 文件中 "销售明细" 工作表数据，得到 DataFrame 类型的数据。然后对 DataFrame 类型数据中的 "提成（%）" 列数据进行逻辑条件判断，具体操作代码如下。

```
import pandas as pd
dataframe = pd.read_excel('data-4.xlsx')
# 对 Dataframe 类型数据中的 "提成（%）" 列数据进行逻辑条件判断
if dataframe.loc[2,' 提成（%）'] >= 25:
    print(' 高 ')
```

```
else:
    print(' 低 ')
```

### 4.3.4 逻辑错误处理

在 Excel 中使用 IFERROR 函数捕获和处理公式中的错误，函数的语法为：IFERROR(value, value_if_error)。在 Python 中使用 "try...except...else..." 语句进行异常判断。

#### 1. 在Excel中操作

IFERROR 函数中的参数 value 有错误时返回参数 value_if_error，使用 IFERROR 函数的步骤如下。

（1）选择 L2 单元格，在编辑栏中输入公式 "=1/0"，L2 单元格的值为错误 #DIV/0!。

（2）选择 L3 单元格，在编辑栏中输入公式 "=IFERROR(L2,"∞")"，L3 单元格的值为无穷大符号 ∞ 。

#### 2. 在Python中操作

Python 中将可能发生错误的语句放在 try 语句块中，然后在 except 语句中捕获和处理异常，演示代码如下。

```
a,b=1,0           #定义两个变量
# 1- 未使用 try...except... 语句时，计算 a/b 的值，程序会终止计算并提示错误信息
a/b
ZeroDivisionError: division by zero
#2- 使用 try...except... 语句捕获异常
try:
    a/b
except ZeroDivisionError:
    print(' 除 0 异常，计算值为 ∞ ')
else:
    print(a/b)
#结果 - 除 0 异常，计算值为 ∞
```

### 4.3.5 异常值处理

Excel 的计算公式无法找到要计算的值时，就会返回 #N/A 值，#N/A 值类似于 Python 中的 None 值。在 Excel 中使用 IFNA 函数对 #N/A 值进行处理，函数的语法为：IFNA(value, value_if_na)。在 Python 中可使用 if 语句对 None 值进行判断，然后再进行处理。

#### 1. 在Excel中操作

IFNA 函数中的参数 value 值为 #N/A 时，返回参数 value_if_na，使用 IFNA 函数的步骤如下。

（1）选择 L4 单元格，在编辑栏中输入公式 "=NA()"，L4 单元格的值为 #N/A。

（2）选择 L5 单元格，在编辑栏中输入公式 "=IFNA(L4,"无法计算")"，L5 单元格的值为 "无法计算"。

### 2. 在Python中操作

在 Python 中使用 if 语句对 None 值进行判断，然后进行处理，演示代码如下。

```
var = None
if var == None:
    print(" 变量 var 的值为 None")
```

## 4.3.6 逻辑 "非" 的运算

Excel 中使用 NOT 函数进行逻辑 "非" 的运算，函数的语法为：NOT (logical1)，函数的参数是逻辑运算表达式。Python 中使用 "not" 运算符进行逻辑 "非" 的运算。

### 1. 在Excel中操作

NOT 函数中的参数 logical1 为逻辑真时，函数返回逻辑假；参数 logical1 为逻辑假时，函数返回逻辑真。

```
对单元格数据使用 NOT 函数
=NOT(D3)
使用 IF 表达式作为参数
=NOT(IF(D4>10,0))
```

### 2. 在Python中操作

在 Python 中使用 not 运算符，可以在变量、表达式前添加 not 关键字进行逻辑 "非" 的运算。

```
not a       # 对定义的变量 a 实施 not 操作
not (1+2)   # 在表达式中使用 not 操作
```

## 4.3.7 逻辑 "异或" 的运算

在 Excel 中使用 XOR 函数进行逻辑 "异或" 的运算，函数的语法为：XOR(logical1, [logical2],…)，函数的参数是逻辑运算表达式，最多可以有 225 个。在 Python 中使用 "^" 运算符完成逻辑 "异或" 的运算。

### 1. 在Excel中操作

值为 TRUE 的参数个数为奇数时，XOR 函数返回 TRUE；值为 TRUE 的参数个数为偶数时，XOR 函数返回 FALSE。

```
=XOR(1,2,3,4)          函数参数为数值，结果为 FALSE
=XOR(A1,B1,C1)         函数参数引用单元格值
```

### 2. 在Python中操作

在 Python 中使用 "^" 运算符完成逻辑 "异或" 的运算，演示代码如下。

```
if 1^2^0:
    print(' 异或结果 True')
else:
    print(' 异或结果 False')
异或结果 True
```

### 4.3.8 Excel与Python逻辑运算对比

表 4-4 所示为 Excel 与 Python 逻辑运算的对比，注意区分 Excel 与 Python 中相同逻辑运算相关的关键字的大小写。

表4-4 Excel与Python逻辑运算对比

| 逻辑运算 | 在Excel中操作 | 在Python中操作 |
|---|---|---|
| 逻辑 "与" | 使用 AND 函数 | 使用 and 运算符、& 操作符 |
| 逻辑 "或" | 使用 OR 函数 | 使用 or 运算符、\| 操作符 |
| 逻辑假、真设置 | 使用 FALSE、TRUE 函数 | 使用 False、True 关键字 |
| 逻辑条件判断 | 使用 IF 函数 | 使用 if、elif、else 关键字 |
| 异常值处理 | 使用 IFERROR、IFNA 等函数 | 使用 if、elif、else 或 try...except... 关键字 |
| 逻辑 "非" | 使用 NOT 函数 | 使用 not 运算符 |
| 逻辑 "异或" | 使用 XOR 函数 | 使用 ^ 运算符 |

## 4.4 文本处理

本节将介绍文本处理，内容围绕 Excel 中的文本函数展开，可以在 "公式" → "函数库" → "文本" 中找到文本函数。读者可参考本书代码素材文件 "4-4-字符操作.ipynb" 进行学习。

### 4.4.1 拼接字符串

在 Excel 中拼接字符串可以使用 "&" 操作符，也可以使用 CONCAT 函数，函数的语法为：CONCAT(text1, [text2],…)。Python 中使用 "+" 运算符或 join 函数完成拼接操作。

### 1. 在Excel中操作

使用&操作符拼接字符串，若拼接的字符串是数值类型则会自动转换为字符串类型，&操作符的表达式如下。

```
=1&2          拼接后的结果为 12
= 2.9&"12"    将字符串与数字拼接，结果为 2.912
=A5&B5        拼接单元格内容
=CONCAT(1,"2") 使用 CONCAT 函数拼接，结果为 12
=CONCAT(A5&B5)
```

### 2. 在Python中操作

使用+运算符或join函数，需确保拼接数据的类型为字符串。

（1）使用+运算符拼接字符串。

```
1 + "a"       #将数字和字符串拼接时，会提示以下错误
TypeError: unsupported operand type(s) for +: 'int' and 'str'
"a" + "b"     #将两个字符串用 + 运算符拼接
"ab"
```

（2）使用join函数拼接字符串。

join 函数的语法为：str.join(iterable)，参数 iterable 是一个可迭代对象，如元组、列表、字典、字符串等。将调用join函数的字符串与参数对象中的每个元素拼接，然后返回拼接的字符串，演示代码如下。

```
' '.join("World")           #返回空格与字符串中每个字符拼接后的字符串
'W o r l d'
''.join(['Hello','World'])  #返回空字符与列表中每个元素拼接后的字符串
'HelloWorld'
' '.join(['Hello','World']) #返回空格与列表中每个元素拼接后的字符串
'Hello World'
```

## 4.4.2 对比字符串

在 Excel 中通过 EXACT 函数对比两个字符串是否相同，在 Python 中使用 "==" "!=" 等操作符对比字符串是否相同。

### 1. 在Excel中操作

EXACT 函数以区分大小写的方式对比字符串是否相同，但会忽略数据类型的差异，函数的语法为：EXACT(text1, text2)，函数中的两个参数 text1 和 text2 即要对比的字符串。

```
=EXACT("Hello","hello")   返回 FALSE，EXACT 函数以区分大小写的方式对比字符串，所以 Hello
与 hello 不相同，函数返回 FALSE
```

| =EXACT(1,"1") | 自动将数值类型转换为字符串，返回结果为 TRUE |
|---|---|
| =EXACT(A1,B1) | 直接引用单元格内容进行对比 |

### 2. 在Python中操作

通过 "==" 操作符不仅可以对比字符串类型数据，还可以对比其他类型的数据。

```
if 1 == '1':
    print("1 等于 '1'")
else:
    print("1 不等于 '1'")
#结果: 1 不等于 '1'
if 'a' == "A":
    print("a 等于 A")
else:
    print("a 不等于 A")
#结果: a 不等于 A
```

## 4.4.3 查找字符串

Excel 和 Python 中有很多函数可以对字符串进行查找，如 Excel 中的 FIND、LEFT、RIGHT、MID 等函数，Python 中的 find、index、rfind、rindex 等函数。

### 1. 在Excel中操作

（1）FIND 函数。

FIND 函数的语法为：FIND(find_text, within_text, [start_num])，在参数 within_text 中查找参数 find_text 出现的位置，如果无法找到则函数返回错误 "#VALUE!"。

| =FIND("data","many data") | data 字符串在 many data 字符串中第 6 个位置出现，返回结果为 6 |
|---|---|
| =FIND（"data"，A4) | 在 A4 单元格中查找字符串 data 出现的位置 |

（2）LEFT 函数。

LEFT 函数的语法为：LEFT(text, [num_chars])，从参数 text 的左侧开始返回 num_chars 个字符，如果未提供参数 num_chars 的值，则默认返回 1 个字符。

| =LEFT("data",2) | 返回 da |
|---|---|
| =LEFT(A2,4) | 从 A2 单元格中的字符串的左侧开始返回 4 个字符 |

（3）RIGHT 函数。

RIGHT 函数的语法为：RIGHT(text,[num_chars])，从参数 text 的右侧开始返回 num_chars 个字符，如果未提供参数 num_chars 的值，则默认返回 1 个字符。

| =RIGHT("data",2) | 返回 ta |
|---|---|
| =RIGHT(A2,5) | 从 A2 单元格中的字符串的右侧开始返回 5 个字符 |

（4）MID 函数。

MID 函数的语法为：MID(text, start_num, num_chars)，从参数 text 的第 start_num 个字符开始，返回 num_chars 个字符。

```
=MID(A2,1,5)                从 A2 单元格中的字符串的第 1 个字符开始，返回 5 个字符
=MID("MID Function",20,5)   由于字符串的总长度小于 20，返回 0 个字符
```

（5）SEARCH 函数。

SEARCH 函数的语法为：SEARCH(find_text,within_text,[start_num])，在参数 within_text 中查找参数 find_text 出现的位置，参数 start_num 可以指定开始查找的位置。

```
=SEARCH("e",A2,6)   从 A2 单元格中的字符串的第 6 个位置开始查找第一个 e 出现的位置
=SEARCH(A4,A3)      在 A4 单元格中的字符串中查找 A3 单元格中的字符串出现的位置
```

## 2. 在Python中操作

（1）find 函数、rfind 函数。

find 函数的语法为：str.find(substr, beg=0, end=len(string))，在调用 find 函数的字符串 str 的 beg 和 end 位置范围内查找 substr 字符串的位置。rfind 函数的语法为：str.rfind(substr, beg=0 end=len(string))，在调用 rfind 函数的字符串 str 的 beg 和 end 位置范围内查找 substr 字符串最后出现的位置。

```
'many data'.find('data')        # 在 many data 字符串中查找 data 出现的位置
5
'many data'.rfind('data')       # 在 many data 字符串中查找 data 最后出现的位置
5
'many many data'.find('any',1)  # 从 many many data 字符串的第 2 个字符开始查找 any 出现的
                                   位置
1
'many many data'.rfind('any',1) # 从 many many data 字符串的第 2 个字符开始查找 any 最后出
                                   现的位置
6
'many data'.find('type')        # 没有查找到字符串，则返回 -1
-1
```

（2）index、rindex 函数。

index 函数的语法为：str.index(substr, beg=0, end=len(string))，查找参数 substr 在字符串 str 中出现的位置。rindex 函数的语法为：str.rindex(substr, beg=0, end=len(string))，查找参数 substr 在字符串 str 中最后出现的位置。

```
'many many data'.index('many')   # 查找 many 字符串出现的位置
0
'many many data'.rindex('many')  # 查找最后一个 many 字符串出现的位置
5
' many data '.index('type')      # 与 find 函数不同的是，index 函数若没有查找到字符串，代码会
```

停止运行，并输出异常信息
```
ValueError: substring not found
```

### 4.4.4 计算字符串长度

在 Excel 中使用 LEN 函数计算字符串的长度，在 Python 中使用 len 函数计算字符串的长度。

#### 1. 在Excel中操作

LEN 函数返回文本字符串中字符的个数，语法为：LEN(text)。

```
=LEN("Hello World")          返回 11
```

#### 2. 在Python中操作

```
len("Hello World")
11
```

### 4.4.5 大小写转换

在 Excel 中可以使用 UPPER 函数、LOWER 函数对字符串进行大小写转换，在 Python 中可以使用 upper 函数、lower 函数对字符串进行大小写转换。

#### 1. 在Excel中操作

（1）UPPER 函数。

```
=UPPER("ok")          返回 OK
=UPPER(A2)            将 A2 单元格中的字符串转换为大写
```

（2）LOWER 函数。

```
=LOWER("OK")          返回 ok
=LOWER(A2)           将 A2 单元格中的字符串转换为小写
```

#### 2. 在Python中操作

（1）upper 函数。

```
'abcdeF'.upper()     #转换为大写
#结果：ABCDEF
```

（2）lower 函数。

```
'ABcde'.lower()      #转换为小写
#结果：abcde
```

### 4.4.6 替换字符串

在 Excel 中可以使用 REPLACE 函数替换字符串内容，在 Python 中可以使用 replace 函数替换字符串内容。

#### 1. 在Excel中操作

REPLACE 函数的语法为：REPLACE(old_text, start_num, num_chars, new_text)，在参数 old_text 中从参数 start_num 指定的位置开始，使用参数 new_text 替换 num_chars 个字符。

```
=REPLACE("abcdefgh",6,5,"*")    在 abcdefgh 字符串中从第 6 个字符开始使用 * 替换 5 个字符
```

#### 2. 在Python中操作

replace 函数的语法为：str.replace(old, new[, max])，使用参数 new 替换参数 old，使用参数 max 指定最多替换多少次。

```
'HelloWorld'.replace('Hello','你好')    #将"Hello"替换为"你好"
#结果: '你好 World'
```

### 4.4.7 去除空格

在 Excel 中使用 TRIM 函数去除字符串中的空格，在 Python 中使用 strip、lstrip、rstrip 等函数去除字符串中的空格。

#### 1. 在Excel中操作

TRIM 函数的语法为：TRIM(text)，去除文本中除单词间的单个空格外的所有空格。

```
=TRIM("    First    Quarter    Earnings    ")        返回的结果为"First Quarter
Earnings"
```

#### 2. 在Python中操作

strip 函数可以去除字符串开头和结尾的空格；lstrip 函数可以去除字符串开头的空格；rstrip 函数可以去除字符串结尾的空格。

```
' 你好，  世界  '.strip()
#结果: '你好，  世界'
' 你好，  世界  '.lstrip()
#结果: '你好，  世界  '
' 你好，  世界  '.rstrip()
#结果: ' 你好，  世界'
```

### 4.4.8 Excel和Python的文本处理函数对比

表 4-5 所示为 Excel 和 Python 的文本处理函数对比，注意区分 Excel 和 Python 中相同字符串操作的函数名。

表4-5 Excel和Python的文本处理函数对比

| 文本处理 | 在Excel中操作 | 在Python中操作 |
|---|---|---|
| 拼接字符串 | 使用 CONCAT 函数 | 使用 + 操作符、join 函数 |
| 对比字符串 | 使用 EXACT 函数 | 使用比较操作符 |
| 查找字符串 | 使用 FIND、LEFT、RIGHT、MID、SEACH 等函数 | 使用 find、index、rfind、rindex 等函数 |
| 计算字符串长度 | 使用 LEN 函数 | 使用 len 函数 |
| 字符串大小写转换 | 使用 UPPER、LOWER 函数 | 使用 upper、lower 函数 |
| 替换字符串 | 使用 REPLACE 函数 | 使用 replace 函数 |
| 去除字符串中的空格 | 使用 TRIM 函数 | 使用 strip、lstrip、rstrip 等函数 |

## 4.5 日期与时间

本节将介绍日期与时间的相关操作，内容围绕 Excel 中的日期和时间函数展开，可以在"公式"→"函数库"→"日期和时间"中找到相关函数。读者可参考本书代码素材文件"4-5-日期与时间.ipynb"进行学习。

### 4.5.1 构建日期和时间数据

在 Excel 中可以使用 DATE 函数构建日期数据，使用 TODAY 函数获取当前日期，使用 NOW 函数获取当前时间。在 Python 中可以使用 date、datetime、time 等类完成相同的操作。

#### 1. 在Excel中操作

（1）DATE 函数。

DATE 函数返回特定日期，函数的语法为：DATE(year,month,day)，其中 3 个参数分别表示年、月、日。

```
=DATE(2022,1,1)        生成日期 2022/1/1
```

（2）TODAY 函数。

TODAY 函数返回当前日期，函数的语法为：TODAY()，没有参数。

| =TODAY() | 获取当前日期，如 2022/2/2 |
|---|---|

（3）NOW 函数。

NOW 函数返回当前日期和时间，函数的语法为：NOW()，没有参数。

| =NOW() | 获取当前日期和时间，如 2022/2/2 15:20 |
|---|---|

（4）TIME 函数。

TIME 函数返回特定时间，函数的语法为：TIME(hour, minute, second)，其中 3 个参数分别表示时、分、秒。

| =TIME(12,0,0) | 函数返回时间为 12:00 PM |
|---|---|

### 2. 在Python中操作

在 Python 中通过 date 类、datetime 类对日期、时间进行操作，以下代码中使用 date 类、datetime 类生成日期和时间数据。

```
from datetime import date
d = date(2021,1,1)          #构建 date 对象，传入的 3 个参数分别表示年、月、日
 #结果: d 为 datetime.date(2021,1,1)
date.today()                #获取当前日期
 #结果: datetime.date(2021,2,21)
from datetime import datetime
datetime.now()              #获取当前日期和时间
 #结果: datetime.datetime(2021,2,21,21,53,54,891731)
from datetime import time
time(12,0,0)                #传入的 3 个参数分别表示时、分、秒
 #结果: datetime.time(12, 0)
```

### 4.5.2 拆分日期和时间数据

对日期数据进行拆分可获取年、月、日数据，对时间数据进行拆分可获取时、分、秒数据。下面分别使用 Excel 和 Python 中的相关函数对日期和时间数据进行拆分。

### 1. 在Excel中操作

（1）YEAR 函数。

YEAR 函数返回日期数据中的年，值介于 1900 到 9999 之间，函数的语法为：YEAR(serial_number)，参数 serial_number 为由 DATE 函数构建的日期数据或时间格式的字符串。

| =YEAR(A11) | 获取 A11 单元格中日期数据的年 |
|---|---|
| =YEAR("2021-01-01") | 返回的结果为 2021 |
| =YEAR("2021/01/01") | 返回的结果为 2021 |

（2）MONTH 函数。

MONTH 函数返回日期数据中的月，值介于 1 到 12 之间，函数的语法为：MONTH(serial_number)，参数 serial_number 为由 DATE 函数构建的日期数据或时间格式的字符串。

```
=MONTH(A11)            获取 A11 单元格中日期数据的月
= MONTH ("2021-12-31")  返回的结果为 12
= MONTH ("2021/12/31")  返回的结果为 12
```

（3）DAY 函数。

DAY 函数返回日期数据中的日，值介于 1 到 31 之间，函数的语法为：DAY(serial_number)，参数 serial_number 为由 DATE 函数构建的日期数据或时间格式的字符串。

```
=DAY(A11)             获取 A11 单元格中日期数据的日
= DAY("2021-12-31")    返回的结果为 31
= DAY("2021/12/31")    返回的结果为 31
```

（4）HOUR 函数。

HOUR 函数返回时间数据中的时，值介于 0 到 23 之间，函数的语法为：HOUR(serial_number)，参数 serial_number 可以是多种格式的时间数据。

```
=HOUR("6:45 PM")          返回的结果为 18
=HOUR("2021/12/31 20:45")  返回的结果为 20
=HOUR(NOW())              返回当前时间的时
```

（5）MINUTE 函数。

MINUTE 函数返回时间数据中的分，值介于 0 到 59 之间，函数的语法为：MINUTE(serial_number)，参数 serial_number 可以是多种格式的时间数据。

```
=MINUTE("6:45 PM")          返回的结果为 45
=MINUTE ("2021/12/31 20:46")  返回的结果为 46
=MINUTE (NOW())            返回当前时间的分
```

（6）SECOND 函数。

SECOND 函数返回时间数据中的秒，值介于 0 到 59 之间，函数的语法为：SECOND(serial_number)，参数 serial_number 可以是多种格式的时间数据。

```
=SECOND("6:45:30 PM")          返回的结果为 30
=SECOND("2021/12/31 20:46:22")  返回的结果为 22
=SECOND (NOW())               返回当前时间的秒
```

## 2. 在Python中操作

在 Python 中调用 date 类、datetime 类中的相关方法、属性可以对日期和时间数据进行拆分。以下代码中先获取了当前时间，然后获取当前时间的年、月、日、时、分、秒数据。

```
from datetime import date
d2 = datetime.now()         # 构建 datetime 对象，now 函数返回当前时间
d2.year                     # 通过 year 属性获取年数据
d2.month                    # 通过 month 属性获取月数据
d2.day                      # 通过 day 属性获取日数据
d2.hour                     # 通过 hour 属性获取时数据
d2.minute                   # 通过 minute 属性获取分数据
d2.second                   # 通过 second 属性获取秒数据
```

### 4.5.3 日期的加减

在一些业务中经常需要计算两个日期相差的天数，下面介绍如何使用 Excel 与 Python 对日期进行加减计算。

#### 1. 在Excel中操作

（1）日的加减。

```
=A12+5                      对 A12 单元格中的日数据加 5 天
="2022-01-01" + 5           返回结果为 2022/1/6
```

（2）月的加减。

使用 EDATE 函数对日期数据中的月进行加减，函数的语法为：EDATE(start_date, months)，参数 start_date 是初始的日期，参数 months 是加减的月数。

```
=EDATE ("2021/12/25 20:46:22",3)       返回结果为 2022/3/25
=EDATE ("2021/12/25 20:46:22",-3)      返回结果为 2021/9/25
```

使用 EOMONTH 函数对日期数据中的月进行加减，返回加减后的月的最后一天，函数的语法为：EOMONTH(start_date, months)。

```
=EOMONTH ("2021/12/1 20:46:22",3)      返回结果为 2022/3/31
=EOMONTH ("2021/12/1 20:46:22",-3)     返回结果为 2021/9/30
```

（3）计算日期间相差的天数。

使用 NETWORKDAYS 函数计算两个日期间相差的工作日数，两个日期数据相减计算相差的天数不区分工作日。

```
="2020-02-22"-"2020-02-28"             返回结果为 -6
=NETWORKDAYS("2020-02-22","2020-02-28") 返回结果为 5，为工作日数
=NETWORKDAYS(A2,A3)                     引用日期数据单元格，计算相差的天数
```

使用 NETWORKDAYS.INTL 函数自定义周末是哪几天，然后计算两个日期相差的工作日数，函数的语法为：NETWORKDAYS.INTL(start_date, end_date, [weekend], [holidays])，参数

weekend用于指定星期几是周末，参数holidays是要从工作日中排除的节假日。图4-21所示为NETWORKDAYS.INTL函数中weekend参数不同值表示的意义。

参数 weekend 值为 1，表示星期六、星期日为周末，以下公式的计算结果为 5
```
=NETWORKDAYS.INTL(DATE(2022,1,1),DATE(2022,1,7),1)
```
参数 holidays 值为 {"2022/1/1","2022/1/2","2022/1/3"}，为 2022 年的元旦假期，以下公式的计算结果为 4
```
=NETWORKDAYS.INTL(DATE(2022,1,1),DA
TE(2022,1,7),1,{"2022/1/1","2022/1/2","2022/1/3"})
```

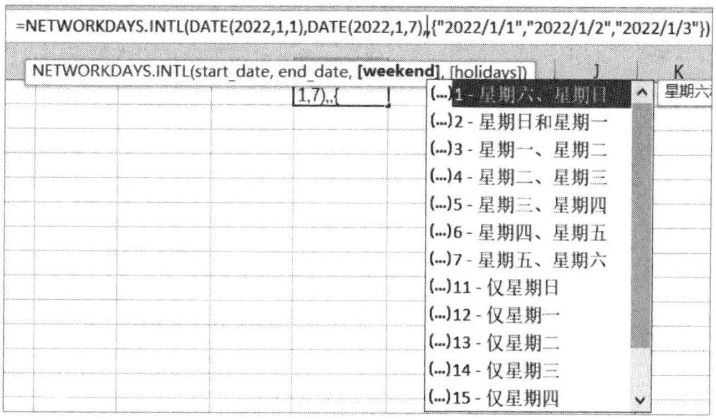

图4-21　NETWORKDAYS.INTL函数中weekend参数值的意义

使用DAYS函数，计算两个日期间相差的天数，函数的语法为：DAYS(end_date, start_date)。

```
=DAYS(DATE(2022,1,1),DATE(2022,1,7))        返回结果为 -6
=DAYS("2021-12-1","2021-12-31")             返回结果为 -30
=DAYS("2021-12-31","2021-12-1")             返回结果为 30
```

### 2. 在Python中操作

在 Python 中使用timedelta类和relativedelta类对日期、时间进行加减操作，以下代码演示了这两个类的使用方法。

（1）timedelta类。

通过timedelta类可以对日期、时间数据进行加减操作，timedelta类的构造函数为：timedelta(days=0, seconds=0, microseconds=0, milliseconds=0, minutes=0, hours=0, weeks=0)，对各参数赋的值就是要加减的时间。

```python
from datetime import datetime
from datetime import timedelta
date1 = datetime(2021,12,1)
delta1 = timedelta(days=10)
date1 - delta1        # 日期 date1 减去 10 天
# 结果: datetime.datetime(2021, 11, 21, 0, 0)
delta2 = timedelta(hours=8)
```

```
date1 + delta2        # 日期 date1 加上 8 小时
#结果: datetime.datetime(2021, 1, 28, 0, 0)
date2 = datetime(2021,12,31)
date1 - date2         # 计算日期 date1 和日期 date2 相差的天数
#结果: datetime.timedelta(days=-30)
```

（2）relativedelta类。

通过relativedelta类也可以对日期、时间数据进行加减操作，其功能比timedelta类更丰富。relativedelta类的构造函数为: relativedelta(dt1=None, dt2=None, years=0, months=0, days=0, leapdays=0, weeks=0……)，对各参数赋的值就是要加减的时间。

```
from dateutil.relativedelta import relativedelta
relativedelta(dt1= date1,dt2= date2)          # 计算日期 date1 和日期 date2 相差的天数
# 结果: relativedelta(days=-30)
date2- relativedelta(months=5)                # 日期 date2 减去 5 个月
# 结果: datetime.datetime(2021, 7, 31, 0, 0)
date2 - relativedelta(days=10)                # 日期 date2 减去 10 天
# 结果: datetime.datetime(2021, 12, 21, 0, 0)
```

### 4.5.4 星期制度数据

星期制度指世界各国通用的一星期七天的制度，工作、学习和休息的时间依据星期制度进行编排。本小节将使用Excel和Python处理星期制度数据。

#### 1. 在Excel中操作

（1）WEEKDAY 函数。

WEEKDAY 函数用于计算日期数据对应一周中的第几天，值介于1到7之间，函数的语法为: WEEKDAY(serial_number,[return_type])，第二个参数 return_type 用于确定返回值的类型，图 4-22 所示为参数 return_type 不同值表示的含义。

```
=WEEKDAY(A2,11)                    返回 A2 单元格中的日期数据对应一周中的第几天
=WEEKDAY("2021-12-31",11)          返回的值为 5
```

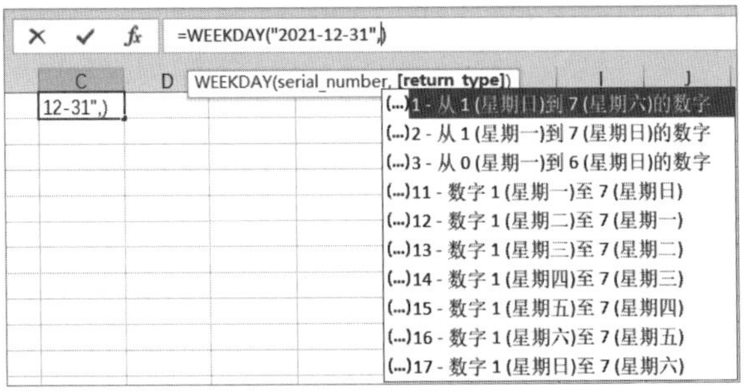

图4-22  WEEKDAY函数中参数return_type不同值表示的含义

（2）WEEKNUM 函数。

WEEKNUM 函数用于计算日期数据属于一年中的第几周，值介于 1 到 53 之间，函数的语法为：WEEKNUM(serial_number,[return_type])，参数 return_type 用于确定一周中的第一天是哪一天。

```
=WEEKNUM (A2,11)                 返回 A2 单元格中的日期数据是一年中的第几周
=WEEKNUM("2021-12-31",11)        返回的值为 53
```

（3）WORKDAY 函数。

在计算发票到期日、预期交货时间或工作天数时，可以使用 WORKDAY 函数扣除周末或节假日，函数的语法为：WORKDAY(start_date, days,[holidays])。

```
计算 2022 年 1 月 1 日开始的第 15 个工作日，减去元旦假期和周末，得到日期 2022/1/24
=WORKDAY("2022-01-01",15,{"2022/1/1","2022/1/2","2022/1/3"})
```

## 2. 在Python中操作

在 Python 中可以使用 datetime 类和 Calendar 模块中的相关方法对星期制度数据进行操作。

（1）datetime 类。

```
from datetime import datetime
date3 = datetime(2021,12,31)
date3.weekday()          # 使用 weekday 方法计算日期数据是一周中的第几天
4
#isocalendar 方法返回结果为列表，包含日期数据对应的年份、一年中的第几周、星期几
date3.isocalendar()
datetime.IsoCalendarDate(year=2021, week=52, weekday=5)
```

（2）Calendar 模块。

Calendar 模块提供了与日历相关的类和函数，代码如下所示。

```
import calendar
# 使用 weekday 函数计算日期数据对应一周中的第几天
calendar.weekday(date3.year, date3.month, date3.day)
4
# 创建 LocaleTextCalendar 类对象，参数 firstweekday 用于设置一周中的第一天，参数 locale 用于
指定地区
lt = calendar.LocaleTextCalendar(firstweekday=0,locale="en-us")
print(lt.formatyear(theyear=date3.year))
```

执行完上面的 formatyear 代码后，将返回由参数 theyear 指定年份的日历数据，如图 4-23 所示，如果只需要月份的日历数据，可以使用 formatmonth 函数。

```
print(lt.formatyear(theyear=date3.year))
```

```
                                2021

        January              February                March
Mo Tu We Th Fr Sa Su    Mo Tu We Th Fr Sa Su    Mo Tu We Th Fr Sa Su
              1  2  3     1  2  3  4  5  6  7     1  2  3  4  5  6  7
 4  5  6  7  8  9 10     8  9 10 11 12 13 14     8  9 10 11 12 13 14
11 12 13 14 15 16 17    15 16 17 18 19 20 21    15 16 17 18 19 20 21
18 19 20 21 22 23 24    22 23 24 25 26 27 28    22 23 24 25 26 27 28
25 26 27 28 29 30 31                            29 30 31

         April                  May                   June
Mo Tu We Th Fr Sa Su    Mo Tu We Th Fr Sa Su    Mo Tu We Th Fr Sa Su
          1  2  3  4              1  2              1  2  3  4  5  6
 5  6  7  8  9 10 11     3  4  5  6  7  8  9     7  8  9 10 11 12 13
12 13 14 15 16 17 18    10 11 12 13 14 15 16    14 15 16 17 18 19 20
19 20 21 22 23 24 25    17 18 19 20 21 22 23    21 22 23 24 25 26 27
26 27 28 29 30          24 25 26 27 28 29 30    28 29 30
                        31
```

图4-23　Calendar模块中formatyear函数日历数据

### 4.5.5 转换日期和时间格式

日期和时间可以以不同的格式表示，在必要时还可以转换为数值，如时间戳就是常用的时间格式。

#### 1. 在Excel中操作

（1）DATEVALUE 函数将日期数据转换为 Excel 可识别的日期序列号。

DATEVALUE 函数的语法为：DATEVALUE(date_text)，参数 date_text 的值是 Excel 支持的日期时间数据，函数的使用演示如下。

```
=DATEVALUE("2021-1-22")      日期参数值为 2021-1-22，返回值 44218
=DATEVALUE("22-Feb-2021")    日期参数值为 22-Feb-2021，返回值 44249
=DATEVALUE("2021/02/23")     日期参数值为 2021/02/23，返回值 44250
```

（2）TIMEVALUE 函数将字符串时间转换为十进制数字格式。

TIMEVALUE 函数的语法为：TIMEVALUE(time_text)，参数 time_text 是文本字符串，可以是 Excel 支持的任何字符串时间格式。

```
=TIMEVALUE("2021-8-22 12:35")    返回值为 0.524305556
=TIMEVALUE("6:35")               返回值为 0.274305556
```

#### 2. 在Python中操作

通过datetime类中的strftime方法和strptime方法对日期和时间数据进行格式转换。strftime方法将datetime类型对象转换为字符串格式数据；strptime方法将字符串格式数据转换为datetime类型对象。

```
from datetime import datetime
d1 = datetime.today()
 #结果: datetime.datetime(2021, 12, 22, 15, 16, 45, 507555)
d1.strftime('%Y-%m-%d %H:%M:%S')          # 以 xxxx-xx-xx HH:MM:SS 格式输出
 #结果: '2021-12-22 15:16:45'
d1.strftime('%y-%m-%d %H-%M-%S')          # 以 xx-xx-xx HH-MM-SS 格式输出
 #结果:  '21-12-22 15-16-45'
d1.strftime('%Y/%m/%d %H-%M-%S')          # 以 xxxx/xx/xx HH-MM-SS 格式输出
 #结果: '2021/12/01 15-16-45'
#strptime 方法基于字符串数据创建 datetime 类型对象
d2 = datetime.strptime('2021-12-01 12:00:00','%Y-%m-%d %H:%M:%S')
```

### 4.5.6 ▶ Excel和Python的日期和时间函数对比

表 4-6 所示为 Excel 和 Python 的日期和时间函数对比。

**表4-6　Excel和Python的日期和时间函数对比**

| 功能 | 在Excel中操作 | 在Python中操作 |
|---|---|---|
| 构建日期 | 使用DATE、NOW、TODAY、TIME等函数 | 使用date、datetime、time等类 |
| 拆分日期和时间数据 | 使用YEAR、MONTH、DAY、HOUR等函数 | 使用date类、datetime类中的相关方法和属性 |
| 日期的加减 | 使用加减符号或NETWORKDAYS、DAYS等函数 | 使用timedelta类和relativedelta类对日期、时间进行加减操作 |
| 计算星期制度数据 | 使用ISOWEEKNUM、WEEKDAY、WORKDAY等函数 | 使用datetime中的isoweekday、weekday等函数或Calendar模块中的方法和类 |
| 转换日期和时间格式 | 使用DATEVALUE、TIMEVALUE等函数 | 使用datetime类中的strftime、strptime函数 |

## 4.6 〉 查找与引用

　　本节将介绍数据的查找与引用，内容围绕Excel中的查找与引用函数展开，可以在"公式"→"函数库"→"查找与引用"中找到相关函数。本节以"data-4.xlsx"文件作为演示操作数据，读者可参考本书代码素材文件"4-6-查找与引用.ipynb"进行学习。

### 4.6.1 ▶ 定义引用关系

　　Excel中有 3 种数据引用方式：相对引用、绝对引用、混合引用，可以对单元格、行、列、工作表等对象进行引用。Python 中通过赋值、拷贝等操作对变量进行引用，需要注意执行的上下文环境。

### 1. 在Excel中操作

（1）ADDRESS 函数。

ADDRESS 函数根据行号和列标定位单元格的位置，函数的语法为：ADDRESS(row_num, column_num, [abs_num], [a1], [sheet_text])，参数 row_num 指定要引用的单元格的行号，参数 column_num 指定要引用的单元格的列标，参数 abs_num 指定引用方式，图 4-24 所示为参数 abs_num 的不同值对应的引用方式。

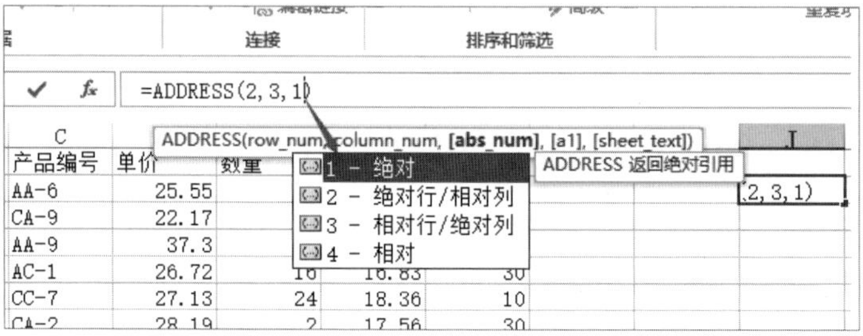

图4-24 ADDRESS函数中abs_num参数值对应的引用方式

可以使用 INDIRECT 函数返回文本字符串指定的单元格引用，ADDRESS 函数使用演示如下。

```
=ADDRESS(2,3,1)              参数 abs_num 值为 1 表示绝对引用，结果为 $C$2
=ADDRESS(2,3,2)              参数 abs_num 值为 2 表示混合引用，结果为 C$2
=ADDRESS(2,3,3)              参数 abs_num 值为 3 表示混合引用，结果为 $C2
=ADDRESS(2,3,4)              参数 abs_num 值为 4 表示相对引用，结果为 C2
=INDIRECT(ADDRESS(2,3,4))    返回 C2 单元格中的数据
```

（2）AREAS 函数。

AREAS 函数用于计算引用涉及的区域个数，区域指连续的单元格区域或单个单元格，函数的语法为：AREAS(reference)。

```
=AREAS(B2:D4)               引用中包含的区域数为 1
=AREAS((B2:D4,E5,F6:I9))    引用中包含的区域数为 3
```

（3）COLUMN 函数和 COLUMNS 函数。

COLUMN 函数用于计算被引用单元格的列标或被引用单元格区域中第一列的列标，函数的语法为：COLUMN([reference])。COLUMNS 函数用于计算被引用单元格的列数。

```
=COLUMN(B1:F3)    返回结果为 2
=COLUMN(D4)       返回结果为 4
=COLUMNS(B1:F3)   返回结果为 5
=COLUMNS(F3)      返回结果为 1
```

（4）ROW 函数和 ROWS 函数。

ROW 函数用于计算被引用单元格的行号或被引用单元格区域中第一行的行号，函数的语法为：

ROW([reference])。ROWS 函数用于计算被引用单元格的行数。

| | |
|---|---|
| =ROW(B2:F4) | 返回结果为 2 |
| =ROWS(B2:F4) | 返回结果为 3 |

（5）HYPERLINK 函数。

通过 HYPERLINK 函数可以创建一个快捷方式或链接，用于打开存储在硬盘、网络服务器或互联网上的文档，函数的语法为：HYPERLINK (link_location, [friendly_name])，参数 link_location 为要打开的文档的路径和文件名，参数 friendly_name 为单元格中显示的跳转文本或数值。

```
=HYPERLINK("http://example.microsoft.com/report/xxxx.xlsx", " 点击打开报表 ")
=HYPERLINK("\\FINANCE\Statements\data.xlsx", D5)
```

### 2. 在Python中操作

在 Python 中可以通过赋值、拷贝操作对数据对象进行引用，但需要注意执行的上下文环境，演示代码如下。

（1）不可变数据对象的引用。

字符串、元组、数值等类型的数据对象是不可修改的，将不可变数据对象的变量赋值给新变量，两个变量的数据变化不会同步。

```
# 定义数值类型变量 a，将变量 a 的值赋值给变量 b
a = 10
b = a
a += 10       # 改变变量 a 的值，变量 b 的值不会变化，因为变量 a 和变量 b 的内存地址不同
print("a 的值为 :{} 内存地址为 :{}   b 的值为 :{} 内存地址为 :{}".format(a,id(a),b,id(b)))
a 的值为 :20 内存地址为 :2371297176464   b 的值为 :10 内存地址为 :2371297176144
# 定义函数 fun，将变量以参数形式传递给函数处理，不会改变原变量的值
def fun(a):
    a += 10
    print(" 函数中 a 的值为 :{} 内存地址为 :{}".format(a,id(a)))
fun(a)
函数中 a 的值为 :30 内存地址为 :2371297176784

print("a 的值为 :{} 内存地址为 :{}".format(a,id(a)))
a 的值为 :20 内存地址为 :2371297176464
```

（2）可变数据对象的引用。

列表、字典等类型的数据对象是可以修改的，将可变数据对象的变量赋值给新变量，两个变量的数据变化会同步。

```
#- 列表的引用
list1 = [1,2,3,5]
list2 = list1
```

```
list2[3] = 4      #修改变量 list2 的内容，同样会作用于变量 list1，因为它们指向相同的内存地址
print("list1 的值为 :{} 内存地址为 :{},list2 的值为 :{} 内存地址为 :{}".format(list1,id(list
1),list2,id(list2)))
list1 的值为 :[1, 2, 3, 4] 内存地址为 :2371417861312,list2 的值为 :[1, 2, 3, 4] 内存地址
为 :2371417861312
#- 字典的引用
dict1 = {1:'a',2:'b',3:'c'}
dict2 = dict1
dict2.pop(3)
print("dict1 的值为 :{} 内存地址为 :{},dict2 的值为 :{} 内存地址为 :{}".format(dict1,id(dict
1),dict2,id(dict2)))
dict1 的值为 :{1: 'a', 2: 'b'} 内存地址为 :2371421156096,dict2 的值为 :{1: 'a', 2: 'b'} 内
存地址为 :2371421156096
```

copy模块中copy函数用于数据浅拷贝，deepcopy函数用于数据深拷贝。浅拷贝不可变数据对象相当于对不可变数据对象的赋值操作，浅拷贝可变数据对象时依据可变数据对象中的元素类型决定拷贝行为。深拷贝的对象和被拷贝对象互不影响。演示代码如下。

```
import copy
dict2 = {1:'a',2:'b',3:'c',4:[1,2,3,4]} # 变量 dict2 中既有可变数据对象又有不可变数据对象
copy_dict = copy.copy(dict2)                # 浅拷贝获得变量 copy_dict
deepcopy_dict = copy.deepcopy(dict2)        # 深拷贝获得变量 deepcopy_dict
#1- 对字典中不可变数据对象元素进行修改，对浅拷贝和深拷贝对象都没有影响
dict2.pop(3)      #删除字典中键为 3 的元素
print(dict2,copy_dict,deepcopy_dict)
# 结果为：
({1: 'a', 2: 'b', 4: [1, 2, 3, 4]},
 {1: 'a', 2: 'b', 3: 'c', 4: [1, 2, 3, 4]},
 {1: 'a', 2: 'b', 3: 'c', 4: [1, 2, 3, 4]})
#2- 对字典中可变数据对象元素进行修改，对浅拷贝对象有影响，对深拷贝对象没有影响
dict2[4][0] = 10      #修改字典中列表数据的值
print(dict2,copy_dict,deepcopy_dict)
# 结果为 :
({1: 'a', 2: 'b', 4: [10, 2, 3, 4]},
 {1: 'a', 2: 'b', 3: 'c', 4: [10, 2, 3, 4]},
 {1: 'a', 2: 'b', 3: 'c', 4: [1, 2, 3, 4]})
```

## 4.6.2 LOOKUP函数

使用Excel中的LOOKUP函数可以从工作表中的单行、单列或数组中查找一个值。在Python中可以使用Pandas DataFrame类型数据中的相关方法和操作符进行数据查找。

### 1. 在Excel中操作

LOOKUP 函数的语法为：LOOKUP(lookup_value, lookup_vector, [result_vector])，参数 lookup_ value是要查找的值；参数lookup_vector是一行或一列的单元格区域，为要查找lookup_value的区域；参数result_vector不是必需的，为一行或一列的单元格区域，作为输出的结果。

---

查找"data-4.xlsx"文件中"销售成功概率"工作表中"销售员 1"对应的销售成功概率
=LOOKUP("销售员 1",$A$2:$A$11,$B$2:$B$11)　　　　　返回结果为 0.4

---

#### 2. 在Python中操作

使用Pandas包中的read_excel函数读取"data-4.xlsx"文件中的"销售成功概率"工作表，得到DataFrame类型的数据，然后查找DataFrame类型数据中的值。

```python
import pandas as pd
#read_excel 函数中的 sheet_name 用于指定工作表
df = pd.read_excel(io='data-4.xlsx',sheet_name=' 销售成功概率 ')
# 查找"销售员"列值为"销售员 7"所在的行
df[df. 销售员 ==' 销售员 7']
# 使用 query 方法查找
df.query(" 销售员 ==' 销售员 7'")
```

### 4.6.3 VLOOKUP函数

使用Excel中的VLOOKUP函数可以按行查找单元格区域中的内容。在Python中可以使用Pandas DataFrame类型数据中的相关方法和操作符进行数据查找。

#### 1. 在Excel中操作

VLOOKUP函数的语法为：VLOOKUP (lookup_value, table_array, col_index_num, [range_lookup])，参数lookup_value为要查找的值，可以是数值或引用的单元格；参数table_array是要查找的单元格区域；参数col_index_num的值对应由参数table_array指定的单元格区域中列的顺序，即输出结果的列；参数range_lookup指定查找是近似匹配还是精确匹配。使用VLOOKUP函数时如果不清楚参数的作用，可以在函数参数配置界面中查看，如图 4-25 所示，选择对应的参数后，界面中会显示参数的说明。

下面使用VLOOKUP函数查找"data-4.xlsx"文件中"销售成功概率"工作表中"销售员"对应的"销售成功概率"。

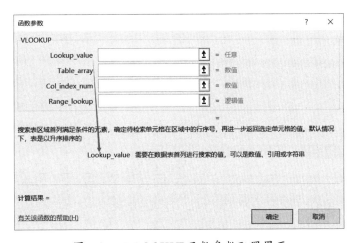

图4-25　VLOOKUP函数参数配置界面

```
=VLOOKUP(B2, 销售成功概率 !$A$2:$B$11,2,FALSE)
```

图 4-26 所示是 VLOOKUP 函数各参数对应的单元格区域，查找结果输出到"销售明细"工作表的 H2 单元格。

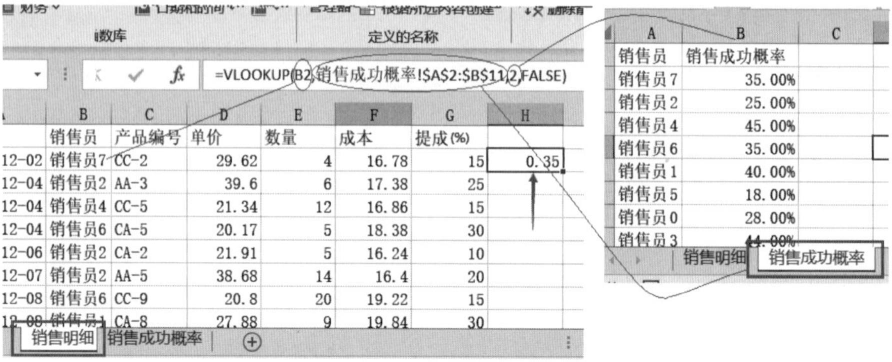

图4-26　VLOOKUP函数各参数对应的单元格区域

### 2. 在Python中操作

使用Pandas包中的read_excel函数分别读取"data-4.xlsx"文件中的"销售明细"和"销售成功概率"工作表，得到两个DataFrame类型的数据对象，然后调用join方法关联两个DataFrame类型的数据对象。

```
import pandas as pd
#read_excel 函数的参数 sheet_name 指定要读取的工作表
df_1 = pd.read_excel(io='data-4.xlsx',sheet_name=' 销售明细 ')
df_2 = pd.read_excel(io='data-4.xlsx',sheet_name=' 销售成功概率 ')
# 使用 join 方法关联两个 DataFrame 类型的数据对象，使用 set_index 方法指定要关联的列
# 参数 how 指定关联方式
df_1.set_index(' 销售员 ').join(df_2.set_index(' 销售员 '),how='left')
# 输出的结果：
          日期       产品编号 单价    数量     成本        提成(%) 销售成功概率
销售员
销售员 0 2020-12-09  AC-3  34.49  27     18.20     20      0.28
销售员 0 2020-12-27  CC-9  29.14  6      15.93     15      0.28
销售员 0 2021-01-02  AC-4  26.64  17     19.24     10      0.28
销售员 0 2021-01-04  CA-6  35.10  4      17.81     10      0.28
```

### 4.6.4 TRANSPOSE函数

使用Excel中的TRANSPOSE函数可以进行单元格的转置，TRANSPOSE函数与频率函数FREQUENCY一样是组函数，返回的结果为一组数据。在Python中使用Pandas DataFrame类型数据的T属性和transpose方法完成转置。

### 1. 在Excel中操作

"data-4.xlsx"文件中的"销售成功概率"工作表中有2列11行数据,使用TRANSPOSE函数将数据转置为2行11列,操作步骤如下。

(1)选择输出结果的单元格区域。

"销售成功概率"工作表中有2列11行数据,选择的空白单元格应与原始单元格数量相同但方向不同,因此选择D1:N2单元格区域。

(2)在编辑栏中输入TRANSPOSE函数。

在编辑栏中输入公式:=TRANSPOSE(A1:B11),函数中的参数A1:B11就是要转置的原始单元格区域。

(3)使用【Ctrl+Shift+Enter】快捷键。

按【Ctrl+Shift+Enter】快捷键,即会自动计算和填充数据至D1:N2单元格区域,图4-27所示为转置后的数据。

| {=TRANSPOSE(A1:B11)} | | | | | | | | | | |
|---|---|---|---|---|---|---|---|---|---|---|
| D | E | F | G | H | I | J | K | L | M | N |
| 销售员 | 销售员7 | 销售员2 | 销售员4 | 销售员6 | 销售员1 | 销售员5 | 销售员0 | 销售员3 | 销售员8 | 销售员9 |
| 销售成功概率 | 0.35 | 0.25 | 0.45 | 0.35 | 0.4 | 0.18 | 0.28 | 0.44 | 0.34 | 0.42 |

图4-27　使用TRANSPOSE函数转置后的数据

### 2. 在Python中操作

使用Pandas包中的read_excel函数读取"data-4.xlsx"文件中"销售成功概率"工作表中的数据,得到DataFrame类型的数据,然后使用T属性和transpose函数转置数据,如图4-28所示。

```
df_3 = pd.read_excel(io='data-4.xlsx',sheet_name=' 销售成功概率 ')
df_4 = df_3.T
df_3.transpose()
```

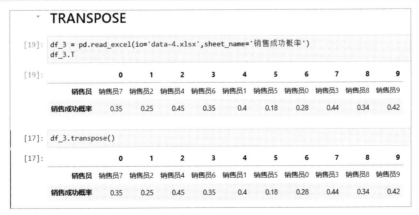

图4-28　使用T属性和transpose函数转置数据

## 4.6.5 MATCH函数

使用Excel中的MATCH函数可以在单元格区域中查找特定的值，然后返回该值在单元格区域中的相对位置。在Python中可以使用Pandas DataFrame类中的loc、iloc属性进行数据查找，然后使用get_indexer_for函数查看索引号。

### 1. 在Excel中操作

MATCH函数的语法为：MATCH(lookup_value, lookup_array, [match_type])，参数lookup_value是要查找的值，参数lookup_array是查找的单元格区域或数组，参数match_type指定匹配方式，图4-29所示为参数match_type各值的意义。

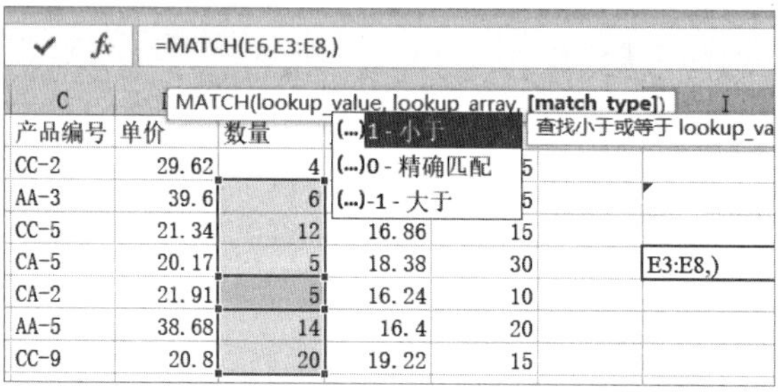

| C | 单价 | 数量 | | | I |
|---|---|---|---|---|---|
| 产品编号 | 单价 | 数量 | (…)1 - 小于 | 查找小于或等于 lookup_va | |
| CC-2 | 29.62 | 4 | (…)0 - 精确匹配 | 5 | |
| AA-3 | 39.6 | 6 | (…)-1 - 大于 | 5 | |
| CC-5 | 21.34 | 12 | 16.86 | 15 | |
| CA-5 | 20.17 | 5 | 18.38 | 30 | E3:E8,) |
| CA-2 | 21.91 | 5 | 16.24 | 10 | |
| AA-5 | 38.68 | 14 | 16.4 | 20 | |
| CC-9 | 20.8 | 20 | 19.22 | 15 | |

图4-29　MATCH函数参数match_type值的意义

```
参数 lookup_array 是数组
=MATCH(8,{11,9,6,7,3,4},-1)                    结果为 2
=MATCH("A",{"C","A","B","X","D"},0)      结果为 2
参数 lookup_array 是单元格区域，查找"data-4.xlsx"文件中"销售明细"工作表的数据
=MATCH(28,E3:E8,1)        结果为 6
=MATCH(E6,E3:E8,-1)       结果为 3
```

### 2. 在Python中操作

使用Pandas DataFrame类中的loc、iloc属性进行数据查找，然后使用get_indexer_for函数查看行号。

```
# 查看"data-4.xlsx"文件中"销售明细"工作表中"数量"列值为 12 的行的行号
df_1.index.get_indexer_for((df_1[df_1.数量 == 12].index))
array([ 2, 73, 76], dtype=int64)
# 查看"data-4.xlsx"文件中"销售明细"工作表中"数量"列值大于 24 的行的行号
df_1.index.get_indexer_for((df_1[df_1.数量 > 24].index))
array([ 9, 14, 17, 21, 25, 26, 29, 35, 39, 46, 51, 53, 63, 66, 80, 82, 83,
       96, 99], dtype=int64)
```

## 4.6.6 Excel和Python的查找引用功能对比

表 4-7 所示为 Excel 和 Python 的查找引用功能对比。

表4-7　Excel和Python的查找引用功能对比

| 功能 | 在Excel中操作 | 在Python中操作 |
|---|---|---|
| 引用 | 使用 ADDRESS、AREAS、HYPERLINK 等函数 | 通过赋值操作、拷贝操作 |
| 关联查找 | 使用 LOOKUP、VLOOKUP、HLOOKUP 等函数 | 使用 Pandas DataFrame 类中的 join 方法 |
| 转置 | 使用 TRANSPOSE 函数 | 使用 Pandas DataFrame 类中的 T 属性或 transpose 方法 |
| 查找位置 | 使用 MATCH 等函数 | 使用 Pandas DataFrame 类中的 loc、iloc 属性查找，使用 get_indexer_for 函数查看行号 |

## 4.7 数学与三角函数

本节将介绍数学与三角函数，内容围绕 Excel 中的数学与三角函数展开，可以在"公式"→"函数库"→"数学与三角函数"中找到相关函数。读者可参考本书代码素材文件"4-7-数学与三角函数.ipynb"进行学习。

### 4.7.1 数值处理

数值的常规处理包括截断、四舍五入、绝对值计算等，下面将在 Excel 与 Python 中分别进行演示。

#### 1. 在Excel中操作

（1）TRUNC 函数用于截断数值、指定保留的小数位数。

TRUNC 函数的语法为：TRUNC(number, [num_digits])，参数 number 是要截断的数值，参数 num_digits 指定截断后保留的小数位数，默认为 0。

```
=TRUNC(10.127,2)    返回结果为 10.12
=TRUNC(4.8)         返回结果为 4
```

（2）ABS 函数返回数值的绝对值。

```
=ABS(-5)    返回结果为 5
=ABS(B2)    返回 B2 单元格中数值的绝对值
```

（3）SIGN 函数取数值的正负号。

如果数值为正数，则返回 1；如果数值为 0，则返回 0；如果数值为负数，则返回 -1。

```
=SIGN(10)     返回结果为 1
=SIGN(0)      返回结果为 0
=SIGN(-10)    返回结果为 -1
```

（4）MOD 函数返回两数相除的余数，返回结果的正负号与除数相同。

```
=MOD(3, 2)        计算 3/2 的余数，返回结果为 1
=MOD(-3, 2)       计算 -3/2 的余数，返回结果为 1
=MOD(3, -2)       计算 3/-2 的余数，返回结果为 -1
=MOD(-3, -2)      计算 -3/-2 的余数，返回结果为 -1
```

（5）QUOTIENT 函数返回两数相除的结果的整数部分。

```
=QUOTIENT(1,3)    1 除以 3，返回结果为 0
=QUOTIENT(10,3)   10 除以 3，返回结果为 3
```

### 2. 在Python中操作

在 Python 中可以使用内置函数和 math 库中的函数完成大多数的数值处理，在没有内置函数的情况下可以自定义处理函数。

```
import math
math.trunc(1.2345)   #math 库中的 trunc 函数去掉数值的小数部分，留下整数部分
round(1.1234,2)      #round 函数返回数值四舍五入后的值，第二个参数指定保留的小数位数
abs(-10),abs(10)     #abs 函数返回数值的绝对值
1%3                  # 通过 % 运算符返回除法结果的余数
math.modf(1/3)       #math 库中的 modf 函数返回元组，包含小数和整数
```

## 4.7.2 转换计算

使用 Excel 和 Python 可以完成获取随机数、最大公约数、最小公倍数，以及数值转换等操作。

### 1. 在Excel中操作

（1）RANDBETWEEN 函数、RAND 函数可生成随机数。

```
RANDBETWEEN 函数生成介于两个指定数之间的随机数
=RANDBETWEEN(1,100)  生成介于 1 到 100 之间的随机数
=RANDBETWEEN(-1,1)   生成介于 -1 到 1 之间的随机数
RAND 函数生成大于等于 0 且小于 1 的随机数
=RAND()              生成大于等于 0 且小于 1 的随机数
=RAND()*100          生成大于等于 0 且小于 100 的随机数
```

（2）GCD 函数用于计算最大公约数、LCM 函数用于计算最小公倍数。

```
GCD  函数计算两个或多个数的最大公约数
=GCD(5, 2)           5 和 2 的最大公约数为 1
=GCD(24, 36)         24 和 36 的最大公约数为 12
=GCD(5, 0)           5 和 0 的最大公约数为 0
LCM 函数计算两个或多个数的最小公倍数
=LCM(5, 2)           5 和 2 的最小公倍数为 10
```

| | |
|---|---|
| =LCM(24, 36) | 24 和 36 的最小公倍数为 72 |

（3）ARABIC 函数可以将罗马数字转换为阿拉伯数字，ROMAN 函数可以实现相反的转换。

| | |
|---|---|
| =ARABIC("VII") | 返回罗马数字 VII 对应的阿拉伯数字 7 |
| =ROMAN(9) | 返回阿拉伯数字 9 对应的罗马数字 IX |

### 2. 在Python中操作

（1）使用random库和NumPy包中的函数生成随机数。

```python
import random
random.randint(0,9) #生成 0~9 的随机整数
import numpy as np
np.random.rand(2,3)                 # 使用 NumPy 包中的 rand 函数生成 2 行 3 列的随机数组
# 使用 NumPy 包中的 randint 函数生成 5 行 5 列，数值范围为 1~100 的随机数组
np.random.randint(1,100,[5,5])
```

（2）使用math库中的gcd函数计算最大公约数，使用自定义函数计算最小公倍数。

```python
import math
math.gcd(10,2)                      # 使用 math 库中的 gcd 函数计算最大公约数
# 使用自定义函数 lcm 计算最小公倍数
def lcm(x, y):
    if x > y:
        greater = x
    else:
        greater = y
    while(True):
        if((greater % x == 0) and (greater % y == 0)):   #两个数能够同时被 gereater 整除
                                                          则表示是最小公倍数
            lcm = greater
            break
        greater += 1
    return lcm
lcm(24,12)      # 调用 lcm 函数计算 24 和 12 的最小公倍数
```

（3）自定义函数romanToInt用于将罗马数字转换为阿拉伯数字。

```python
# 字典 convert 定义了罗马数字和阿拉伯数字的对应关系
convert={'M': 1000,'D': 500 ,'C': 100,'L': 50,'X': 10,'V': 5,'I': 1}
def romanToInt(s):
    conv = 0
    for i in range(len(s)-1):
        if convert[s[i]] < convert[s[i+1]]:
            conv -= convert[s[i]]
```

```
        else:
            conv += convert[s[i]]
    conv += convert[s[-1]]
    return conv
romanToInt('VII')        #调用 romanToInt 函数将罗马数字 VII 转换为阿拉伯数字
```

### 4.7.3 三角函数

三角函数中最基本的两个角度单位是角度和弧度。使用Excel和Python中的三角函数时要注意参数值是角度还是弧度。

#### 1. 在Excel中操作

（1）DEGRESS 函数用于将弧度转换为角度，RADIANS 函数用于将角度转换为弧度。

```
=DEGREES(PI())            将 PI 函数返回的弧度值转换为角度值 180
=RADIANS(90)              将 90 度转换为 1.57 弧度
```

（2）TAN 函数用于计算正切值，参数要使用弧度值。

```
=TAN(0.785)
=TAN(RADIANS(45))         计算 45 度的正切值为 1
=TAN(45*PI()/180)         计算 45 度的正切值为 1
```

（3）COS 函数用于计算余弦值，参数要使用弧度值。

```
=COS(1.047)               1.047 弧度的余弦值为 0.5001711
=COS(60*PI()/180)         60 度的余弦值为 0.5
```

（4）SIN 函数用于计算正弦值，参数要使用弧度值。

```
=SIN(PI()/2)              PI()/2 弧度的正弦值为 1.0
=SIN(30*PI()/180)         30 度的正弦值为 0.5
```

#### 2. 在Python中操作

Python的math库中有完备的三角函数可以使用，且三角函数的参数都是弧度，演示代码如下。

```
import math
#degrees 函数用于将弧度转换为角度，radians 函数用于将角度转换为弧度
math.degrees(math.pi)       # 将弧度转换为角度，结果为 180
math.radians(180)           # 将角度转换为弧度，结果为 3.1415926…
# 使用各三角函数
math.tan(0.785)
math.tan(45*math.pi/180)
```

```
math.cos(1.047)
math.cos(60*math.pi/180)
math.sin(math.pi/2)
math.atan(30)
math.degrees(math.pi)
```

## 4.7.4 指数与对数

指数运算与对数运算是互逆的运算，本小节将演示如何使用Excel与Python中的指数、对数函数。

### 1. 在Excel中操作

（1）LOG函数。

LOG函数的语法为：LOG(number, [base])，参数 number 为要计算对数的正实数，参数 base 为计算对数时使用的底数，默认值为 10。

| =LOG(8, 2) | 计算以 2 为底 8 的对数 |
| --- | --- |

（2）LN函数。

LN函数的语法为：LN(number)，参数 number 为要计算自然对数的正实数。

=LN(86)

（3）LOG10函数。

LOG10函数的语法为：LOG10(number)，用于计算以 10 为底的对数。

=LOG10(10)

（4）POWER函数。

POWER函数的语法为：POWER(number,power)，用于进行幂运算，参数 number 为底数，参数 power 为幂值。

=POWER(4,5/4)

（5）EXP函数。

EXP函数的语法为：EXP(number)，用于计算以 e 为底的幂乘。

=EXP(2)

### 2. 在Python中操作

Python 的 math 库中有完备的函数用于进行指数、对数的计算，演示代码如下。

```
math.log(8,2)              #使用 log 函数计算以 2 为底的对数
math.log(86,math.e)        #使用 log 函数计算以 e 为底的对数
pow(4, 5/4)                #使用 pow 函数计算以 4 为底的幂乘
math.exp(2)                #使用 exp 函数计算以 e 为底的幂乘
```

# 4.8 数据的排序、查重、汇总

本节将介绍数据的排序、查重、汇总操作，读者可参考本书代码素材文件"4-8-数据的排序、查重、汇总.ipynb"进行学习。

## 4.8.1 数据的排序

Excel 的多个选项卡下有数据排序功能，如"开始"选项卡下"编辑"组中的"排序和筛选"功能，"数据"选项卡下"排序和筛选"组中的功能。在 Python 中针对不同的数据类型可使用自带的排序函数或自定义排序函数。

### 1. 在 Excel 中操作

（1）选择要排序的列。

选择"data-4.xlsx"文件中"销售明细"工作表中的"日期"列作为要排序的列。

（2）选择排序功能。

"开始"选项卡下"排序和筛选"功能列表中有"升序""降序""自定义排序"3 个排序功能，但无论使用哪个排序功能都需要先给出排序依据，如图 4-30 所示。

图4-30　给出排序依据

（3）排序的相关配置。

只有选择"自定义排序"功能才需要配置排序参数，配置窗口如图 4-31 所示。单击图中标识 1 处，打开"排序选项"窗口。图中标识 2 处的 3 个按钮分别用于对排序条件进行添加、删除、复制。标识 2 处下方是排序条件列表，用于设置主要关键字、排序依据、次序。

图4-31　自定义排序功能

## 2. 在Python中操作

通过Pandas包中的read_excel函数读取"data-4.xlsx"文件中的"销售明细"工作表，得到DataFrame类型的数据，然后使用sort_values方法对数据进行排序，使用sort_index方法对数据列或索引列进行排序。

（1）sort_values函数。

```
import pandas as pd
df = pd.read_excel('data-4.xlsx')
#sort_values 方法中只有 by 参数是必须指定的
df1 = df.sort_values(by=[' 日期 '],        # 参数 by 为要排序的字段，可以是字符串或字符串
                                             列表
              ascending = False,            # 参数 ascending 值为 False 表示降序，值为
                                             True 表示升序
              kind = 'heapsort',            # 参数 kind 指定排序的算法
              na_position = 'last',         # 参数 na_position 指定 NA 值的排序位置
              )
```

（2）sort_index函数。

```
#sort_index 函数中只有 axis 参数是必须指定的
df.sort_index(axis=1,     # 参数 axis 值为 1 表示对列名排序，值为 0 表示对索引列排序
              ascending=False
              )
```

## 4.8.2　数据的查重

在Excel中可以使用"开始"→"条件格式"→"突出显示单元格规则"→"重复值"功能查看重复值，使用"数据"→"删除重复值"功能删除重复值。Python中的Pandas DataFrame类可使用duplicated方法查找重复值，使用drop_duplicates方法删除重复值。

从零开始
利用 Excel 与 Python 进行数据分析

### 1. 在Excel中操作

按照以下步骤对"data-4.xlsx"文件中"销售明细"工作表中的"成本"列进行重复值查找和删除。

（1）选择要查找重复值的单元格区域，"成本"列对应的单元格区域为E1∶E101。

（2）选择"开始"→"条件格式"→"突出显示单元格规则"→"重复值"功能。

（3）设置重复值单元格的显示格式。

图4-32所示为"重复值"配置窗口，可设置重复值或唯一值的显示格式。如果使用默认设置，重复值单元格会以浅红色填充，重复值的文本颜色为红色。

图4-32　设置重复值单元格显示格式

要删除重复值，只需单击"数据"→"删除重复值"功能即可。

### 2. 在Python中操作

使用Pandas DataFrame类中的duplicated方法、drop_duplicates方法可以对重复值进行查找和删除。

```
import pandas as pd
df = pd.read_excel('data-4.xlsx')
# 使用 duplicated 方法查找重复值
dup = df[' 成本 '].duplicated()
dup[dup.values==True].index        # 查看重复值的索引行号
Int64Index([30, 36, 55, 65, 66, 69, 97], dtype='int64')
# 使用 drop_duplicates 方法删除重复值
drop = df[' 成本 '].drop_duplicates()
drop.size                          # 查看删除后的数据量
93
```

## 4.8.3 数据的汇总

Excel中有多种类型的汇总函数，可以在不同场景下使用。Python中的Pandas DataFrame类可以使用agg、aggregate、groupby等方法进行数据汇总。

### 1. 在Excel中操作

（1）使用SUMXMY2函数计算两数组相同位置的数值差的平方和。

122

SUMXMY2 函数的语法为：SUMXMY2(array_x, array_y)，参数 array_x 和参数 array_y 是数组或单元格区域，其中元素数目要相等，否则 SUMXMY2 函数将返回错误值 #N/A。

> 两数组相同位置的数值差的平方和
> =SUMXMY2({2, 3, 9, 1, 8, 7, 5}, {6, 5, 11, 7, 5, 4, 4})
> 引用 "data-4.xlsx" 文件中 "销售明细" 工作表中的 "单价" 列和 "成本" 列进行计算
> =SUMXMY2(D2:D10,F2:F10)

（2）使用 SUMIFS 函数计算满足给定条件的单元格值的总和。

SUMIFS 函数的语法为：SUMIFS(sum_range,criteria_range1,criteria1,[criteria_range2, criteria2], ...)，参数 sum_range 为要求和的单元格区域，参数 criteria_range1 为条件参数 criteria1 作用的单元格区域。以下公式为对 "data-4.xlsx" 文件中 "销售明细" 工作表中的数据应用 SUMIFS 函数。

> 汇总条件是 "日期" 列中的值大于 2020-12-31，"产品" 列中值以字符串 "CC-" 开头
> =SUMIFS(E2:E101,A2:A101,">'2020-12-31'",C2:C101,"=CC-*")

（3）使用 SUBTOTAL 函数对引用的单元格区域数据进行分类汇总。

SUBTOTAL 函数的语法为：SUBTOTAL(function_num,ref1,[ref2],...)，参数 function_num 的值为 1~11 或 101~111，不同的值代表不同的分类汇总函数，具体意义如表 4-8 所示；参数 ref1 指定要进行分类汇总的单元格区域。

**表4-8　SUBTOTAL函数中参数function_num值代表的分类汇总函数**

| 包含隐藏单元格的数值 | 不包含隐藏单元格的数值 | 对应的分类汇总函数 |
| --- | --- | --- |
| 1 | 101 | 代表 AVERAGE 函数，计算单元格区域内数据的平均数 |
| 2 | 102 | 代表 COUNT 函数，统计包含数字的单元格个数 |
| 3 | 103 | 代表 COUNTA 函数，统计非空单元格个数 |
| 4 | 104 | 代表 MAX 函数，计算单元格区域内数据的最大值 |
| 5 | 105 | 代表 MIN 函数，计算单元格区域内数据的最小值 |
| 6 | 106 | 代表 PRODUCT 函数，计算单元格区域内数据的乘积 |
| 7 | 107 | 代表 STDEV 函数，根据单元格样本估计标准偏差 |
| 8 | 108 | 代表 STDEVP 函数，根据函数参数给定的整个总体计算标准偏差 |
| 9 | 109 | 代表 SUM 函数，计算单元格区域内数据的和 |
| 10 | 110 | 代表 VAR 函数，计算单元格区域内数据的方差 |
| 11 | 111 | 代表 VARP 函数，基于样本计算总体的方差 |

| | |
| --- | --- |
| =SUBTOTAL(9,D2:D10,F4:F11) | 计算 D2:D10、F4:F11 单元格区域内数据的汇总值 |
| =SUBTOTAL(107,E2:E20) | 计算 E2:E20 单元格区域中未隐藏的单元格中的数据的标准差 |

### 2. 在Python中操作

（1）使用aggregate方法。

aggregate方法与Excel中的SUBTOTAL函数类似，可以指定分类汇总的函数。aggregate方法的语法为aggregate (func=None, axis=0, *args, **kwargs)，参数func指定汇总函数；参数axis指定汇总的方式，0为按列汇总，1为按行汇总；参数args是要传递给汇总函数的参数。

```
import pandas as pd
# read_excel 函数没有指定工作表名，默认读取第一个工作表
df = pd.read_excel('data-4.xlsx')
#aggregate 函数的 func 参数可接收列表数据，在列表中指定汇总函数名称
df. aggregate(func=['sum', 'min','max','std'],axis=0)
```

（2）使用groupby方法。

groupby方法的语法为：groupby(by=None,axis=0,level=None,as_index=True,sort=True, group_keys=True, squeeze=<object object>, observed=False, dropna=True)，参数by指定分组的行或列；参数axis指定汇总的方式，0为按列汇总，1为按行汇总。

```
df.groupby([' 销售员 ']).mean()              # 以 "销售员" 列作为分组列，计算平均值
# 以 "销售员" 列和 "产品编号" 列作为分组列，计算汇总值
df.groupby([' 销售员 ',' 产品编号 ']).sum()
```

## 4.8.4 ▶ Excel和Python的数据排序、查重、汇总功能对比

表 4-9 所示为 Excel 和 Python 的数据排序、查重、汇总功能的总结和对比。

表4-9 Excel和Python的数据排序、查重、汇总功能对比

| 功能 | 在Excel中操作 | 在Python中操作 |
|---|---|---|
| 排序 | 使用 "开始" → "编辑" → "排序筛选" 或 "数据" → "排序和筛选" 功能 | 使用 Pandas DataFrame 类中的 sort_values、sort_index 方法 |
| 查重 | 使用 "开始" → "条件格式" → "突出显示单元格规则" → "重复值" 功能，"数据" → "数据工具" → "删除重复值" 功能 | 使用 Pandas DataFrame 类中的 duplicated、drop_duplicates 等方法 |
| 汇总 | 使用 SUBTOTAL、SUMXMY2、SUMIFS 等函数 | 使用 Pandas DataFrame 类中的 aggregate、groupby 等方法 |

第 **5** 章

# 数据抽取——ETL中的E

ETL中的3个字母分别表示数据的抽取、清洗、装载。本章将介绍数据抽取操作，即ETL中的E。

## 本章主要知识点

>> 使用Excel和Python从各种数据库中抽取数据的方法。

>> 使用Excel和Python从各类数据文件中抽取数据的方法。

>> 使用Excel和Python从互联网上抓取数据的方法。

>> 验证抽取数据正确性的原则与方法。

# 5.1 连接数据库的配置

本节将分别介绍Excel与Python配置连接数据库的基本方法。

## 5.1.1 Excel中的配置方式

Excel通过"数据"→"获取和转换数据"→"获取数据"功能连接到数据库。下面介绍"获取数据"功能的可连接数据源和配置连接数据库的方法。

### 1. 数据源说明

图 5-1 所示的"获取数据"功能列表中包含自文件、自数据库、来自Azure、来自在线服务、自其他源、合并查询等数据源选项。

图5-1 Excel获取数据功能

（1）自文件。

包括CSV、XML、JSON、TXT、XLSX、文件夹等类型的文件，Excel原生支持对这些文件的数据进行读取。

（2）自数据库。

对于SQL Server数据库，Excel无须安装驱动就能连接；对于MySQL、Oracle、PostgreSQL等关系数据库，需要下载、安装对应驱动并配置连接信息才能连接、读取。

（3）来自 Azure。

连接、读取 Azure SQL 数据库、Azure HDInsight（HDFS）、Azure 表存储等 Azure 云上的数据源。

（4）自其他源。

包括 ODBC、OLEDB、网站、Hadoop 文件等数据源，进行相应的配置后即可使用。

**2. 安装、配置数据库驱动**

下面演示安装、配置 MySQL 数据库 ODBC 驱动程序的步骤，不同版本的 MySQL 会存在一些差异。

（1）下载 MySQL ODBC 驱动。

在 MySQL 官网下载 ODBC 驱动程序安装包，下载完成后以默认方式安装。

（2）配置 ODBC DSN。

打开"控制面板"→选择"管理工具"→打开"ODBC 数据源(64 位)"，如图 5-2 所示。

图5-2　打开ODBC数据源

在打开的"ODBC 数据源管理程序(64 位)"窗口中单击"添加"按钮，选择"MySQL ODBC 8.0 Unicode Driver"驱动程序，如图 5-3 所示。

图5-3　选择MySQL ODBC Unicode Driver

在MySQL ODBC配置窗口中配置连接DSN名称、MySQL服务器地址、登录账号、密码、数据库等信息，如图 5-4 所示。

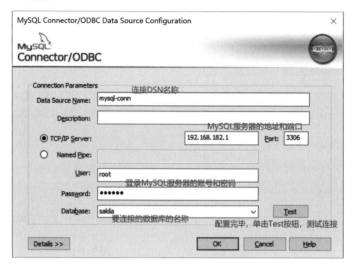

图5-4　MySQL ODBC的配置

（3）通过ODBC连接到MySQL。

单击"数据"→"获取数据"→"自其他源"→"从ODBC"功能，配置界面如图 5-5 所示。在"数据源名称（DSN）"框中选择第 2 步中创建的 DSN 的名称，在"高级选项"区域中的编辑框中输入SQL 语句，配置完成后单击窗口底部的"确定"按钮。

图5-5　通过ODBC连接到MySQL

（4）选择加载的数据。

如果在第 3 步中未输入SQL 语句，单击"确定"按钮将进入"导航器"窗口，如图 5-6 所示。图中左侧是连接的MySQL 服务器上的数据库，单击数据库节点可以以列表形式展示数据库中的表，选择其中一张表，单击窗口底部的"加载"按钮即可。

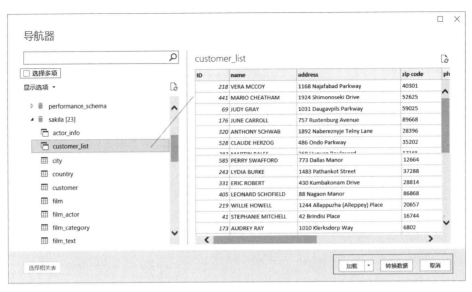

图5-6　选择加载到Excel的数据

## 5.1.2 Python中的配置方式

Python原生支持SQLite数据库，对于其他数据库需要安装对应的驱动包。本小节将演示Python连接MySQL数据库的方式，读者可参考本书代码素材文件"5-1-连接MySQL.ipynb"进行学习。

### 1. 安装MySQL驱动包

Python中有很多驱动包可以连接、操作MySQL数据库，如mysql-connector-python、pymysql等，下面演示使用pip工具安装MySQL驱动包。

```
1- 安装 mysql-connector 驱动 pip.exe install mysql-connector
PS C:\Users\Administrator> pip.exe install mysql-connector-python
  Collecting mysql-connector-python
  Downloading mysql_connector_python-8.0.23-cp38-cp38-win_amd64.whl (854 kB)
……
Installing collected packages: protobuf, mysql-connector-python
Successfully installed mysql-connector-python-8.0.23 protobuf-3.15.3
2- 安装 pymysql 驱动 pip.exe install pymysql
PS C:\Users\Administrator> pip.exe install pymysql
```

### 2. 使用驱动包

成功安装驱动包后，编写Python代码连接到MySQL数据库读取、写入数据，以验证驱动包是否可以正常使用。

（1）mysql-connector驱动包。

```
import mysql.connector        # 导入 mysql.connector 包
```

```python
mydb = mysql.connector.connect(
    host="localhost",                        # 参数 host 为 MySQL 服务器地址
    user="root",                             # 参数 user 为登录数据库的账号
    passwd="123456",                         # 参数 passwd 为登录数据库的密码
    auth_plugin='mysql_native_password'      # 针对 MySQL 8 可指定登录认证方式
)
mycursor = mydb.cursor()                     # 获取 cursor 对象
mycursor.execute("SHOW DATABASES")           # 使用 SHOW DATABASES 语句查看数据库
for x in mycursor:                           # 查看具体的数据库名
    print(x)
# 结果: ('information_schema',)
('mysql',)
('performance_schema',)
('sys',)
mycursor.execute("CREATE DATABASE  IF NOT EXISTS Test")      # 创建 Test 数据库
mycursor.execute("USE Test")      # 切换到 Test 数据库
mycursor.execute("CREATE TABLE IF NOT EXISTS user (first_name VARCHAR(25), \
last_name VARCHAR(25))")          # 在 Test 数据库中创建 user 表
sql = "INSERT INTO user (first_name, last_name) VALUES (%s, %s)"
val = ("nick", "nick")
mycursor.execute(sql, val)                   # 执行 SQL 语句
mydb.commit()                                # 提交
mycursor.execute("select * from user")       # 使用 SQL 语句查询 user 表数据
myresult = mycursor.fetchall()               # 使用 fetchall() 获取所有记录
for x in myresult:
    print(x)
 # 结果: ('nick', 'nick')
mydb.close()                  # 关闭连接
```

（2）pymysql 驱动包。

```python
import pymysql         # 导入 pymysql 包
db = pymysql.connect(host="localhost",        # 参数 host 为 MySQL 服务器地址
                     user="root",             # 参数 user 为登录账号
                     password="xxxxxx",       # 参数 password 为登录密码
                     database="MySql")        # 参数 database 为要连接的数据库
cursor = db.cursor()             # 获取 cursor 对象
cursor.execute("CREATE DATABASE  IF NOT EXISTS Test2")    # 创建 Test2 数据库
cursor.execute("USE Test2")      # 切换到 Test2 数据库
cursor.execute("CREATE TABLE IF NOT EXISTS user (first_name VARCHAR(25), last_name
VARCHAR(25))")                   # 在 Test2 数据库中创建 user 表
sql = "INSERT INTO user (first_name, last_name) VALUES ('test', 'test')"
cursor.execute(sql)              # 执行 SQL 语句
db.commit()
db.close()                       # 关闭连接
```

# 5.2 使用Power Query

Power Query 是 Excel 中的一个数据连接插件,可用于发现、连接、合并和优化数据源以满足分析需求。通过 Power Query 可执行复杂的数据操作,然后将数据加载到工作表或数据模型。本节介绍使用 Power Query 连接数据库的方法。

## 5.2.1 打开Power Query

对于不同版本的 Excel,安装和使用 Power Query 的方式有一些差异,主要体现在是否需要独立安装和打开方式。本书演示使用的 Excel 版本为 Excel 2019,可以通过"数据"→"获取数据"→"启动 Power Query 编辑器"打开 Power Query,如图 5-7 所示。Excel 2016 中默认安装了 Power Query,可以通过"数据"→"获取和转换"组中的功能打开 Power Query,对于 Excel 2013、Excel 2010,需要单独安装 Power Query。

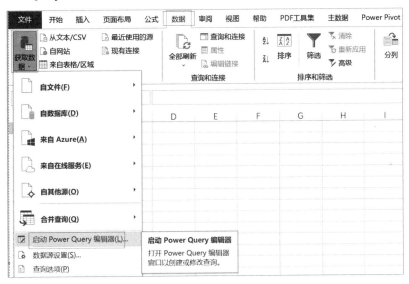

图5-7　打开Power Query的方法

## 5.2.2 使用Power Query

Power Query 有四大功能,分别是对数据的连接、转换、组合、共享,本小节将介绍连接功能。

### 1. 认识Power Query功能区

图 5-8 所示为 Power Query 的功能区,包括"主页""转换""添加列""视图"4 个选项卡。通过"主页"→"新建查询"→"新建源"功能可以连接各种数据源,通过"主页"→"数据源"→"数据源设置"功能可以对已有的数据源连接进行修改。

图5-8　Power Query 功能区

### 2. 连接数据库

如图 5-9 所示，单击"主页"→"新建查询"→"新建源"→"其他源"→"ODBC"功能，然后使用在 5.1.1 小节中配置的 MySQL ODBC DSN 连接到 MySQL 数据库。

图5-9　Power Query ODBC连接

## 5.3 从数据库抽取数据

本节将介绍通过 Excel 和 Python 连接到各数据库的方法。如果 Excel 中没有连接到特定的数据库的功能，可以使用 Python 连接、读取数据后再将数据写入 Excel 文件。

### 5.3.1 连接SQLite数据库

SQLite 是一款轻型的数据库，实现了自给自足、无服务器、零配置、事务性的 SQL 数据库引擎。Excel 没有对 SQLite 原生的支持，但可以考虑使用微软 Access 数据库作为替代。本小节将通过 Python 读取 SQLite 数据库，然后将数据写入 Excel 文件。读者可参考本书代码素材文件"5-3-Sqlite.ipynb"进行学习。

（1）Python 原生支持 SQLite，以下代码演示连接 SQLite 数据库并插入测试数据。

```
import sqlite3                        # 导入 sqlite3
conn = sqlite3.connect('test.db')     # 如果数据库 test.db 文件不存在，则会新建
```

```
c = conn.cursor()                          # 创建 cursor 对象
# 创建 user 数据库
c. execute('''CREATE TABLE user
        (ID INT PRIMARY KEY      NOT NULL,
        FIRST_NAME               TEXT NOT NULL,
        LAST_NAME                TEXT NOT NULL,
        AGE          INT);''')
# 插入数据
c. execute("INSERT INTO user (ID,FIRST_NAME,LAST_NAME,AGE) \
        VALUES (1, 'Paul','Lee', 32)")
c. execute("INSERT INTO user (ID,FIRST_NAME,LAST_NAME,AGE) \
        VALUES (2, 'Allen','Jordan', 25)")
# 提交和关闭
conn.commit()
conn.close()
```

（2）使用Python读取SQLite数据库中的数据。

```
conn = sqlite3.connect('test.db')
c = conn.cursor()
cursor = c.execute("SELECT * from user")      # 使用 SQL 语句查询表中的数据
```

（3）将数据写入Excel文件。

```
from openpyxl import Workbook                    # 通过 openpyxl 将数据写入 Excel 文件
excel = Workbook()
col=['ID','first_name','last_name','age']        # 定义表头信息
ws = excel.active
ws.append(col)                                   # 使用 append 方法将标题信息添加到工作表
for row in cursor:
    ws.append(row)                               # 使用 append 方法将查询数据添加到工作表
excel.save('sqlite-data.xlsx')                   # 将数据保存到 sqlite-data.xlsx 文件中
```

## 5.3.2 连接SQL Server数据库

Excel原生支持连接读取SQL Server数据库，而Python则需要下载、安装相应的驱动包才能连接、操作SQL Server数据库。

### 1. 使用Excel连接

单击"数据"→"获取数据"→"自数据库"→"从SQL Server数据库"功能，或单击Power Query中的"主页"→"新建源"→"数据库"→"SQL Server"功能，打开SQL Server数据库配置窗口。SQL Server数据库的连接配置步骤如下。

（1）填写SQL Server服务器地址。

如图 5-10 所示，在"服务器"输入框中输入SQL Server服务器的地址，展开"高级选项"后即

可在 "SQL 语句（可选，需要数据库）" 输入框中输入查询 SQL 语句。单击 "确定" 按钮进入下一步。

图5-10　填写SQL Server服务器地址

（2）填写登录 SQL Server 服务器的用户名和密码。

根据 SQL Server 服务器端配置的登录认证方式，选择 Excel 提供的 3 种登录 SQL Server 的方式。如图 5-11 所示，可选择 "数据库" 方式，填写用户名和密码，然后单击 "连接" 按钮。

图5-11　填写用户名和密码连接SQL Server数据库

（3）选择要加载的数据。

如果在第 1 步中未使用 SQL 语句查询，就需要在 "导航器" 窗口中选择要加载的表或视图。如图 5-12 所示，选择数据库中的表或视图后单击 "确定" 按钮即可。

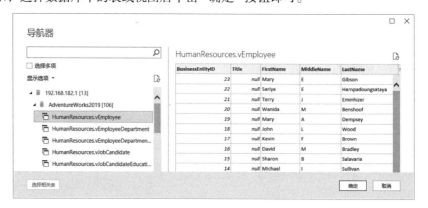

图5-12　选择要加载的表或视图

**2. 使用Python连接**

Python可以使用pymssql驱动包连接SQL Server，具体操作如下代码所示，读者可参考本书代码素材文件 "5-3-SQLServer.ipynb" 进行学习。

（1）安装pymssql驱动包。

```
PS C:\Users\Administrator> pip.exe install pymssql
Collecting pymssql
  Downloading pymssql-2.1.5-cp38-cp38-win_amd64.whl (423 kB)
  ......
  Successfully installed pymssql-2.1.5
```

（2）通过pymssql驱动包连接数据库读取数据。

```
import pymssql                    #导入 pymssql 包
conn = pymssql.connect(user="sa",          # 参数 user 为登录账号
                       password="xxxxxx",  # 参数 password 为登录密码
                       host="localhost",   # 参数 host 为服务器地址
                       database="AdventureWorksLT2016")   # 参数 database 为连接的数
                                                          #     据库名
cursor = conn.cursor()        #创建 cursor 对象
cursor.execute("SELECT * FROM [SalesLT].[ProductCategory] WHERE
ParentProductCategoryID = '3' ")          #执行查询语句
row = cursor.fetchone()      #查看一条数据
while row:
    print("ID=%s, Name=%s" % (row[0], row[2]))
    row = cursor.fetchone()
#结果:
        ID=22, Name=Bib-Shorts
ID=23, Name=Caps
ID=24, Name=Gloves
......
conn.close()          #关闭数据库连接
```

**5.3.3** **连接Oracle数据库**

Excel连接Oracle数据库并读取数据需要安装、配置驱动程序，Python需要下载对应的驱动包。

**1. 使用Excel连接**

单击 "数据" → "获取数据" → "自数据库" → "从Oracle数据库" 功能，或单击Power Query "主页" → "新建源" → "数据库" → "Oracle" 功能。

（1）下载、安装、配置Oracle ODBC驱动。

在浏览器中打开Oracle官方网站，根据官方说明文档安装Oracle ODBC驱动需要的两个软件包，

分别是Basic软件包和ODBC软件包。如图 5-13 所示，在对应Oracle 数据库版本的软件列表中，下载Basic软件包和ODBC软件包。

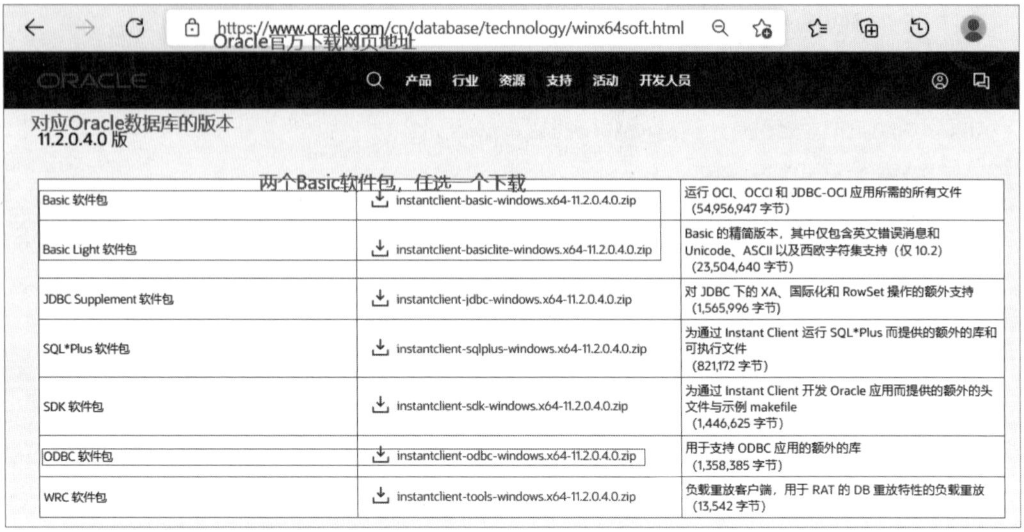
https://www.oracle.com/cn/database/technology/winx64soft.html
Oracle官方下载网页地址
产品 行业 资源 支持 活动 开发人员
对应Oracle数据库的版本
11.2.0.4.0 版
两个Basic软件包，任选一个下载
Basic 软件包
instantclient-basic-windows.x64-11.2.0.4.0.zip
运行 OCI、OCCI 和 JDBC-OCI 应用所需的所有文件 (54,956,947 字节)
Basic Light 软件包
instantclient-basiclite-windows.x64-11.2.0.4.0.zip
Basic 的精简版本，其中仅包含英文错误消息和 Unicode、ASCII 以及西欧字符集支持（仅 10.2） (23,504,640 字节)
JDBC Supplement 软件包
instantclient-jdbc-windows.x64-11.2.0.4.0.zip
对 JDBC 下的 XA、国际化和 RowSet 操作的额外支持 (1,565,996 字节)
SQL*Plus 软件包
instantclient-sqlplus-windows.x64-11.2.0.4.0.zip
为通过 Instant Client 运行 SQL*Plus 而提供的额外的库和可执行文件 (821,172 字节)
SDK 软件包
instantclient-sdk-windows.x64-11.2.0.4.0.zip
为通过 Instant Client 开发 Oracle 应用而提供的额外的头文件与示例 makefile (1,446,625 字节)
ODBC 软件包
instantclient-odbc-windows.x64-11.2.0.4.0.zip
用于支持 ODBC 应用的额外的库 (1,358,385 字节)
WRC 软件包
instantclient-tools-windows.x64-11.2.0.4.0.zip
负载重放客户端，用于 RAT 的 DB 重放特性的负载重放 (13,542 字节)

图5-13　下载软件包

将下载的Basic软件包和ODBC软件包解压到同一个目录下，然后在Power Shell中执行解压目录下的odbc_install.exe程序安装ODBC驱动。

```
PS D:\tool\instantclient_11_2> .\odbc_install.exe
Oracle ODBC Driver is installed successfully.
```

在ODBC软件包解压目录下新建名为“NETWORK”的文件夹，在NETWORK文件夹中新建名为“ADMIN”的文件夹，在“ADMIN”文件夹中新建名为“tnsnames.ora”的文件。“tnsnames.ora”文件的配置内容如下：定义TNS的名称为ORCL，然后根据Oracel服务器的实际情况配置HOST、PORT、SERVICE_NAME。

```
ORCL =
(DESCRIPTION =
    (ADDRESS = (PROTOCOL = TCP)(HOST = localhost)(PORT = 1521))
    (CONNECT_DATA =
      (SERVER = DEDICATED)
      (SERVICE_NAME = orcl)
    )
)
```

（2）配置Oracle ODBC DSN。

打开“控制面板”→选择“管理工具”→打开“ODBC 数据源(64 位)”，如图 5-14 所示，对名为“Oracle in instantclient_11_2”的驱动程序进行配置。

图5-14　配置Oracle ODBC DSN

（3）使用配置的 Oracle ODBC DSN。

在 Excel 中单击"数据"→"获取数据"→"自其他源"→"从 ODBC"功能，使用在第 2 步中配置的 ODBC DSN 连接到 Oracle 数据库后选择要加载的表或视图。

### 2. 使用Python连接

Python 可使用 cx_Oracle 驱动包连接 Oracle 数据库，具体操作代码如下所示，读者可参考本书代码素材文件"5-3-oracle.ipynb"进行学习。

（1）安装 cx_Oracle 驱动包。

```
PS C:\Users\Administrator> pip.exe install cx_Oracle
Collecting cx_Oracle
  Downloading cx_Oracle-8.1.0-cp38-cp38-win_amd64.whl (212 kB)
  ......
Successfully installed cx-Oracle-8.1.0
```

（2）通过 cx_Oracle 包连接 Oracle 数据库并读取数据。

```
import cx_Oracle
db = cx_Oracle.connect(user="system",          # 参数 user 为登录 Oracle 数据库的账号
                    password = "123456", # 参数 password 为登录 Oracle 数据库的密码
                    dsn='localhost:1521/orcl', # 参数 dsn 为 Oracle 服务器的实例名称
                    mode=cx_Oracle.DEFAULT_AUTH # 参数 mode 指定认证模型
                    )
print(db.version)            # 查看 Oracle 版本
# 结果：11.2.0.1.0
cursor = db.cursor()         # 获取 cursor 对象
cursor.execute(" SELECT user , table_name FROM ALL_TABLES \
WHERE rownum<20 ")           # 使用 SQL 语句查询数据
rows = cursor.fetchall()     # 将查询的数据导出
for row in rows:
    print(row)
```

```
# 结果: ('SYSTEM', 'ICOL$')
('SYSTEM', 'CON$')
('SYSTEM', 'UNDO$')
('SYSTEM', 'PROXY_ROLE_DATA$')
        ......
db.close()    # 关闭 Oracle 数据库连接
```

### 5.3.4 连接MySQL数据库

Excel 连接 MySQL 数据库并读取数据需要安装、配置驱动程序，Python需要下载、安装对应的驱动包。

#### 1. 使用Excel连接

在 5.1.1 小节中演示 Excel 连接数据库的配置方法时选择了 MySQL 数据库为例，本小节将重点介绍下载 MySQL ODBC 驱动的操作。

如图 5-15 所示，在浏览器中打开 MySQL 官方网站下载 ODBC 驱动，选择 Windows 操作系统后，页面下方将显示对应 MySQL 版本的 ODBC 驱动的下载链接。

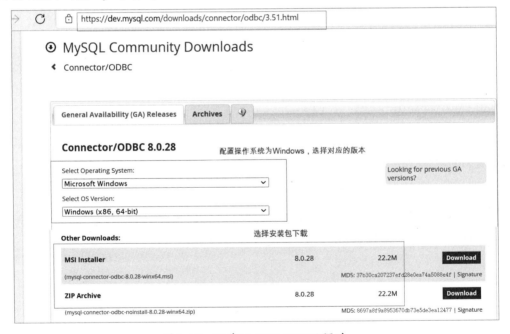

图5-15　下载MySQL ODBC驱动

安装 MySQL ODBC 驱动后，参考 5.1.1 小节中介绍的操作步骤连接 MySQL 数据库并读取数据。

#### 2. 使用Python连接

使用pip工具安装mysql-connector-python、pymysql驱动包，然后使用驱动包中的功能连接到 MySQL 数据库，读者可参考 5.1.1 小节内容和本书代码素材文件"5-1-连接 MySQL.ipynb"进行学习。

## 5.3.5 连接PostgreSQL数据库

Excel连接 PostgreSQL 数据库并读取数据需要安装、配置驱动程序，Python需要下载、安装对应的驱动包。

### 1. 使用Excel连接

（1）下载、安装 PostgreSQL ODBC 驱动程序。

如图 5-16 所示，在浏览器中打开PostgreSQL官方网站下载对应PostgreSQL数据库版本的ODBC驱动包，下载完成后以默认方式安装即可。

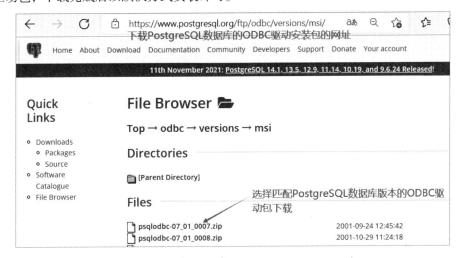

图5-16　下载、安装PostgreSQL ODBC驱动

（2）配置 PostgreSQL ODBC DSN。

选择"控制面板"→"管理工具"→"ODBC 数据源(64 位)"→"添加"→"PostgreSQL ODBC Driver(ANSI)"驱动程序，在图 5-17 所示的窗口中配置 PostgreSQL ODBC DSN。

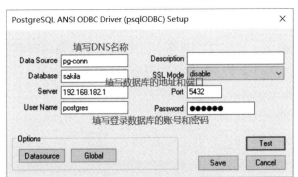

图5-17　配置PostgreSQL ODBC DSN

（3）使用配置的 PostgreSQL ODBC DSN。

在 Excel 中单击"数据"→"获取数据"→"自其他源"→"从 ODBC"功能，使用在第 2 步中配置的 ODBC DSN 连接到 PostgreSQL 数据库后选择要加载的表或视图。

### 2. 使用Python连接

Python 可使用 psycopg2 驱动包连接 PostgreSQL 数据库，具体操作代码如下所示，读者可参考本书代码素材文件"5-3-Postgresql.ipynb"进行学习。

（1）安装 psycopg2 驱动包。

```
PS C:\Users\Administrator> pip.exe install psycopg2
Collecting psycopg2
  Downloading psycopg2-2.8.6-cp38-cp38-win_amd64.whl (1.1 MB)
  ......
  Successfully installed psycopg2-2.8.6
```

（2）通过 psycopg2 连接 PostgreSQL 数据库并读取数据。

```
import psycopg2       #导入 psycopg2
conn = psycopg2.connect(database="sakila",        #参数 database 为要连接的数据库名
                        user="postgres",          #参数 user 为登录数据库的用户名
                        password="xxxxxx",        #参数 password 为登录数据库的密码
                        host="192.168.182.1",     #参数 host 为连接的服务器的地址
                        port="5432")              #参数 port 为连接的服务器的端口
cur = conn.cursor() #获取 cursor 对象
#执行 SQL 语句查询表中数据
cur.execute("SELECT actor_id, first_name, last_name, last_update FROM public.actor;  ")
rows = cur.fetchall()
for row in rows:
    print(row)
conn.close()         #关闭连接
```

## 5.3.6 连接MongoDB数据库

MongoDB 是文档数据库，与前面介绍的 MySQL、Oracle 等关系型数据库有很大差异。目前没有成熟的 MongoDB ODBC 驱动程序供 Excel 使用，因此本小节使用 Python 读取 MongoDB 数据库，然后将数据保存到 Excel 文件。读者可参考本书代码素材文件"5-3-mongodb.ipynb"进行学习。

（1）安装 MongoDB 驱动包 pymongo。

```
PS C:\Users\Administrator> pip.exe install pymongo
Collecting pymongo
  Downloading pymongo-3.11.3-cp38-cp38-win_amd64.whl (383 kB)
  ......
Successfully installed pymongo-3.11.3
```

（2）连接 MongoDB 数据库，读取数据。

```
import pandas as pd
import pymongo              #导入 pymongo 和 pandas
client = pymongo.MongoClient("localhost")        #连接 mongodb
db = client["test"]    # 连接数据库
data = db["test"]      # 查看 test 表
data_df = pd.DataFrame(list(data.find()))        #将数据转换为 Pandas DataFrame 类型
data_df.to_excel('mongodb.xls', encoding='utf-8')    #保存到 Excel
client.close()         #关闭连接
```

## 5.3.7 ▶ Excel和Python连接数据库的方法对比

表 5-1 所示为使用 Excel 和 Python 连接数据库的方法总结和对比。

表5-1　Excel和Python连接数据库的方法对比

| 数据库 | 使用Excel连接 | 使用Python连接 |
| --- | --- | --- |
| SQLite 数据库 | 没有合适的驱动程序可使用 | 原生支持 SQLite，可直接使用 |
| SQLServer 数据库 | 使用"从 SQL Server 数据库"数据源连接 | 使用 pymssql 驱动包 |
| Oracle 数据库 | 安装 Orcale ODBC 驱动程序，然后配置、使用 ODBC DSN | 使用 cx_Oracle 驱动包 |
| MySQL 数据库 | 安装 MySQL ODBC 驱动程序，然后配置、使用 ODBC DSN | 使用 mysql-connector-python、pymysql 驱动包 |
| PostgreSQL 数据库 | 安装 PostgreSQL ODBC 驱动程序，然后配置、使用 ODBC DSN | 使用 psycopg2 驱动包 |
| MongoDB 数据库 | 不支持原生连接，也没有合适的驱动程序可使用 | 使用 pymongo 驱动包 |

## 5.4 〉 从数据文件中读取数据

数据文件是基本的数据源之一，有多种类型，如 CSV、XML、JSON 等，本节将介绍如何使用 Excel 与 Python 连接、读取常用类型的数据文件。

## 5.4.1 ▶ 从CSV文件中读取数据

CSV 是一种简单的文件格式，CSV 文件通常以逗号作为字段分隔符。本小节以 "csv_test.csv" 文件作为操作演示文件。

### 1. 使用Excel读取

通过 Excel 可以直接打开以逗号作为分隔符的 CSV 文件，读者可使用 Excel 直接打开 "csv_test .csv" 文件。

### 2. 使用Python读取

Python 中通过内置 csv 库中的 reader 函数读取 CSV 文件并以列表形式返回数据，或通过 Pandas 包中的 read_csv 函数读取 CSV 文件，函数返回 DataFrame 类型的数据，演示代码如下，读者可参考本书代码素材文件 "5-4-csv.ipynb" 进行学习。

（1）使用 csv 库中的 reader 函数读取 CSV 文件，以列表形式返回数据。

```python
import csv          # 导入 csv 库
with open('csv_test.csv',encoding='utf-8') as csvfile:       # 打开文件
    lines=csv.reader(csvfile)                # 读取数据
    for row in lines:
        print(row)
# 结果: ['\ufeff 日期 ', ' 销售员 ', ' 产品编号 ', ' 单价 ', ' 数量 ', ' 成本 ', ' 提成 (%)']
['2020-12-02', ' 销售员 7', 'CC-2', '29.62', '4', '16.78', '15']
['2020-12-04', ' 销售员 2', 'AA-3', '39.6', '6', '17.38', '25']
```

（2）使用 Pandas 包中的 read_csv 函数读取 CSV 文件，返回 DataFrame 类型的数据。

```python
import pandas as pd
df = pd.read_csv('csv_test.csv',encoding='utf-8')       # 参数 encoding 指定文件的编码
df.head()   # 查看数据
# 结果:    日期          销售员      产品编号 单价      数量      成本      提成 (%)
0      2020-12-02    销售员 7    CC-2    29.62   4       16.78   15
1      2020-12-04    销售员 2    AA-3    39.60   6       17.38   25
```

## 5.4.2 从XML文件中读取数据

XML 是用于标记电子文件使其具有结构性的标记语言，XML 格式使数据定义、传输、验证、解释变得轻松，本例演示操作的 XML 文件为 "menu.xml"。

### 1. 使用Excel读取

Excel 打开并处理 XML 文件的方式为：使用 "获取数据" → "自文件" → "从 XML" 功能或 "开发工具" → "XML" 组中的功能连接 XML 文件。

（1）使用 "获取数据" 选项卡下的 XML 功能。

单击 "获取数据" → "自文件" → "从 XML" 功能，选择 "menu.xml" 文件的路径，单击 "导入" 按钮，如图 5-18 所示，然后在 "导航器" 窗口中选择数据加载。

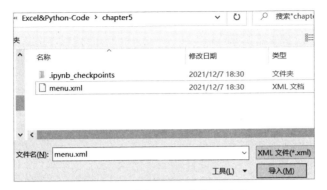

图5-18 选择XML文件的路径

（2）使用"开发工具"选项卡下的XML功能。

单击"开发工具"→"XML"→"导入"功能，选择"menu.xml"文件的路径后即可自动加载数据，不需要从"导航器"窗口中选择数据。

### 2. 使用Python读取

Python中可通过xml库读取XML文件，以下代码以DOM方式解析XML文件，读者可参考本书代码素材文件"5-4-xml.ipynb"进行学习。

以DOM方式解析一个XML文件时，首先一次性读取整个文档，把所有元素保存到"树结构"中，然后使用DOM解析函数对数据进行读取和修改。

```
from xml.dom.minidom import parse    # 导入 DOM 解析函数 parse
DOMTree=parse(r'menu.xml')           # 解析 menu.xml 文件
foodlist=DOMTree.documentElement     # 获取 XML 文件数据 "树结构"
foods = foodlist.getElementsByTagName('food')    # 获取节点元素
for food in foods:                   # 读取数据
    print("name ",food.getElementsByTagName("name")[0].childNodes[0].data)
    print("price ",food.getElementsByTagName("price")[0].childNodes[0].data)
print("category ",food.getElementsByTagName("category")[0].childNodes[0].data)
 #结果: name  麻婆豆腐
price  15.50
category  川菜
name  回锅肉
price  17.50 ……
```

### 5.4.3 从JSON文件中读取数据

JSON是一种轻量级的数据交换格式，易于解析和生成，本例演示操作的JSON文件为"user.json"。

### 1. 使用Excel读取

JSON文件中每个数据节点的数据层级可能不一致，因此不容易直接转换为二维表，在Excel中需要经过多个步骤处理。

（1）读取JSON文件数据。

通过"获取数据"→"自文本"→"从JSON"功能读取JSON文件数据。

（2）在Power Query中处理数据。

成功读取JSON文件数据后，数据会被自动加载到Power Query窗口，编辑栏中有对应的查询语句，List项对应JSON数据节点。如图5-19所示，右击List项，然后选择"深化"功能即可深化到下一层数据。

图5-19　深化到下一层数据

（3）提取明细数据。

经过第2步操作后，跳转到图5-20所示的窗口，单击"Record"列表项，若下方有明细数据，则右击"Record"列表项，选择"作为新查询添加"选项即可将明细数据提取出来。

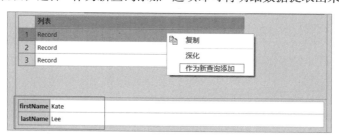

图5-20　提取明细数据

### 2. 使用Python读取

Python中使用内置json库或Pandas包中的read_json函数读取JSON文件数据，读者可参考本书代码素材文件"5-4-json.ipynb"进行学习。

（1）使用json库读取JSON数据。

```
import json        #导入json库
with open("user.json","r") as f:
```

```
    load_dict = json.load(f)          #使用 load 函数读取 JSON 文件，数据以字典类型返回
    print(load_dict)
 #结果: {'user': [{'firstName': 'Kate', 'lastName': 'Lee'}, {'firstName': 'Lucy'……
```

（2）使用 Pandas 包中的 read_json 函数。

```
import pandas as pd
frame = pd.read_json('user.json')
print(frame)
#结果
                          user
0  {'firstName': 'Kate', 'lastName': 'Lee'}
1  {'firstName': 'Lucy', 'lastName': 'Bush'}
```

### 5.4.4 从TXT文件中读取数据

TXT 文本格式是最常见的文件格式。本小节中使用 Excel 和 Python 读取文件 "data-5.txt" 中的数据，"data-5.txt" 文件中使用 4 个空格分隔各列。

#### 1. 使用Excel读取

（1）通过 "从文本/CSV" 功能导入 TXT 文件。

单击 "数据" → "获取数据" → "自文件" → "从文本/CSV" 功能，然后选择 "data-5.txt" 文件。

（2）设置 TXT 文件内容的格式。

设置 TXT 文件内容的格式，如图 5-21 所示，在 "文件原始格式" 列表中可设置文件内容的编码，在 "分隔符" 列表中可选择列分隔符，设置完成后单击 "加载" 按钮。

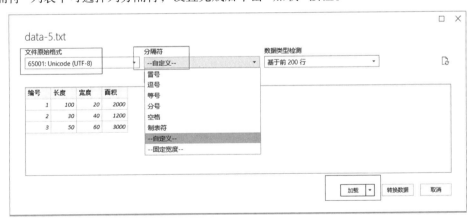

图5-21　配置TXT文件内容的格式

#### 2. 使用Python读取

使用 Pandas 包中的 read_csv 函数读取 TXT 文件内容时指定每列的分隔符。读者可参考本书代码

素材文件 "5-4-txt.ipynb" 进行学习。

```
import pandas as pd
data = pd.read_csv('data.txt', sep='\s+')        #参数 sep 指定列分隔符
#结果
    编号 长度 宽度 面积
0   1    100 20   2000
1   2    30  40   1200
```

### 5.4.5 ▶ Excel和Python读取各类文件数据的方法对比

表 5-2 所示为 Excel 和 Python 读取各类文件数据的方法对比。

表5-2 Excel和Python读取各类文件数据的方法对比

| 文件类型 | 使用Excel读取 | 使用Python读取 |
|---|---|---|
| CSV 文件 | 可直接打开读取 | 通过 csv 库中的 reader 函数或 Pandas 包中的 read_csv 函数 |
| XML 文件 | 通过 "开发工具" → "XML" 组中的功能或 "获取数据" → "自文件" → "从 XML" 功能 | 通过 xml 库中的函数以 DOM 解析的方式读取 |
| JSON 文件 | 通过 "获取数据" → "自文本" → "从 JSON" 功能 | 通过 json 库中的 load 函数或 Pandas 包中的 read_json 函数 |
| TXT 文件 | 通过 "获取数据" → "自文件" → "从文本/CSV" 功能 | 通过 Pandas 包中的 read_csv 函数 |

## 5.5 从互联网获取数据

互联网上有极其丰富的数据资源可以使用。使用Excel可以自动读取部分网页中的表格数据，使用Python编写爬虫程序可以读取网页的内容。本节通过 Python 编写测试用 Web 网站，然后使用 Excel 和 Python 从编写的 Web 网站上获取数据。

### 5.5.1 ▶ 构建测试用网站数据

通过 Python Flask Web 框架分别构建一个 Web 网站和一个 Web API 服务。

#### 1. 构建Web网站

新建一个名为 "5-5-WebTable.py" 的 Python 脚本，创建一个包含表格的简单网页。如果读者对构建方法不感兴趣，可跳过以下代码，直接执行脚本 "5-5-WebTable.py" 打开网站。

（1）安装 flask 包。

```
pip install flask
```

（2）构建包含表格的网页。

```
from flask import Flask
app = Flask(__name__)          # 创建 Flask Web 应用实例
# 将路由 "/" 映射到 table_info 函数，函数返回 HTML 代码
@app.route('/')
def table_info():
    return """<h2>HTML 表格实例，用于提供给 Excel 和 Python 读取 </h2>
<table border="1">
  <caption> 用户信息表 </caption>
    <tbody><tr>
        <th> 姓名 </th>
        <th> 性别 </th>
        <th> 年龄 </th>
    </tr>
    <tr>
        <td> 小米 </td>
        <td> 女 </td>
        <td>22</td>
    </tr>
    ......
</tbody></table>"""
if __name__ == '__main__':
    app.debug = True           # 启用调试模式
    app.run()                  # 运行 flask 应用，网站端口默认为 5000
```

通过命令 "python ./5-5-WebTable.py" 启动网站，然后在浏览器中输入 "http://127.0.0.1:5000/"，出现如图 5-22 所示的网页内容。

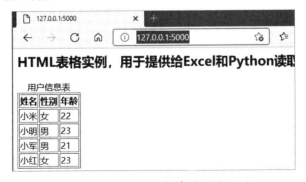

图 5-22　使用 Flask 构建的测试网站

## 2. 构建 Web API 服务

新建一个名为 "5-5-WebAPI.py" 的 Python 脚本，使用 flask_restplus 包构建 Web API 服务。如果

读者对构建方法不感兴趣，可跳过以下代码，直接执行脚本 "5-5-WebAPI.py" 打开 Web API 服务。

（1）安装 flask-restplus 包。

```
pip install flask-restplus
```

（2）导入必要的库与初始化应用对象。

```
from flask import Flask
#Api 类是 Web API 应用的入口，需要用 Flask 应用程序初始化
from flask_restplus import Api
#Resource 类是 HTTP 请求的资源的基类
from flask_restplus import Resource
#fields 类用于定义数据的类型和格式
from flask_restplus import fields
app = Flask(__name__)                          #创建 Flask Web 应用实例
# 在 flask 应用的基础上构建 flask_restplus Api 对象
api = Api(app, version='1.0',
title='Excel 集成 Python 数据分析 - 测试用 WebAPI',
description=' 测试用 WebAPI',)
# 使用 namespace 函数生成命名空间，用于为资源分组
ns = api.namespace('ExcelPythonTest',
description='Excel 与 Python Web API 测试 ')
# 使用 api.model 函数生成模型对象
todo = api.model('task_model', {
        'id': fields.Integer(readonly=True, description='ETL 任务唯一标识 '),
            'task': fields.String(required=True, description='ETL 任务详情 ')
})
```

（3）Web API 数据操作类，包含增、删、改、查等方法。

```
class TodoDAO(object):
def __init__(self):
        self.counter = 0
        self.todos = []
    def get(self, id):
        for todo in self.todos:
        if todo['id'] == id:
            return todo
        api.abort(404, "ETL 任务 {} 不存在 ".format(id))
    def create(self, data):
        todo = data
        todo['id'] = self.counter = self.counter + 1
        self.todos.append(todo)
        return todo
    ......
# 实例化数据操作，创建 3 条测试数据
```

```
DAO = TodoDAO()
DAO.create({'task': 'ETL- 数据抽取操作 '})
DAO.create({'task': 'ETL- 数据清洗转换 '})
DAO.create({'task': 'ETL- 数据装载操作 '})
```

（4）构建 Web API 的路由映射。

HTTP 资源请求类从 Resource 类继承，然后映射到不同的路由，同时指定可使用 HTTP 方法。

```
@ns.route('/')    #路由 "/" 对应的资源类为 TodoList，可使用 get 方法和 post 方法进行请求
class TodoList(Resource):
      @ns.doc('list_todos')              #@doc 装饰器对应 API 文档的信息
      @ns.marshal_list_with(todo)        #@marshal_xxx 装饰器对模型数据进行格式转换与输出
      def get(self):                     # 定义 get 方法获取所有的任务信息
            return DAO.todos
      @ns.doc('create_todo')
      @ns.expect(todo)
      @ns.marshal_with(todo, code=201)
       def post(self):                   #定义 post 方法获取所有的任务信息
             return DAO.create(api.payload), 201
# 路由 /<int:id> 对应的资源类为 Todo，可使用 get、delete、put 方法进行请求
@ns.route('/<int:id>')
@ns.response(404, ' 未发现相关 ETL 任务 ')
@ns.param('id', 'ETL 任务 ID 号 ')
class Todo(Resource):
      @ns.doc('get_todo')
      @ns.marshal_with(todo)
      def get(self, id):
            return DAO.get(id)
      @ns.doc('delete_todo')
      @ns.response(204, 'ETL 任务已经删除 ')
      def delete(self, id):
            DAO.delete(id)
            return '', 204
      @ns.expect(todo)
      @ns.marshal_with(todo)
      def put(self, id):
            return DAO.update(id, api.payload)
if __name__ == '__main__':
    app.run(debug=True,port=8000)     #启动 Web API 服务，端口为 8000
```

（5）开启 Web API 服务。

通过命令 "python ./5-5-WebAPI.py" 启动 Web API 服务，在浏览器中输入 "http://127.0.0.1:8000/"，将出现如图 5-23 所示的 Web API 服务请求方法列表。

149

图 5-23　Web API 服务请求方法列表

## 5.5.2 抓取网页数据

Excel 可以通过"数据"选项卡下的"自网站"功能抓取网页数据。Python 可以使用 requests 库、Beautiful Soup 包、Scrapy 框架抓取网页数据。

### 1. 通过 Excel 抓取

单击"数据"→"自其他源"→"自网站"功能。Excel 可读取的网页数据有局限，动态网页数据无法自动识别，非表格数据无法自动识别。

（1）单击"数据"→"自其他源"→"自网站"功能。

（2）确保在 5.5.1 节中编写的 Web 网站已经开启。

（3）输入网站 URL 地址"http://127.0.0.1：5000/"。

单击"高级"按钮可配置更详细的 HTTP 请求信息，然后单击"确定"按钮，如图 5-24 所示。

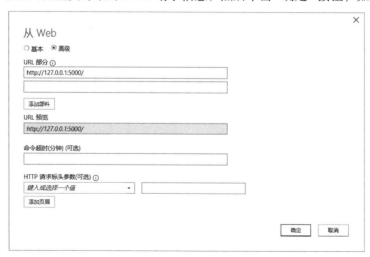

图 5-24　配置要读取网站的 URL

（4）在"导航器"窗口中选择导入数据。

如图 5-25 所示，Excel 自动识别网页中的表格数据，选择表名后单击"加载"按钮即可。

图5-25　Excel自动识别网页中的表格数据

### 2. 使用Python抓取

下面演示使用 requests 库抓取整个网页中的数据，然后使用 Beautiful Soup 解析网页。读者可参考本书代码素材文件"5-5-web.ipynb"进行学习。

（1）通过requests读取网页数据。

```
import requests              # 导入 requests 包
url = 'http://127.0.0.1:5000/'
strhtml = requests.get(url)   # 使用 get 方法请求网页数据
```

（2）通过Beautiful Soup解析网页。

```
from bs4 import BeautifulSoup
soup = BeautifulSoup(strhtml.text)   # 将网页内容作为参数，创建 soup 对象
table = soup.find('table')           # 查找网页中的 table 元素
table_body = table.find('tbody')     # 查找 table 元素中的 tbody 元素
data=[]
rows = table_body.find_all('tr')     # 查找表中所有 tr 元素
for row in rows:                     # 遍历数据
    cols = row.find_all('td')
    cols = [ele.text.strip() for ele in cols]
    data.append([ele for ele in cols if ele])
# 结果输出: [[],
            [' 小米 ', ' 女 ', '22'],
            [' 小明 ', ' 男 ', '23'],……
```

### 5.5.3 调用Web API服务

Excel可以通过"数据"选项卡下的"自网站"功能调用 Web API 服务。Python可以使用 requests 库、Beautiful Soup 包、Scrapy 框架调用 Web API 获取数据。

### 1. 使用Excel调用

（1）确保 5.5.1 节中编写的 Web API 服务已经开启。

（2）输入 Web API 方法对应的 URL：http://127.0.0.1：8000/ExcelPythonTest/。

（3）处理返回的数据。

调用 Web API 服务后数据以 JSON 格式返回，按照 5.4.3 小节中介绍的方法处理 JSON 数据。

### 2. 使用Python调用

使用 requests 库调用 Web API 方法，然后对返回的 JSON 数据进行处理，读者可参考本书代码素材文件 "5-5-api.ipynb" 进行学习。

```
import requests                      # 导入 requests 包
url = 'http://127.0.0.1:8000/ExcelPythonTest/'
strhtml = requests.get(url)         # 使用 get 方法获取网页数据
import pandas as pd
frame = pd.read_json(strhtml.text)  # 使用 Pandas 包中的 read_json 函数
print(frame)
# 结果输出：
     id        task
0     1   ETL- 数据抽取操作
1     2   ETL- 数据清洗转换
2     3   ETL- 数据装载操作
```

### 5.5.4 Excel和Python抓取互联网数据方法对比

表 5-3 所示为 Excel 和 Python 抓取互联网数据方法的对比。需要注意 Excel 从互联网抓取数据的功能并不完善。

**表5-3  Excel和Python抓取互联网数据方法对比**

| 互联网数据 | 使用Excel抓取 | 使用Python抓取 |
|---|---|---|
| 网站数据 | 通过"数据"→"自网站"功能，可自动识别部分表格数据 | 通过 requests 库抓取网页数据，使用 Beautiful Soup 包解析网页 |
| Web API 服务 | 通过"数据"→"自网站"功能调用 Web API 方法 | 使用 requests 库抓取网页数据，通过 json 库或 Pandas 包处理数据 |

## 5.6 验证抓取的数据

使用 Excel 和 Python 从数据库、文件、互联网抓取数据后，需要验证数据的正确性，本节从数据统计、数据类型、数据边界 3 个方面介绍验证数据的方法。

### 5.6.1 ▶ 数据统计

对从各种不同数据源抓取的数据进行统计，将统计量与源数据的统计量进行对比，判断抓取方法是否可靠。

（1）使用 Excel 对数据进行统计。

Excel 中可使用 SUMIFS、SUMIF、SUBTOTAL 等汇总函数或"数据"→"分析"→"数据分析"功能对数据进行统计。

（2）使用 Python 对数据进行统计。

使用 Python 读取数据后，对返回的数据调用相关函数进行统计，如 Pandas 包中的 DataFrame 数据类型可使用 describe 方法进行描述性统计，使用 agg、aggregate、groupby 等方法进行分类汇总。

### 5.6.2 ▶ 确定数据类型

只有数据类型正确才能顺利进行数据清洗与逻辑计算，下面分别介绍使用 Excel 和 Python 确定数据类型的方法。

（1）使用 Excel 确定数据类型的方法。

使用"开始"→"数字"组中的相关功能对数据类型进行查看与修改，或直接使用 DATE、TEXT、VALUE 等函数对数据类型进行转换。

（2）使用 Python 确定数据类型的方法。

普通数据类型可使用 type 函数查看，使用 int、float、str 等函数进行数据类型转换。Pandas 包中的 DataFrame 类型数据需使用 dtypes 属性或 info() 方法查看数据类型。

### 5.6.3 ▶ 检查数据边界

数据应该在一个合理边界内，如果超出边界则说明数据源或数据抓取方法有问题。常见的几种需要检查边界的数据类型有：时间类型数据、数理化学科中的常量数据、部分领域中约定的数据范围、超出常识认知很多的数据。

# 第 **6** 章

# 数据清洗——ETL中的T

本章讲解ETL中的T操作，即数据的清洗转换。Excel中可使用Power Query进行数据清洗转换，Python中可使用Pandas包中的相关功能进行数据清洗转换。

## 本章主要知识点

>> 问题数据类型与数据清洗方法的汇总说明。

>> 使用Python抓取演示用金融数据的方法。

>> Excel与Python中对缺失数据的处理方法。

>> Excel与Python中对错误数据的清洗方法。

>> Excel与Python中对重复数据的清洗方法。

>> Excel与Python中的数据连接、追加、分类等转换操作。

## 6.1 问题数据类型与数据清洗方法

数据清洗涉及的数据问题有很多，本节将对常见的问题数据类型、操作类型进行说明。

### 6.1.1 问题数据类型

问题数据可以归为 4 大类：缺失数据、错误数据、重复数据、跨系统的数据差异。对这 4 类数据进行替换、拆分、过滤等操作后可以获得干净的目标数据。

**1. 缺失数据**

缺失数据的问题一般在数据源中就已经存在了，出现这类问题可能是由于手动录入数据造成的少量数据缺失，也可能是由于程序处理导致的整行、整列的数据缺失。对于缺失数据的处理，一般根据数据的重要性，选择对缺失数据进行删除或补全。

**2. 错误数据**

出现错误数据可能是逻辑计算造成的，也可能是录入数据造成的。如果错误数据会对数据分析处理造成很大影响或产生误差，就必须纠正。

**3. 重复数据**

重复数据多见于一些手动处理的文件数据，或使用 SQL 查询数据时关联出来的重复数据。重复数据一定要清除，否则会产生其他的数据联动问题。

**4. 跨系统的数据差异**

不同数据源对相同数据的表达方式可能不同，因此需要制定一套业务标准，并将各数据源的数据清洗为统一的标准。

### 6.1.2 数据清洗方法

下面介绍常见的数据清洗方法，通过编排数据清洗方法的执行顺序和执行条件，构成数据流与控制流。

（1）过滤：只选择符合业务条件的数据。

（2）推导演算：基于业务规则通过现有数据计算新的数据。

（3）连接：连接来自多个数据源的数据，完成数据集成。

（4）拆分：将一列数据分割为多列，以生成更详细的数据。

（5）数据验证：对数据正确性进行验证，确保数据清洗方法合理、有效。

（6）替换：对问题数据进行替换，替换值可以是相关统计量或默认值。

## 6.2 使用Python抓取演示用金融数据

本节将介绍使用Python抓取演示用金融数据的方法，数据来自 Github 上的 baostock 项目，其中包含大量准确、完整的证券历史行情、上市公司财务情况等数据。

### 1. 安装baostock包

通过pip工具下载baostock包，使用以下命令进行安装、更新。

```
#1- 使用国内源安装
pip install baostock -i
https://pypi.tuna.tsinghua.edu.cn/simple/ --trusted-host pypi.tuna.tsinghua.edu.cn
#2- 下载源代码后安装
python setup.py install 或 pip install xxx.whl
```

### 2. 使用baostock包获取数据

baostock 包提供了 4 大类数据API，分别是股票数据、指数数据、季频财务数据、季频公司报告，使用query_history_k_data_plus API可获取A股历史交易数据。读者可参考本书代码素材文件"6-1-getdata.ipynb"获取 7 个主题的指数数据，或直接使用本书素材文件"stock.xlsx"。

```
1- 导入 baostock 和 pandas 包
import baostock as bs
import pandas as pd
#2- 登录 baostock 系统
lg = bs.login()
#3- 调用 API 获取数据后写入 Excel 文件
write = pd.ExcelWriter(r"stock.xlsx")          #打开 Excel 文件
#columns_cn 列表是数据对应的中文标题
columns_cn=[" 交易日 "," 股票代码 "," 开盘价 "," 最高价 "," 最低价 "," 收盘价 "," 前收盘价 "," 成
交量 "," 成交额 "," 涨跌幅 "]
# 定义函数 insert_data_excel, 将数据写入 Excel
def insert_data_excel(sheet,code):
    rs = bs.query_history_k_data_plus(code=code,
    fields="date,code,open,high,low,close,preclose,volume,amount,pctChg",
    start_date='2021-01-01',
    end_date='2021-02-28',
    frequency="d")
    # 数据写入 Excel
    data_list = []
    while (rs.error_code == '0') & rs.next():
        data_list.append(rs.get_row_data())
    result = pd.DataFrame(data_list, columns=columns_cn)
    result.to_excel(write, encoding="utf-8", index=False,sheet_name=sheet)
#4- 插入不同的主题数据
insert_data_excel(' 金融股指数 ','sh.000018')     # 将股票代码 sh.000018 数据插入 "金融股指数"
                                                      工作表
insert_data_excel(' 医药股指数 ','sh.000121')     # 将股票代码 sh.000121 数据插入 "医药股指数"
                                                      工作表
```

```
insert_data_excel('互联网股指数','sh.000162')
……
#5- 保存和退出
write.save()    # 保存 Excel 文件
bs.logout()     # 退出 baostock 系统
```

执行以上代码后获得如图 6-1 所示的数据，各主题的数据存放在不同的工作表中。

| 交易日 | 股票代码 | 开盘价 | 最高价 | 最低价 | 收盘价 | 前收盘价 | 成交量 | 成交额 | 涨跌幅 |
|---|---|---|---|---|---|---|---|---|---|
| 2021-01-04 | sh. 000122 | 2075. 2141 | 2150. 5511 | 2068. 2150 | 2139. 6585 | 2073. 1198 | 1292755900 | 21459979562. | 3. 209593 |
| 2021-01-05 | sh. 000122 | 2133. 6996 | 2198. 5131 | 2128. 8669 | 2191. 9908 | 2139. 6585 | 1485646000 | 24974395397. | 2. 445825 |
| 2021-01-06 | sh. 000122 | 2201. 3470 | 2213. 6377 | 2178. 5751 | 2192. 3319 | 2191. 9908 | 1437914100 | 23809950728. | 0. 015561 |
| 2021-01-07 | sh. 000122 | 2190. 1986 | 2197. 4749 | 2162. 4741 | 2195. 4293 | 2192. 3319 | 1368908200 | 23294365511. | 0. 141283 |
| 2021-01-08 | sh. 000122 | 2187. 7324 | 2190. 2488 | 2128. 6678 | 2144. 4643 | 2195. 4293 | 1180670800 | 22624040232. | -2. 321414 |
| 2021-01-11 | sh. 000122 | 2134. 4163 | 2134. 4163 | 2059. 8760 | 2070. 6244 | 2144. 4643 | 1146292300 | 20700516918. | -3. 443280 |
| 2021-01-12 | sh. 000122 | 2058. 6328 | 2098. 7111 | 2058. 0115 | 2097. 5606 | 2070. 6244 | 874745700 | 15565946942. | 1. 300873 |
| 2021-01-13 | sh. 000122 | 2098. 7094 | 2099. 0696 | 2045. 8872 | 2064. 8343 | 2097. 5606 | 899509300 | 16776265661. | -1. 560208 |
| 2021-01-14 | sh. 000122 | 2051. 8719 | 2053. 7791 | 2017. 2452 | 2025. 3529 | 2064. 8343 | 801345100 | 15204110516. | -1. 912086 |
| 2021-01-15 | sh. 000122 | 2021. 6164 | 2048. 1279 | 2003. 8733 | 2042. 7116 | 2025. 3529 | 704217300 | 13739239918. | 0. 857070 |

金融股指数 | 医药股指数 | 互联网股指数 | 制造股指数 | 基建股指数 | 资源股指数 | 农业股指数

图6-1 上证7个不同主题的指数数据

## 6.3 数据清洗方法说明

本节将对使用Power Query和Pandas DataFrame清洗数据的方法进行说明，为数据清理需求提供方法和依据。

### 6.3.1 Power Query清洗方法

下面介绍Power Query数据清洗的方法，包括Power Query的打开方法、功能介绍、数据清洗功能。

#### 1. 安装、打开

对于不同版本的Excel，安装、打开Power Query的方法有所不同，如表 6-1 所示。

表6-1 各版本Excel安装、打开Power Query的方法

| 版本 | 说明 |
|---|---|
| Office 2019 专业增强版 | 默认安装了Power Query，通过“数据”→“获取数据”→“启动Power Query编辑器”功能打开 |
| Office 2016 专业增强版 | 默认安装了Power Query，通过“数据”→“获取和转换”组中的功能打开 |
| Office 2013 专业增强版 | 需要独立下载、安装Power Query，安装后功能区中有一个名为“Power Query”的选项卡 |
| Office 2010 专业增强版 | 需要独立下载、安装Power Query，安装后功能区中有一个名为“Power Query”的选项卡 |

### 2. 功能说明

（1）导入数据操作。

打开 Power Query 后，单击"主页"→"新建查询"→"新建源"→"文件"→"Excel 工作簿"功能，选择 6.2 节中生成的"stock.xlsx"文件，如图 6-2 所示。

图6-2　导入 stock.xlsx 文件数据

（2）Power Query 功能说明。

Power Query 的界面分为 5 个区域，如图 6-3 所示。"功能区"区域是 Power Query 的功能区，其中包含数据读取、清洗等功能；"查询窗口"区域显示查询的列表；"当前视图"区域显示查询的数据，可对其中的数据进行操作；"查询设置和步骤"区域显示查询步骤，可对其中的步骤进行修改；"状态栏"区域显示查询的相关信息，包括执行时间、总列数和行数、处理状态。

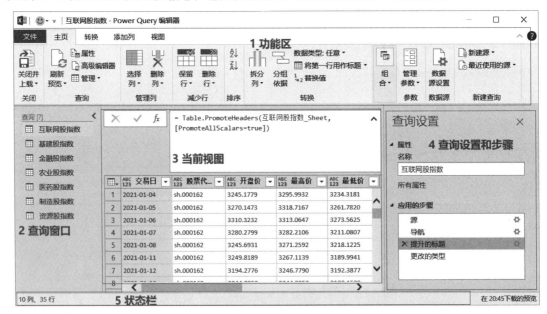

图6-3　Power Query 界面

（3）操作方式说明。

Power Query 的主要操作对象是列，有两种操作方式，一种是使用功能区中的功能，另一种是右击功能列表中的功能。如图 6-4 所示，选择"交易日"列后右击，选择功能菜单中的"更改类型"功能。按住【Ctrl】键可单击选择多列进行操作。

图6-4　Power Query操作方式

### 3. 保存上载数据

单击"主页"→"关闭并上载"功能，如图 6-5 所示，有两个功能选项，分别是"关闭并上载"和"关闭并上载至"。

图6-5　关闭并上载功能

（1）关闭并上载：保存查询结果到 Excel 工作表中。

（2）关闭并上载至：将数据保存到 Power Query 对应查询中，然后选择数据显示方式。

图 6-6 所示为单击"关闭并上载"功能后数据加载到 Excel 的样式，可以看到功能区中多了"分析""表设计""查询"3 个选项卡，界面右侧多了"查询&连接"区域。

图6-6　数据加载到Excel的样式

### 4. 刷新数据

Power Query连接的数据源可能会更新，但数据源更新时Power Query查询数据不会自动更新，需要进行手动更新，有两种更新数据的方式：在Power Query中刷新、在Excel中刷新。

（1）在Power Query中刷新。

如图 6-7 所示，使用"主页"→"刷新预览"功能列表中的"刷新预览"功能或"全部刷新"功能。

图6-7　Power Query中的刷新功能

（2）在Excel中刷新。

将数据保存到Excel后，使用"数据"→"全部刷新"→"连接属性"功能可以设置数据刷新的频率。如图 6-8 所示，在"查询属性"窗口的"使用状况"选项卡中，勾选"刷新频率"复选框并设置刷新频率。

图6-8　在Excel中设置数据刷新频率

### 5. 在Power Query中管理查询步骤

在"查询设置"区域中可以查看数据应用的步骤，单击步骤可以查看应用相关操作后的结果。如图 6-9 所示，打开"互联网股指数"文件后，查询自动生成的 4 个处理步骤。如果读者在Power Query中没有找到"查询设置"区域，可以单击"视图"→"查询设置"功能将其打开。

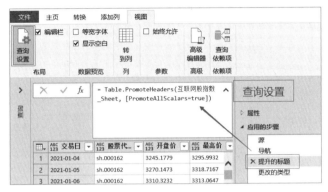

图6-9　管理查询步骤

（1）修改查询步骤对应的语句。

Power Query编辑栏中会显示查询步骤对应的查询语句，对语句进行修改即可调整数据处理方式。

（2）修改查询步骤。

右击查询步骤，打开操作菜单，可对查询步骤进行删除、重命名、调整顺序等操作。

### 6. 在Excel中管理查询

将经过 Power Query 处理的数据加载到Excel后，右击"查询＆连接"区域中的查询项，打开操作菜单，如图 6-10 所示，可对查询进行编辑、复制、合并、追加等操作。

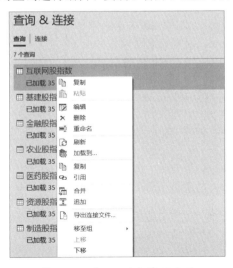

图6-10　在Excel中管理查询

## 6.3.2 DataFrame类型数据清洗方法

本小节将介绍DataFrame 类型数据的清洗步骤，介绍每个步骤时将说明对应的Power Query数据处理步骤，读者可参考本书代码素材文件"6-3-python.ipynb"进行学习。

### 1. 导入相关库

将Pandas包导入即可，该步骤对应安装、打开Power Query。

```
import pandas as pd                        # 导入 Pandas 包
```

### 2. 连接数据源

使用DataFrame类中的不同方法连接到各数据源。该步骤对应使用Power Query中的"主页"→"新建查询"→"新建源"功能。以下代码演示了读取"stock.xlsx"文件中的各工作表。

```
#1- 查看 Excel 文件中有哪些工作表
df=pd.ExcelFile("stock.xlsx")     #ExcelFile 类能将 Excel 工作表解析为 DataFrame 类型数据
df.sheet_names                    # 通过 sheet_names 属性查看工作表
 #结果:
 ['金融股指数', '医药股指数', '互联网股指数', '制造股指数', '基建股指数', '资源股指数',
'农业股指数']
#2- 以两种方式读取工作表数据: ExcelFile 类中的 parse 函数和 Pandas 包中的 read_excel 函数
finance =df.parse(sheetname='金融股指数')  # 通过 parse 函数中的 sheetname 参数指定工作表
finance=pd.read_excel("stock.xlsx",sheet_name='金融股指数')      # 使用 read_excel 函数
#结果:
交易日      股票代码      开盘价      最高价    最低价    收盘价      前收盘价 成交量
0   2021-01-04  sh.000018    5680.4431    5680.4431    5572.6123    5633.0799
5695.4867   5617243200
1   2021-01-05  sh.000018    5596.1235    5596.1235    5500.9149    5578.7204
5633.0799   5365416700
#3- 读取 "stock.xlsx" 文件中的所有工作表数据
medicine =df.parse(sheetname='医药股指数')
internet =df.parse(sheetname='互联网股指数')
manufacture =df.parse(sheetname='制造股指数')
infrastructure =df.parse(sheetname='基建股指数')
resource =df.parse(sheetname='资源股指数')
agriculture =df.parse(sheetname='农业股指数')
```

### 3. 封装数据清洗功能

将数据清洗功能封装到函数或模块中，便于以后复用。该步骤对应使用Power Query中特定的清洗功能。

```
def modify_columns_name(names):
```

```
"""
通过参数 names 对 DataFrame 类型数据中的列名进行调整
"""
Pass
......
```

### 4. 明确调用关系

明确函数、模块的包含和调用关系。该步骤对应调整 Power Query 查询执行的先后顺序。

### 5. 保存脚本文件

将代码保存为脚本，以便重复调用。该步骤对应使用 Power Query 中的"关闭和上载"功能。

## 6.4 数据清洗实践

本节将演示使用 Excel 和 Python 处理一些常见的数据清洗场景，测试数据为 "stock-clean.xlsx" 文件。读者可参考本书代码素材文件 "6-4-clean.ipynb" 进行学习。

### 6.4.1 重复数据的处理

重复数据是数据分析中的重大隐患。重复数据的判断标准决定了是否需要清洗重复数据，清洗的方法一般是删除。

#### 1. 在Excel中操作

使用 Power Query 打开 "stock-clean.xlsx" 文件中的"互联网股指数"工作表，如图 6-11 所示。下面演示对重复数据进行查找、删除。

| 交易日 | 股票代... | 开盘价 | 最高价 | 最低价 | 收盘价 | 前收盘... | 成交量 |
|---|---|---|---|---|---|---|---|
| 2021/1/4 | sh.000162 | 3245.1779 | 3295.9932 | 3234.3181 | 3278.6876 | 3234.8705 | 2247730600 |
| 2021/1/5 | sh.000162 | 3270.1473 | 3318.7167 | 3261.782 | 3314.7227 | 3278.6876 | 2733155800 |
| 2021/1/6 | sh.000162 | 3310.3232 | 3313.0647 | 3273.5625 | 3286.2056 | 3314.7227 | 2076006900 |
| 2021/1/7 | sh.000162 | 3280.2799 | 3282.2106 | 3211.0807 | 3250.6987 | 3286.2056 | 2248925100 |
| 2021/1/8 | sh.000162 | 3245.6931 | 3271.2592 | 3218.1225 | 3249.5437 | 3250.6987 | 1896397000 |
| 2021/1/11 | sh.000162 | 3249.8189 | 3267.1139 | 3189.9941 | 3203.1316 | 3249.5437 | 2197301500 |
| 2021/1/12 | sh.000162 | 3194.2776 | 3246.779 | 3192.3877 | 3246.3498 | 3203.1316 | 2057898200 |

图6-11 互联网股指数数据

（1）明确重复数据的判断依据。

不同的判断依据决定了不同的重复结果。如以"交易日"列作为判断依据，就没有重复数据；以"股票代码"列作为判断依据，就有重复数据。

（2）使用"删除重复项"功能。

如图 6-12 所示，选择"交易日""股票代码""开盘价"列作为重复数据的判断依据，使用"主页"→"删除行"→"删除重复项"功能。

图6-12　删除重复项

### 2. 在Python中操作

使用Pandas包中DataFrame类中的duplicated(subset=None, keep='first')方法查找重复数据。其中参数subset指定使用哪些列作为判断依据，默认使用所有列；参数keep用于设置将哪些数据标记为重复。函数返回Series类型的数据，通过布尔值标记是否重复。

```
import pandas as pd                          # 导入 Pandas 包
df=pd.ExcelFile("stock_clean.xlsx")
internet =df.parse(sheetname=' 互联网股指数 ')
internet.duplicated()                        # 默认使用所有列作为判断依据
#返回结果:
  0      False
1     False
2     False
3     False
internet.duplicated(subset=[' 股票代码 '],keep='first')       # 以 "股票代码" 列作为判断依据
# 参数 keep 的值为 first，表示第一次出现的重复值标记为 False，其他重复值标记为 True
  0      False
1     True
2     True
3     True
internet.duplicated(subset=[' 交易日 ',' 股票代码 ',' 开盘价 '])        #指定多列作为判断依据
```

使用DataFrame类中的drop_duplicates函数删除重复数据。函数有 4 个参数，用于控制删除重复数据的行为，参数的作用如下代码所示。

```
internet_1 = internet.drop_duplicates()       #以所有列作为判断重复数据的依据，将找到的重复
                                                 数据删除
# 参数 subset 表示要判断重复的列
# 参数 keep 标记数据重复的方式，值为 False 将会删除所有重复数据
# 参数 inplace 表示是在原 DataFrame 上删除重复值，还是返回删除重复数据后的数据
internet.drop_duplicates(subset=[' 股票代码 '],keep=False,inplace=False,ignore_
index=True)
```

### 6.4.2 缺失数据的处理

Power Query中使用null、空值表示缺失数据，Pandas DataFrame类型数据中使用NAN、None、NA值表示缺失数据。缺失数据的处理方式有2种：删除缺失数据和使用其他值替换。

#### 1. 在Excel中操作

"stock-clean.xlsx"文件中"金融股指数"工作表中的C10单元格中没有数据，下面演示对C10单元格进行处理。

（1）使用Power Query加载"stock-clean.xlsx"文件中"金融股指数"工作表数据。

（2）删除缺失数据。

删除缺失数据需要确保删除后对整体数据影响不大，操作方法为：选择"开盘价"列，单击列名右侧的筛选按钮，选择"删除空"功能，如图6-13所示。通过这一步识别、删除包含null值的行，同时在"查询设置"区域中添加名为"筛选的行"的步骤。

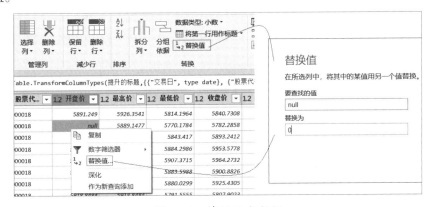

图6-13 删除缺失数据

（3）替换缺失数据。

用于替换缺失数据的值可以是规定的默认值或是具有代表性的统计量。如图6-14所示，选中null值所在单元格，然后在功能区或右键功能菜单中找到"替换值"功能，在"替换值"窗口中设置要替换的值。

图6-14 替换缺失数据

## 2. 在Python中操作

表 6-2 所示为DataFrame类中处理缺失数据的相关函数，通过表中的函数可以查找、删除、替换缺失数据。

表6-2　DataFrame类中处理缺失数据的函数

| 函数 | 说明 |
|---|---|
| dropna([axis, how, thresh, ⋯]) | 用于删除缺失数据，对应Power Query中的"删除空"功能 |
| fillna([value, method, axis, ⋯]) | 使用指定值填充缺失数据，对应Power Query中的"替换值"功能 |
| interpolate([method,axis,limit, ⋯]) | 使用插值法填充缺失数据 |
| isna()和isnull() | 用于检测缺失数据 |
| replace([to_replace, value, ⋯]) | 使用指定值替换目标值，对应Power Query中的"替换值"功能 |

以下代码演示了表 6-3 中函数的使用方法。

```
finance =df.parse(sheetname=' 金融股指数 ')          # 读取金融股指数工作表
#1- 使用 isna、isnull 方法检测缺失数据
finance.isna().iloc[7:10]
finance.isnull().iloc[7:10]
# 返回结果：
      交易日      股票代码    开盘价     最高价     最低价     收盘价     前收盘价
7     False     False     False    False    False    False    False
8     False     False     True     False    False    False    False
……
#2- 使用 dropna 方法删除缺失数据
finance.dropna().iloc[7:10]
finance.dropna(axis='columns',inplace=False).iloc[7:10]
#3- 使用 fillna 方法填充缺失数据
# 参数 method 值为 ffill 或 pad 表示使用缺失数据所在行的上一行的值填充
finance.fillna(method='pad').iloc[7:10]
# 参数 method 值为 backfill 或 bfill 表示使用缺失数据所在行的下一行的值填充
finance.fillna(method='bfill').iloc[7:10]
#4- 使用 interpolate 方法，指定算法对空值替换
finance.interpolate(method='linear').iloc[7:10]     # 参数 method 值为 linear 表示使用线性回
                                                      归算法
finance.interpolate(method='nearest').iloc[7:10]    # 参数 method 值为 nearest 表示使用最邻近
                                                      算法
```

使用fillna、interpolate方法填充缺失数据的结果如图 6-15 所示。

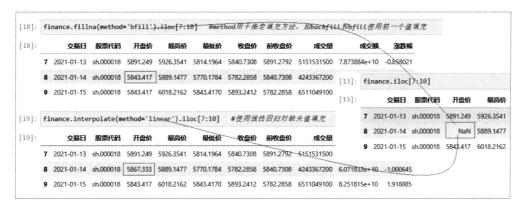

图6-15　使用fillna、interpolate方法填充缺失数据

### 6.4.3 添加自定义列

数据清洗时可能需要添加自定义列，如根据业务规则计算新列或从数据中抽出部分数据作为新列。

#### 1. 在Excel中操作

通过Power Query的"添加列"选项卡中的功能可以添加自定义列，如图6-16所示，依托"交易日"列生成列名为"第几周"的新列，用于计算日期属于一年中的第几周。

图6-16　添加自定义列操作

需要注意Power Query中的公式与Excel中的公式有较大差异，主要体现在以下几方面。

（1）引用对象不同。

Power Query中的公式不能像Excel中的公式那样引用单个单元格或单元格区域。

（2）公式语法不互通。

Power Query中的公式使用的是M语言，与Excel中的公式语法不互通。

（3）公式大小写敏感度不同。

Excel中的公式对大小写不敏感，Power Query中的公式对大小写敏感。

（4）对数据类型要求不同。

Excel中的公式可根据需要自动转换数据类型，Power Query中的公式则没有那么智能，需要明确数据类型后再计算。

### 2. 在Python中操作

在Pandas DataFrame类型数据中添加“第几周”列，添加前先查看“交易日”列的数据类型是否需要转换为时间类型。

```
#1- 使用 dtypes 查看各列的数据类型，发现交易日列数据不是日期类型，需要转换
finance.dtypes
交易日          object
股票代码        object
开盘价          float64
最高价          float64
......
#2- 在现有交易日列的基础上计算新列“第几周”
finance['交易日']= pd.to_datetime(finance['交易日']) #将交易日列数据类型转换为时间类型
finance['第几周'] = finance.apply(lambda row:row[0].isocalendar()[1], axis = 1)  #计算周数
```

图 6-17 所示为经过以上代码处理后生成的“第几周”列。

```
[26]: finance['第几周'] = finance.apply(lambda row:row[0].isocalendar()[1], axis = 1)  #计算周数

[27]: finance.head()
```

[27]:

| | 交易日 | 股票代码 | 开盘价 | 最高价 | 最低价 | 收盘价 | 前收盘价 | 成交量 | 成交额 | 涨跌幅 | 第几周 |
|---|---|---|---|---|---|---|---|---|---|---|---|
| 0 | 2021-01-04 | sh.000018 | 5680.4431 | 5680.4431 | 5572.6123 | 5633.0799 | 5695.4867 | 5617243200 | 7.567855e+10 | -1.095724 | 1 |
| 1 | 2021-01-05 | sh.000018 | 5596.1235 | 5596.1235 | 5500.9149 | 5578.7204 | 5633.0799 | 5365416700 | 7.323087e+10 | -0.965005 | 1 |
| 2 | 2021-01-06 | sh.000018 | 5571.2186 | 5660.6853 | 5564.8238 | 5660.6853 | 5578.7204 | 4453383600 | 6.409202e+10 | 1.469242 | 1 |
| 3 | 2021-01-07 | sh.000018 | 5669.4676 | 57330.2558 | 5622.5993 | 5720.9313 | 5660.6853 | 4586257100 | 6.366920e+10 | 1.064288 | 1 |
| 4 | 2021-01-08 | sz.000018 | 5729.3040 | 5781.9479 | 5686.6926 | 5725.7524 | 5720.9313 | 3960044800 | 5.867558e+10 | 0.084271 | 1 |

图6-17　DataFrame类型数据添加自定义列

## 6.4.4 错误、异常数据的处理

使用Excel或Python处理数据时如果有逻辑处理错误，会有错误提示，如Excel中公式计算出错时单元格的值可能为#VALUE!、#N/A，Python中代码执行出错时会抛出异常。但对于业务层面的错误数据，除非数据出现很大偏差与规则错误，否则很难发现。

### 1. 在Excel中操作

在“金融股指数”工作表中构造两个异常数据：将日期 2021-01-08 所在行的股票代码设置为不符合规范的数据，将日期 2021-01-07 所在行的最高价设置为很大的值。

（1）根据业务规则发现错误。

“股票代码”列的数据以“sh.”前缀开始且代码长度为 6 位，按照这个规则对数据进行检查。选

择"金融股指数"查询，单击"添加列"→"条件列"功能，出现如图 6-18 所示的"添加条件列"界面。根据业务规则设置判断逻辑，找出错误的数据。

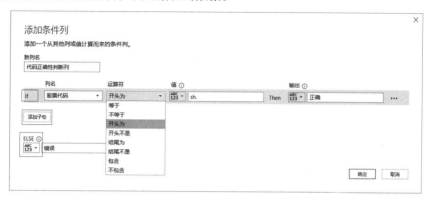

图6-18　"添加条件列"界面

If条件设置：列名为"股票代码"，运算符为"开头为"，值为"sh."，输出为"正确"。如果有多个判断条件，则单击"添加子句"按钮。If条件配置完毕后，单击"确定"按钮，即可发现"2021-01-08"所在行对应新列的值为"错误"，对应股票代码"sz.000018"，根据业务规则进行清洗即可。

（2）通过数据边界发现可能异常的数据。

"金融股指数"查询中"2021-01-07"对应的"最高价"数据比其他日期大很多，对于这个问题可以进行以下处理：界定数据的合理边界，计算"前收盘价"列的平均值与标准差，然后以"平均值±2×标准差"作为数据的合理区间，计算的统计值如下。

> 通过 Excel 或 Power Query 计算的统计量为
> "前收盘价"平均值为：5794.4231
> "前收盘价"标准差为：116.1606
> 合理区间：[5794.4231 + 2*116.1606 , 5794.4231- 2*116.1606] = [6,026.7443, 5,562.1019]

如图 6-19 所示，使用"条件列"功能配置"最高价"列的异常数据判断规则，找到"最高价"列中可能异常的数据，然后进行清洗。

图6-19　添加"最高价"列的自定义列

### 2. 在Python中操作

对 Pandas DataFrame 类型数据中的"股票代码""最高价"列进行筛选判断，找出可能异常的数据，具体代码如下所示。

```
#1- 判断标准：股票代码包含 "sh." 且长度为 9
finance[' 验证 '] = (finance[' 股票代码 '].str.contains('sh.')) & (finance[' 股票代码 '].str.
len() == 9)
#2- 通过计算平均值与标准差构建合理的数据边界
finance[' 前收盘价 '].mean(),finance[' 前收盘价 '].std()   #计算前收盘价列的平均值与标准差
#结果: (5794.833274285713, 111.75665488729443)
finance[' 最高价 '].mean(),finance[' 最高价 '].std()        #计算最高价列的平均值与标准差
#最高价列的标准差很大，可能有异常数据
#查找最高价列在前收盘价平均值加减 2 倍标准差边界外的数据
finance[( finance[' 前收盘价 '].mean() - finance[' 前收盘价 '].std() * 2  > finance[' 最高价 '])
| (finance[' 最高价 '] > finance[' 前收盘价 '].mean() + finance[' 前收盘价 '].std()
* 2 ) ]
```

如图 6-20 所示，"最高价"列中可能有 3 条异常数据，可以发现交易日 2021-01-07 所在行中"最高价"数据超出正常值很多，需要进行清洗。

图6-20   DataFrame类型数据判断异常值

## 6.4.5 数据关联

Power Query 中的数据关联类似于 Excel 中的 LOOKUP 函数，但 Power Query 中的连接方式更灵活。在"stock_clean.xlsx"文件中添加名为"指数信息"的工作表，记录对每个主题指数的说明，本小节使用这份数据演示数据关联。

### 1. 在Excel中操作

（1）使用 Power Query 导入"stock_clean.xlsx"文件中的"指数信息"工作表数据。

（2）对"指数信息"数据进行清洗、调整。

"指数信息"数据中有两处需要进行调整，如图 6-21 所示，第一处需要调整的是标题栏，第二处需要调整的是文本的格式。

| | ABC Column1 | ▼ | ABC Column2 | ▼ | ABC Column3 | ▼ | ABC Column4 | ▼ | 需要调整的标题栏 | ▼ |
|---|---|---|---|---|---|---|---|---|---|---|
| 1 | 指数代码 | | 指数全称 | | 发布机构 | | 简介 | | | |
| 2 | sh.000018 | | 上证180金融股指… | | 上海证券交易所 | | 以上证180指数样本股中银行、保险、证券和信托等行业的股票构… | | | |
| 3 | sh.000121 | | 上证医药主… | | 上海证券交易所 | | 由沪市A股中规模大、流动性好的50只医药主题公司股票组成样本… | | | |
| 4 | sh.000162 | | 上证互联网+主题… | | 上海证券交易所 | | 以互联网教育、互联网金融、互联网旅游、互联网农业、互联网… | | | |
| 5 | sh.000161 | | 上证中国制造202… | | 上海证券交易所 | | 从新一代信息技术、高档数控机床和机器人、航空航天装备、海… | | | |
| 6 | sh.000025 | | 上证180基建指数 | | 上海证券交易所 | | 从上证180指数中挑选拥有、管理基础设施和从事基础设施建设的… | | | |
| 7 | sh.000026 | | 上证180资源指数 | | 上海证券交易所 | | 从市值180指数中挑选拥有、开发和开采自然资源的公司股票组成… | | | |
| 8 | sh.000122 | | 上证农业主题指数 | | 上海证券交易所 | | 由沪市沪市A股中规模大、流动性好的40只农业公司股票组成样本… | | | |

需要调整的文本的格式

图6-21 清洗调整说明

使用"主页"→"转换"→"将第一行用作标题"功能，将第一行数据设置为标题。第三行的指数全称数据前有空格，使用"转换"→"文本列"→"格式"→"修整"功能将文本前的空格去掉。

（3）使用关联功能。

打开Power Query "主页"→"组合"→"合并查询"功能列表，选择"将查询合并为新查询"功能，出现如图 6-22 所示的配置界面。配置"互联网股指数"查询中的"股票代码"列与"指数信息"查询中的"指数代码"列关联，连接种类选择"左外部（第一个中的所有行，第二个中的匹配行）"。

图6-22 数据关联配置界面

### 2. 在Python中操作

使用DataFrame类中的join方法可以完成各种关联操作。

```python
index = pd.read_excel("stock_clean.xlsx",sheet_name=' 指数信息 ')
index.at[1, ' 指数全称 '] = (index.at[1, ' 指数全称 ']).strip()    #去除空白符
#将互联网股指数表中的 "股票代码" 列与指数信息表中的 "指数代码" 列进行左关联
internet.join(index.loc[:, [' 指数代码 ',' 指数全称 ']].set_index([' 指数代码 ']),on=[' 股票代码 '],how='left')
```

### 6.4.6 数据追加

通过 Power Query 中的数据追加功能可以将多个查询的数据追加到一起，但需要确保各查询结果的列数相同，在 DataFrame 类中可以通过 concat、append 方法实现追加。

#### 1. 在Excel中操作

将 Power Query 各查询中的数据追加到一个新的查询中，便于后续的汇总分析。单击"主页"→"组合"→"追加查询"→"将查询追加为新查询"功能，出现如图 6-23 所示的配置界面，选择追加方式为"三个或更多表"，然后选择左侧"可用表"列表框中的查询，添加到右侧的"要追加的表"列表框中，合并后生成的新查询的名称默认为"追加 1"。

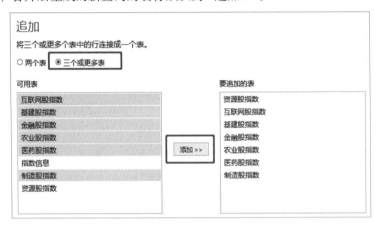

图6-23　追加数据配置界面

#### 2. 在Python中操作

使用 concat 函数或 append 方法，将"金融股指数""互联网股指数""医药股指数" DataFrame 类型数据追加到一个 DataFrame 中，以下代码为在追加前对问题数据进行清洗。

```
medicine = pd.read_excel("stock_clean.xlsx",sheet_name=' 医药股指数 ')
finance = pd.read_excel("stock_clean.xlsx",sheet_name=' 金融股指数 ')
internet = pd.read_excel("stock_clean.xlsx",sheet_name=' 互联网股指数 ')
# 金融股指数清洗
finance.fillna(method='bfill').iloc[7:11]
finance.at[4, ' 股票代码 '] = 'sh.000018'
finance.at[4, ' 股票代码 '] = finance.at[3, ' 股票代码 ']
lists = [medicine, internet, finance]
union_df = pd.concat(lists)              # 使用 concat 函数合并数据
len(union_df)                            # 查看追加后的数据量
 # 结果返回: 105
temp = medicine.append(internet)         # 使用 append 方法以追加方式合并数据
union_df_2= temp.append(finance)
```

### 6.4.7 分类汇总

在某些情况下，将数据集转换为紧凑的组数据，可以更方便地进行管理与分析。在数据清洗中对数据进行合理的分类汇总，也有助于回溯验证。

#### 1. 在Excel中操作

对 6.4.6 小节中生成的"追加 1"查询数据进行分类汇总，具体步骤如下。

（1）在 Power Query 中打开"追加 1"查询。

（2）为"追加 1"查询添加"第几周"列。

（3）使用"分组依据"功能。

单击"主页"→"转换"→"分组依据"或"转换"→"表格"→"分组依据"功能，出现如图 6-24 所示的配置界面。

（4）将"股票代码"列与"第几周"列作为分组列。

选择"高级"选项，选择"股票代码"列与"第几周"列作为分组列，配置"开盘价"列的最大值、最小值、中值的汇总操作。

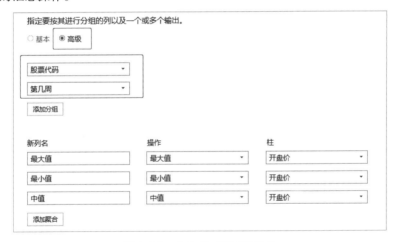

图6-24　分组依据配置界面

#### 2. 在Python中操作

使用 DataFrame 类中的 groupby 方法进行数据分组计算，代码如下所示。

```
union_df['交易日']= pd.to_datetime(finance['交易日'])  #将交易日数据类型转换为日期类型
union_df['第几周'] = union_df.apply(lambda row:row[0].isocalendar()[1], axis = 1)
new_df = union_df.join(index.loc[:, ['指数代码','指数全称','发布机构']].set_index
(['指数代码']),on=['股票代码'],how='left')
new_df.groupby(['股票代码','第几周']).max()     #计算最大值
new_df.groupby(['股票代码','第几周']).min()     #计算最小值
```

### 6.4.8 步骤编排和复用

本小节将对 Power Query 查询步骤的编排方式、复用方法进行介绍。

#### 1. 步骤编排方式

图 6-25 所示分别是"金融股指数""指数信息""追加 1"3 个查询对应的应用步骤。观察图中 3 个查询的应用步骤，思考以下 2 个问题。

图 6-25　各查询的应用步骤

（1）如果要对 3 个查询添加相同的清洗步骤，应如何编排以使清洗步骤易于管理。

应对 3 个查询分别添加清洗步骤，还是最后在"追加 1"查询中添加清洗步骤？更合理的选择是在"追加 1"查询中添加，这样可以减少重复的操作，流程也更加清晰。

（2）每个查询中的步骤有先后顺序，这 3 个查询中的步骤是否也存在先后顺序。

一个查询中步骤的执行顺序是按步骤在列表中的位置，从上往下执行，可以根据需要调整上下顺序。

#### 2. 步骤复用方法

Power Query 的步骤可以复用，这样既减少了工作量，数据处理流程也更清晰。在 Python 中将清洗功能封装为函数、模块即可复用。下面演示对"追加 1"查询中步骤复用的操作。

（1）打开"追加 1"查询，右击步骤，打开功能列表。

（2）选择"提取之前的步骤"功能。

（3）填写提取步骤名称，即可自动转化为一个查询。

如图 6-26 所示，提取步骤对应的查询的名称为"复用步骤"，可以看到"追加 1"查询与"复用步骤"查询间存在引用关系，且无法直接删除。可以在"复用步骤"查询的基础上继续进行数据清洗操作。

图6-26　查询间的引用关系

### 6.4.9　总结

对文件"stock_clean.xlsx"进行处理后，生成结果文件"stock_result.xlsx"，在后面的章节中将继续使用。下面通过表格对 Power Query 和 Pandas DataFrame 类在数据清洗方面的差异进行说明。

**1. 列数据操作**

Power Query 中对列的操作方式是在选择列后，选择要使用的功能。前面小节中演示的只是部分列操作功能，无法全面说明数据清洗场景。表 6-3 中对比了 Power Query 与 Pandas DataFrame 类中的列数据操作。

表6-3　Power Query与Pandas DataFrame类中的列数据操作对比

| 列操作 | Power Query 中的操作 | Pandas DataFrame 类中的方法和操作 |
|---|---|---|
| 删除列 | 选中要删除的列，然后使用"删除列"功能 | 使用 drop 方法 |
| 删除其他列 | 选中不删除的列，然后使用"删除其他列"功能 | |
| 重复列 | 选中要重复的原始列，使用"重复列"功能 | 将需要重复的列赋值给新列 |
| 删除重复数据 | 选中有重复数据的列，使用"删除重复项"功能 | 使用 drop_duplicates 方法 |
| 删除错误数据 | 选中有错误数据的列，使用"删除错误"功能 | 没有对应的功能 |
| 更改数据类型 | 选中要更改数据类型的列，使用"更改类型"功能列表中的功能 | 使用 astype 方法或特定类型转换函数 |
| 列数据的转换 | 选中要转换的列，使用"转换"功能列表中的功能 | 根据需求选择合适的方法 |
| 分组 | 选中要分组的列，使用"分组依据"功能 | 使用 groupby 方法 |
| 填充 | 选中要填充的列，使用"填充"功能 | 使用 replace 方法 |
| 逆透视列 | 选中要透视的列，使用"逆透视列"功能 | 使用 unpivot 方法 |
| 重命名 | 选中要重命名的列，使用"重命名"功能 | 使用 rename 方法或对 columns 属性赋值 |

### 2. 表数据操作

单击 Power Query 预览区左上角的按钮，打开表操作的功能列表，如图 6-27 所示。

图6-27　打开表操作的功能列表

表 6-4 中对比了 Power Query 与 Pandas DataFrame 类中的表数据操作。

表6-4　Power Query与Pandas DataFrame类中的表数据操作对比

| 表操作 | Power Query中的操作 | 对应DataFrame中的方法和操作 |
|---|---|---|
| 将第一行数据提升为标题 | 选择功能列表中"将第一行用作标题"功能 | 将第一行数据赋值给columns属性 |
| 插入新列 | 选择功能列表中"添加自定义列"功能 | 直接用新列名，对其进行赋值 |
| 插入连续的可表示序列信息的列 | 选择功能列表中"添加索引列"功能 | 通过对index属性赋值 |
| 选择要保留的列 | 选择功能列表中"选择列"功能 | 通过[]索引或loc、iloc等属性 |
| 删除前n行以外的所有行 | 选择功能列表中"保留最前面几行"功能 | 可使用head方法 |
| 删除最后n行以外的所有行 | 选择功能列表中"保留最后几行"功能 | 可使用tail方法 |
| 删除属于指定范围的行以外的行 | 选择功能列表中"保留行的范围"功能 | 可使用where函数或iloc属性 |
| 从表中删除前n行 | 选择功能列表中"删除最前面几行"功能 | 可使用iloc、loc属性 |
| 从表中删除最后的n行 | 选择功能列表中"删除最后几行"功能 | |
| 选择表和匹配项以创建新查询 | 选择功能列表中"合并查询"功能 | 可使用join方法完成类似功能 |
| 将2个或多个数据连接成一个 | 选择功能列表中"追加查询"功能 | 可使用concat、append方法 |

# 第 **7** 章

## 数据装载——ETL中的L

本章将介绍ETL中的L操作，即数据的装载。Excel无法直接将数据装载到其他目标系统中，需要借助其他工具或编程语言，Python可以将数据轻松地装载到各种不同的目标系统中。

### 本章主要知识点

>> 数据仓库ETL技术说明。

>> 通过Excel将数据装载到不同目标系统的方法。

>> 通过Python将数据装载到不同目标系统的方法。

>> 数据仓库数据装载场景的说明。

# 7.1 数据仓库ETL技术

根据数据装载发生在数据流的不同阶段，数据处理过程可划分为ETL和ELT。通过第5、6、7章可以对使用Excel、Python构建数据仓库有具体的认识，但要注意数据仓库ETL是一种方法论，实践时不限于本书介绍的工具。下面将对ETL技术进行总体论述。

## 7.1.1 ETL

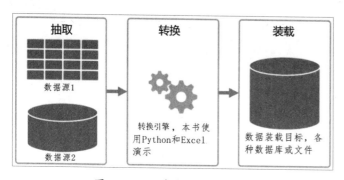

图7-1　ETL各数据处理阶段

ETL通过抽取、转换和装载操作构建了一个数据管道，用于从各种数据源中收集数据，根据业务需要转换数据，然后将数据导入目标系统。ETL的转换操作在专用转换引擎中完成，通常会使用临时表来保存转换的中间数据，全部处理完成后再导入其他目标系统。图 7-1 所示为ETL各数据处理阶段。

通常ETL的 3 个阶段是可以同时进行的。在从数据源中抽取数据时，转换引擎就可以处理已收到的数据，并同时将处理好的数据导入目标系统。

## 7.1.2 ELT

ELT的执行步骤是抽取、装载和转换，与ETL的唯一不同在于数据转换的发生位置。在 ELT 中，数据转换发生在目标系统中，在不使用单独的转换引擎的情况下，使用目标系统的功能进行数据转换。图 7-2 所示为ELT各数据处理阶段。

ELT中没有单独的转换引擎，从而简化了数据处理过程的体系结构，

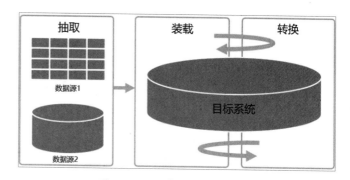

图7-2　ELT各数据处理阶段

同时提升了目标数据存储与管道性能。ELT仅在目标系统足够强大，可以有效转换数据时才能正常工作。因此ELT常用于大数据领域，可将所有源数据提取到Hadoop分布式文件系统中，然后使用Spark、Hive等计算引擎处理源数据。

## 7.2 通过Excel装载数据

Excel可以无缝对接Excel文件、CSV文件、SharePoint、Power BI等几个特定的文件类型或微软官方产品，其他目标系统需要借助特定工具或编程语言才能完成对接。

### 7.2.1 保存为CSV文件

Excel能自动转换、打开以逗号作为分隔符的CSV文件，也能将数据保存为CSV文件，但无法将多工作表数据保存为CSV文件。将Excel数据保存为CSV文件的操作步骤如下。

（1）使用Excel打开第3章中构建的"data.xlsx"文件。

（2）使用"文件"→"另存为"功能，选择要另存为的路径。

（3）在保存类型下拉列表中，选择"CSV UTF-8(逗号分隔)(*.csv)"，如图7-3所示。

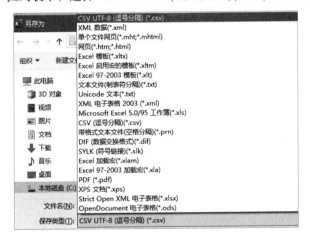

图7-3  保存为CSV文件

### 7.2.2 保存为HTML文件

将Excel数据保存为HTML文件，有利于将数据集成到网站中，可以方便地分享经过分析处理的数据。将Excel数据保存为HTML文件的操作步骤如下。

（1）使用Excel打开第6章中构建的"stock_result.xlsx"文件。

（2）使用"文件"→"另存为"功能，选择要另存为的路径。

（3）在保存类型下拉列表中，选择"网页(*.htm;*.html)"。

将Excel数据保存为HTML文件时，可以选择整个工作簿，也可以选择部分工作表，如图7-4所示。

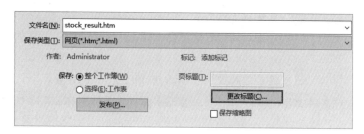

图7-4　保存为HTML文件

### 7.2.3　保存为XML文件

将Excel数据保存为XML文件后，可作为网络通信中的信息载体。配置、使用XML文件有困难的读者，可以先使用Excel处理数据，然后保存为XML文件，但该方法有一个限制是无法将多工作表的数据保存为XML文件。将Excel数据保存为XML文件的操作步骤如下。

（1）使用Excel打开第3章中构建的"data.xlsx"文件。

（2）使用"文件"→"另存为"功能，选择要另存为的路径。

（3）在保存类型下拉列表中，选择"XML电子表格 2003(*.xml)"。

需要注意的是如果选择"XML 数据(*.xml)"，将提示"不包含XML映射"的错误。

### 7.2.4　发布到SharePoint

SharePoint能将来自不同系统的信息集成到一个解决方案中。可将Excel文件发布到SharePoint，将Excel数据作为交互式网页的内容。将Excel数据发布到SharePoint的操作步骤如下。

（1）打开要发布的Excel文件，然后使用"文件"→"另存为"功能。

（2）如果曾经发布到过SharePoint，则会看到有SharePoint选项，可直接使用。

（3）如果是第一次发布到SharePoint，在文件名输入框中填写有效的SharePoint网站地址即可。

（4）若要选择发布单个工作表，单击"浏览器视图选项"，选择要发布的工作表即可。

### 7.2.5　发布到Power BI

Power BI能从Excel或数据库中获取数据、生成报表并发布。Excel 2016 及更高版本可以直接将数据发布到 Power BI。将Excel数据发布到Power BI的操作步骤如下。

（1）使用Excel打开第6章中构建的"stock_result.xlsx"文件。

（2）单击"文件"→"另存为"→"发布"功能，选择"发布到Power BI"。

需要注意的是，Power BI需要使用微软账号登录，不能发布空文档，不能发布加密或受保护的文档。

（3）成功登录微软账号后，可以看到两种发布方式，分别是"上载"和"导出"，如图 7-5 所示。

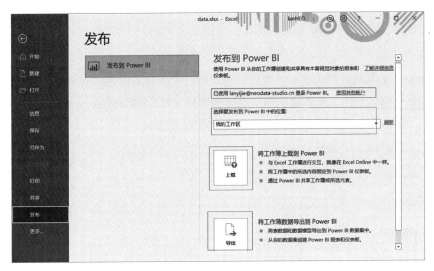

图7-5　通过上载、导出发布到Power BI

（4）根据"上载""导出"的相关说明，选择合适的方式。

## 7.2.6　发布到OneDriver

OneDrive是微软推出的个人云存储空间。将Excel数据发布到OneDriver的操作步骤如下。

（1）使用Excel打开第 6 章中构建的"stock_result.xlsx"文件。

（2）使用"文件"→"另存为"→"添加位置"→"OneDriver"功能。

使用微软账号登录OneDriver后，即可在另存为界面中看到"OneDrive"选项。

（3）将Excel数据发布到OneDriver。

如图 7-6 所示，选择OneDrive路径保存Excel数据。

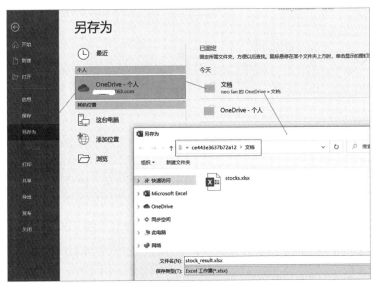

图7-6　发布到OneDriver

## 7.3 通过 Python 装载数据

通过 Python 几乎能将数据装载到任何目标系统中，本节主要介绍如何将 Pandas DataFrame 类型数据写入不同的目标系统中。读者可参考本书代码素材文件 "7-3-target.ipynb" 进行学习。

### 7.3.1 写入 HDF5 文件

HDF5 是一种常见的跨平台数据储存格式，可以在不同类型的机器上传输，是高效存储和分发数据的新型数据格式。

#### 1. to_hdf 方法

使用 to_hdf 方法将 DataFrame 类型数据保存为 HDF 格式数据。to_hdf 方法中有几个重要的参数：path_or_buf 参数是必须的，表示文件的名称，可包含完整的路径；key 参数是必须的，表示存储区中组的标识符。

#### 2. 调用操作

以下代码演示了使用 to_hdf 方法将 Excel 数据写入 HDF 文件。

```
import pandas as pd # 导入 Pandas 库
df=pd.ExcelFile("../chapter6/stock_result.xlsx") # 读取 "stock_result.xlsx" 文件数据
df.sheet_names        # 查看有哪些工作表
 # 结果:
 [' 追加 1',
 ' 资源股指数 ',
 ' 制造股指数 ',
 ' 指数信息 ',
 ' 医药股指数 ',
 ……]
union_df = pd.read_excel("../chapter6/stock_result.xlsx",sheet_name=' 追加 1')
union_df.to_hdf(path_or_buf = 'append.hdf',key='append')   # 将数据保存为 append.hdf
```

### 7.3.2 写入关系数据库

第 5 章介绍数据抽取时说明了各数据库的 Python 驱动包的安装、配置方法，调用驱动包中的函数即可连接、操作数据库，在此基础上 DataFrame 类型数据可使用类中的 to_sql 方法写入数据库。

#### 1. to_sql 方法

to_sql 方法基于 SQLAlchemy 包统一各数据库的访问接口，但安装数据库的驱动包是无法省略的。SQLAlchemy 包可通过 pip 工具安装。

使用to_sql方法将DataFrame数据写入数据库，其中有几个重要的参数：参数name是必须的，表示数据库中的表名；参数con是必须的，表示数据库的连接字符串。

**2. 调用操作**

通过to_sql方法将"stock_result.xlsx"文件中的"追加1"工作表写入关系数据库，操作前需要确保已经安装了SQLAlchemy包。

（1）写入SQLite数据库。

Python原生支持SQLite数据库，不需要安装任何数据库驱动。

```
#1- 将数据插入 SQLite 数据库
import pandas as pd        # 导入 Pandas 库
from sqlalchemy import create_engine    # 导入 create_engine 函数
engine = create_engine('sqlite:///append.db', echo=True)       # 创建数据库 append.db
union_df = pd.read_excel("../chapter6/stock_result.xlsx",sheet_name=' 追加 1')
                                                               # 读取数据
union_df.to_sql('appendunion_df', con=engine)                  # 将数据写入数据库
# 输出结果会自动创建表并插入数据的 SQL 语句
  2021-03-18 15:00:31,867 INFO sqlalchemy.engine.base.Engine
CREATE TABLE appendunion_df (
    "index" BIGINT,
    " 股票代码 " TEXT,
    " 一年的某一周 " BIGINT,
    " 最大值 " FLOAT,
    " 最小值 " FLOAT,
    " 中值 " FLOAT
)
……
2021-03-18 15:00:31,897 INFO sqlalchemy.engine.base.Engine INSERT INTO appendunion_
df
("index", " 股票代码 ", " 一年的某一周 ", " 最大值 ", " 最小值 ", " 中值 ") VALUES (?, ?, ?, ?,
?, ?)
#2- 插入数据后，使用 SQL 查询数据，然后调用 fetchall 函数，结果以列表形式返回
engine.execute("SELECT * FROM appendunion_df ").fetchall()
# 输出结果:
  [(0, 'sh.000018', 2, 5729.304, 5571.2186, 5669.4676),
  (1, 'sh.000018', 3, 5891.249, 5689.1824, 5843.417), ……
```

（2）将数据写入Oracle数据库。

确保已经安装了Oracle数据库驱动包，然后配置Oracle数据库的连接字符串，最后向Oracle数据库中插入数据，如下代码所示。

```
#1- 创建 Oracle 数据库连接
engine_oracle = create_engine('oracle+cx_oracle://system:123456@orcl',echo=True)
# 调用 to_sql 方法将数据保存到 Oracle 数据库
```

```
union_df.to_sql('appendunion_df', con=engine_oracle)
# 输出结果，创建对应的表语句和数据插入语句
 ......
 2021-03-18 15:14:28,771 INFO sqlalchemy.engine.base.Engine
CREATE TABLE appendunion_df (
    "index" NUMBER(19),
    " 股票代码 " CLOB,
    " 一年的某一周 " NUMBER(19),
    " 最大值 " FLOAT,
    " 最小值 " FLOAT,
    " 中值 " FLOAT
)......
 2021-03-18 15:14:28,880 INFO sqlalchemy.engine.base.Engine INSERT INTO appendunion_
df ("index", " 股票代码 ", " 一年的某一周 ", " 最大值 ", " 最小值 ", " 中值 ") VALUES (:"index",
:" 股票代码 ", :" 一年的某一周 ", :" 最大值 ", :" 最小值 ", :" 中值 ")
```

（3）将数据插入SQLServer数据库。

确保已经安装了SQLServer数据库驱动包，然后配置SQLServer数据库的连接字符串，最后向SQLServer数据库中插入数据，如下代码所示。

```
#1- 创建 SQLServer 数据库连接
engine_sqlserver = create_engine('mssql+pymssql://sa:xxxxxx@localhost/
test',echo=True)
# 调用 to_sql 方法将数据保存到 SQLServer 数据库
union_df.to_sql('appendunion_df', con=engine_sqlserver)
 # 输出结果中包括对应的建表和插入数据的 SQL 语句
 ......
 2021-03-18 15:27:43,377 INFO sqlalchemy.engine.base.Engine
CREATE TABLE appendunion_df (
    [index] BIGINT NULL,
    [ 股票代码 ] VARCHAR(max) NULL,
    [ 一年的某一周 ] BIGINT NULL,
    [ 最大值 ] FLOAT(53) NULL,
    [ 最小值 ] FLOAT(53) NULL,
    [ 中值 ] FLOAT(53) NULL
)......
2021-03-18 15:27:43,400 INFO sqlalchemy.engine.base.Engine INSERT INTO
appendunion_df ([index], [ 股票代码 ], [ 一年的某一周 ], [ 最大值 ], [ 最小值 ], [ 中值 ])
VALUES
(%(index)s, %( 股票代码 )s, %( 一年的某一周 )s, %( 最大值 )s, %( 最小值 )s, %( 中值 )s)......
```

### 7.3.3 生成HTML文件

使用to_html方法将DataFrame类型数据转换为HTML表格，演示代码如下。

```
union_df.to_html()              # 将 DataFrame 类型数据转换为 HTML 表格
  # 返回结果如下所示:
  <table border="1" class="dataframe">\n    <thead>\n      <tr style="text-align:
right;">\n          <th></th>\n      <th> 股票代码 </th>\n        <th> 一年的某一周 </th>\n
<th> 最大值 </th>\n        <th> 最小值 </th>\n        <th> 中值 </th>\n ……
```

### 7.3.4 保存到 JSON 文件

配置 JSON 格式数据有困难的读者,可以先使用 Pandas 包中的函数读取数据,生成 DataFrame 类型的数据,然后调用 to_json 方法将数据转换为 JSON 字符串。

#### 1. to_json 方法

使用 to_json 方法将 DataFrame 类型数据转换为 JSON 字符串,需要注意 NaN 和 None 将被转换为 null,datetime 对象将被转换为 UNIX 时间戳。to_json 方法中有几个重要的参数:参数 path_or_buf 表示保存 JSON 数据文件的名称,若没有填写则返回 JSON 字符串;参数 orient 表示 JSON 内容格式。

#### 2. 调用操作

参数 orient 用于指定 JSON 字符串的格式,如下代码所示,图 7-7 所示为不同参数值对应的 JSON 数据格式。

```
#orient 值为 split,将以索引、列、数据为单位分别构建 JSON 数据
str_json = union_df.to_json('str_json_split.json',orient="split")
#orient 值为 records,将以行为单位构建 JSON 数据
str_json = union_df.to_json('str_json_records.json',orient="records")
#orient 值为 index,将以索引为单位构建 JSON 数据
str_json = union_df.to_json('str_json_index.json',orient="index")
```

图7-7　保存为 JSON 内容的格式

可以发现 records 格式和 index 格式对应的 JSON 数据格式类似,分别以每行作为一个单元,而

spilit格式则将行、列、数据分开存放。

### 7.3.5 保存为LaTeX数据

LaTeX是一种基于TEX排版系统的格式，使用LaTeX可以生成具有出版质量的数据格式。

#### 1. to_latex方法

使用to_latex方法可以将DataFrame类型数据保存为LaTeX格式数据，to_latex方法中有几个参数：buf参数表示保存LaTeX数据文件的名称，若没有填写则以字符串形式返回；col_space参数表示每列的最小宽度；index参数表示数据带有行名。

#### 2. 调用执行

```
print(union_df.to_latex(index=False))    # 以 LaTeX 格式输出数据
#结果样式:
  \begin{tabular}{lrrrr}
\toprule
       股票代码 &    一年的某一周 &        最大值 &        最小值 &        中值 \\
\midrule
  sh.000018 &        2 &    5729.3040 &    5571.2186 &    5669.46760 \\
  sh.000018 &        3 &    5891.2490 &    5689.1824 &    5843.41700 \\
  sh.000018 &        4 &    5963.8692 &    5890.9332 &    5935.00200 \\
  sh.000018 &        5 &    5796.0681 &    5692.7532 &    5725.16620 \\
```

### 7.3.6 保存为Parquet格式数据

Parquet是Hadoop大数据生态圈中主流的列式存储格式。Parquet提供了更高的压缩比，更小的IO操作。

#### 1. to_parquet方法

使用to_parquet方法将DataFrame类型数据写入parquet文件中，并设置构建parquet的后端引擎与压缩率。其中参数path表示保存的parquet数据文件的名称，如果没有填写则返回字节对象；参数engine指定parquet后端引擎，默认使用pyarrow，如果未安装则尝试使用fastparquet；参数compression表示数据的压缩方式。

#### 2. 调用执行

```
union_df.to_parquet(path='append.parquet.gzip',  #保存的文件名
              engine='auto',  #使用 auto 值，先尝试使用 pyarrow，再尝试使用 fastparquet
              compression='gzip')               #压缩方式
pd.read_parquet('append.parquet.gzip')          #读取查看
 #输出结果:
```

|   | 股票代码 | 一年的某一周 | 最大值 | 最小值 | 中值 |
|---|---------|------------|--------|--------|------|
| 0 | sh.000018 | 2 | 5729.3040 | 5571.2186 | 5669.46760 |
| 1 | sh.000018 | 3 | 5891.2490 | 5689.1824 | 5843.41700 |

## 7.3.7 转换为NumPy数据

使用 to_records 方法将 DataFrame 类型数据转换为 NumPy 记录数组。将 DataFrame 标签作为字段，DataFrame 的每行数据作为 NumPy 数组的元素，如下代码所示。

```
union_df.to_records()          #转换操作
#返回结果
rec.array([( 0, 'sh.000018', 2,  5729.304 ,  5571.2186, 5669.4676 ),
           ( 1, 'sh.000018', 3,  5891.249 ,  5689.1824, 5843.417  ),
           ( 2, 'sh.000018', 4,  5963.8692, 5890.9332, 5935.002  ),
......
dtype=[('index', '<i8'), ('股票代码', 'O'), ('一年的某一周', '<i8'), ('最大值',
'<f8'), ('最小值', '<f8'), ('中值', '<f8')])
```

## 7.3.8 生成Markdown格式数据

Markdown 是一种轻量级标记语言，使用易读、易写的纯文本格式编写文档，可以导出为HTML、Word、图像、PDF、Epub 等格式的文件。使用 to_markdown 方法前需确保已经安装了tabulate 包。

```
#1- 安装 tabulate 包
PS C:\Users\Administrator> pip install tabulate
Collecting tabulate
  Downloading tabulate-0.8.9-py3-none-any.whl (25 kB)
#2- 调用执行
print(union_df.to_markdown())
#输出结果
|   | 股票代码     | 一年的某一周 | 最大值  | 最小值  | 中值    |
|---:|:----------|------------:|--------:|--------:|--------:|
| 0 | sh.000018 |          2 | 5729.3  | 5571.22 | 5669.47 |
| 1 | sh.000018 |          3 | 5891.25 | 5689.18 | 5843.42 |
| 2 | sh.000018 |          4 | 5963.87 | 5890.93 | 5935    |
......
```

## 7.3.9 总结

本小节对比 Excel 和 DataFrame 数据装载目标系统，并讨论如何有效利用二者的优势进行集成。

### 1. 装载的目标

Excel数据装载的目标是常规文件或微软官方产品，而DataFrame类型数据可以装载到常规文本文件、数据库、特定格式文件。二者装载的目标的差异如表7-1所示。

表7-1　Excel与DataFrame装载的目标

| 目标对象 | Excel的装载方式 | DataFrame的装载方式 |
|---|---|---|
| 常用文本文件 | 可装载到 JSON、XML、HTML、CSV、TXT 等格式文件 | 可装载到JSON、CSV、TXT、HTML等格式文件 |
| 系统平台或特殊格式 | 可装载到微软官方产品，如SharePoint、Power BI 等 | 可装载到Stata、LaTeX、Parquet等格式文件 |
| 数据库 | 无法直接装载到数据库 | 使用to_sql方法装载到各数据库 |

### 2. 结合使用

从表 7-1 中可知Excel与Python数据装载目标是互补的，有效结合使用二者可以拓宽数据装载目标的范围，以完成更多场景的数据装载。

## 7.4 数据装载策略

本节将对数据装载策略进行说明，内容可归纳为：将多少数据，以何种频率，采用何种方式装载到目标系统中。

### 7.4.1 装载的方式

数据量的多少、更新变化的频率决定装载数据的方式是全量装载还是增量装载。全量装载是将全部数据一次性装载到目标系统中；增量装载仅将更新的数据装载到目标系统中。

#### 1. 使用Excel装载

在数据量不大的情况下，可以使用Excel以全量方式装载数据。Excel以替换、覆盖的方式对CSV、XLSX、XML等文件实现全量装载。Excel不能增量装载数据，需要通过外部工具或编程语言实现。

#### 2. 使用Python装载

如果装载的目标是文件，可以以追加方式将数据写入文件实现增量装载，删除文件或清空内容，然后将全部数据写入文件实现全量装载。如果装载的目标是数据库，可以向表中插入新数据实现增量装载，将表数据清空后重新插入数据实现全量装载。

### 7.4.2 装载的频率

装载频率受抽取频率影响，可分为一次性装载和固定频率装载。一次性装载往往是对历史数据进行一次性的处理，固定频率装载即排除历史数据后按一定时间频率装载新数据，常用的频率有：小时、天、月，根据实际业务需求设定即可。

对于Excel可使用"数据"→"查询连接"→"全部刷新"功能；通过配置调度系统的执行Python脚本，实现数据的周期性装载。

### 7.4.3 操作的方式

先判断装载数据的方式，然后实施对应的装载操作，操作的方式有：插入操作、更新操作、标识更新。

（1）插入操作。

执行插入操作的场景包括：将数据插入目标系统中；原始数据发生更新但是需要保存历史数据，将变更的数据作为新数据插入目标系统中。

（2）更新操作。

原始数据发生更新，但不需要保存历史数据，在目标系统中以更新的方式处理。

（3）标识更新。

需要保存和区分更新、删除的数据，在装载数据时添加一列用于标识数据的状态。

# 第 **8** 章

## 数据建模

前面的章节中处理的都是单份数据，对于多份且有关联的数据，需要使用新的方法处理，即本章将要介绍的数据建模方法。数据建模的概念是：组织数据并构建数据间的关系。

### 本章主要知识点

>> 数据分析模型：三种主要的数据建模方式。

>> 认识Power Pivot：认识和安装Excel Power Pivot。

>> 使用Power Pivot构建模型：学习使用Power Pivot构建数据模型。

>> 使用Python构建数据模型：通过SQLAlchemy包构建数据模型。

>> 对比Excel、Python构建数据模型的方法。

## 8.1 数据模型相关概念

数据模型是数据特征的抽象，集成了不同数据源中的数据，基于数据模型可以进行数据分析、挖掘。三种常用的数据模型分别是关系模型、维度模型、Data Valut模型，后两种模型是在关系模型的基础上构建的，本章主要介绍关系模型。

### 8.1.1 关系模型

世间万物不会独立存在，它们以各种关系联系在一起，构建数据模型的目的就是描述这些关系。如"双十一"购物节的销售单数据，相关实体对象有：销售商、顾客、商品、电商平台、物流平台等，仅凭一张销售单就能将这些对象联系在一起，构建一个现实的销售模型。

构建关系模型基于三范式建模法，表 8-1 所示为关系模型三范式的说明。

表8-1　关系模型三范式

| 范式 | 说明 |
|---|---|
| 第一范式 | 表中的列只含有原子性（不可再细化）数据，数据不具有多义性 |
| 第二范式 | 满足第一范式的前提下，表中要有主关键字列，通过主键唯一标识一条记录 |
| 第三范式 | 满足第二范式的前提下，非主键列要依赖于主键，即没有传递依赖 |

下面对三范式的相关操作进行举例说明。

#### 1. 认识第一范式

假设有一份销售数据，如图 8-1 所示，表中包含商品销售的具体信息，其中销售单号是唯一的。观察数据中"商品""数量"两列数据，发现不符合第一范式的只含有原子性数据的要求，如订单A001 的"商品"和"数量"列中有两个数值。将包含多份商品的订单拆分为两条。

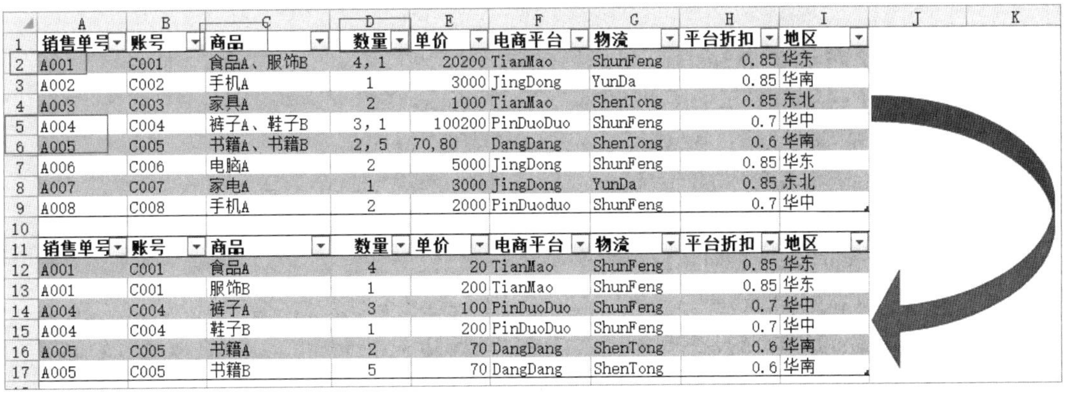

图8-1　第一范式模拟处理

### 2. 认识第二范式

通过第一范式将数据拆分后，发现销售单号重复，不符合第二范式的唯一性要求。为了让数据符合第二范式的要求，需要对重复的销售单号进行修改。如图 8-2 所示，处理后销售单号是唯一的，起到了主键的作用。

| 销售单号 | 账号 | 商品 | 数量 | 单价 | 电商平台 | 物流 | 平台折扣 | 地区 |
|---|---|---|---|---|---|---|---|---|
| A001 | C001 | 食品A | 4 | 20 | TianMao | ShunFeng | 0.85 | 华东 |
| A001 | C001 | 服饰B | 1 | 200 | TianMao | ShunFeng | 0.85 | 华东 |
| A004 | C004 | 裤子A | 3 | 100 | PinDuoDuo | ShunFeng | 0.7 | 华中 |
| A004 | C004 | 鞋子B | 1 | 200 | PinDuoDuo | ShunFeng | 0.7 | 华中 |
| A005 | C005 | 书籍A | 2 | 70 | DangDang | ShenTong | 0.6 | 华南 |
| A005 | C005 | 书籍B | 5 | 70 | DangDang | ShenTong | 0.6 | 华南 |

| 销售单号 | 账号 | 商品 | 数量 | 单价 | 电商平台 | 物流 | 平台折扣 | 地区 |
|---|---|---|---|---|---|---|---|---|
| A001 | C001 | 食品A | 4 | 20 | TianMao | ShunFeng | 0.85 | 华东 |
| A0010 | C001 | 服饰B | 1 | 200 | TianMao | ShunFeng | 0.85 | 华东 |
| A004 | C004 | 裤子A | 3 | 100 | PinDuoDuo | ShunFeng | 0.7 | 华中 |
| A0014 | C004 | 鞋子B | 1 | 200 | PinDuoDuo | ShunFeng | 0.7 | 华中 |
| A005 | C005 | 书籍A | 2 | 70 | DangDang | ShenTong | 0.6 | 华南 |
| A0015 | C005 | 书籍B | 5 | 70 | DangDang | ShenTong | 0.6 | 华南 |

图8-2　第二范式模拟处理

### 3. 认识第三范式

经过前两步操作，表中数据已经基本符合关系模型的要求，但"平台折扣"列不符合第三范式的要求。平台折扣并不依赖于主键(销售单号)，而是依赖于"电商平台"列。处理方式为添加"电商平台"表，记录对应的折扣信息，如图 8-3 所示。原表中的"平台折扣"列被删除，但可通过"电商平台"列与"电商平台"表关联相关数据。

图8-3　第三范式模拟处理

### 4. 模型中的关系

下面对主键、外键、关系类型进行说明。

（1）理解主键与外键。

主键的特点是唯一性，通过主键可以唯一标识一条记录，如学生学号、车牌号等都是唯一的，可作为主键使用。而外键是相对于主键而言的，外键主要用于维护两个表之间数据的一致性。

（2）区分关系的类型。

关系模型中的关系可分为一对一、一对多、多对多。图 8-3 中体现的就是一对多的关系，"电商平台"表中的一条记录可对应"销售"表中的多条记录；销售模型中的电商平台与物流平台就是多对多的关系；纯粹的一对一的关系多是对统一对象的拆分表示，以便查询或更符合业务场景。

## 8.1.2 多维度建模

### 1. 如何理解维度建模

维度模型能以不同维度（角度）对数据进行分析和挖掘。从不同维度分析同一份数据，会得到不同的分析结果。以"盲人摸象"的故事类比：摸到大象的身体，就认为大象像一堵墙；摸到大象的尾巴，就认为大象像绳子；摸到大象的耳朵，就认为大象像扇子……如果分析数据的维度像"盲人摸象"一样单一、片面的话，就会产生认知偏差，从而做出错误的决策。下面以销售模型数据为例进行多维度分析。

（1）从地区维度来看，华南地区的销售额最高，华东地区的销售额最低。

（2）从地区与电商平台 2 个维度来看，TianMao 平台在华南地区的销售额最低，在华东地区的销售额最高。

（3）从时间维度来看，有可能出现的情况是 2021 年 11 月的销售额同比降低，而 2021 年 11 月 10 日的销售额同比升高。

通过本例可以发现，从不同维度或不同维度组合分析数据会得到不同的分析结果，即便从单个维度分析，维度的层级不同，分析结果也会不同。

### 2. 建模中划分的表类型

维度建模中会将表划分为事实表、维度表，以"星型模型"与"雪花模型"呈现。图 8-4 所示为星型模型，该模型中维度表环绕事实表排列。

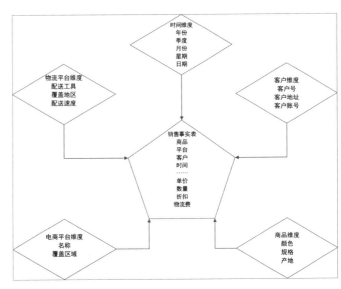

图 8-4　星型模型

### 8.1.3 测试数据说明

本小节将对构建数据模型的测试数据AdventureWorks进行说明。AdventureWorks是微软提供的测试、学习用的数据库，是基于虚构的公司构建的销售数据，本章使用这份数据构建关系模型。

#### 1. 使用的表数据

本章使用Power Pivot构建模型时模拟数据来自不同的数据源，分别从数据库、平面文件、Linked Table数据源获取数据。如果读者没有数据库环境，可直接使用本书提供的CSV文件进行操作，具体文件说明如表 8-2 所示。

**表8-2 构建模型用的CSV文件**

| 文件名 | 说明 |
| --- | --- |
| Customer.csv | 包含客户信息数据，主键为 CustomerID |
| Product.csv | 包含产品信息数据，主键为 ProductID，ProductCategoryID是外键，表示产品分类 |
| ProductCategory.csv | 包含产品分类数据，主键为 ProductCategoryID |
| SalesOrderDetail.csv | 包含销售明细数据，复合主键为 SalesOrderID、SalesOrderDetailID |
| SalesOrderHeader.csv | 包含销售明细表头数据，主键为 SalesOrderID |

#### 2. 数据关系

用于演示构建模型的数据表的关系如图 8-5 所示，表间的连线表示它们之间有关联。连线一端的钥匙符号表示关系中的主键，连线另一端的"∞"符号表示一对多的关系。

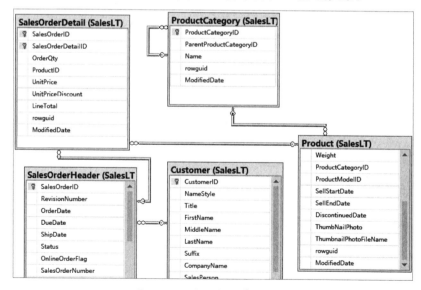

图8-5 测试用数据表的关系

## 8.2 使用Power Pivot构建数据模型

Power Pivot是功能强大的数据分析和数据建模工具，与前面章节中介绍的Power Query有部分功能重合，但二者有不同的功能定位。Power Query的功能侧重于数据的连接、导入、探索，Power Pivot的核心功能是构建数据模型。

### 8.2.1 启用Power Pivot

#### 1. Excel对Power Pivot的支持

使用Power Pivot前需要先确定Excel的版本，表8-3所示为支持Power Pivot的Excel版本。

**表8-3 支持Power Pivot的Excel版本**

| Excel版本 | 对Power Pivot的支持 |
|---|---|
| Excel 2019 | Office 2019专业版、小型企业版、家庭版和学生版 |
| Excel 2016 | Office 2016专业增强版、Excel 2016独立版 |
| Excel 2013 | Office 2013专业增强版、Excel 2013独立版 |
| Excel 2010 | 需要单独下载、安装Power Pivot插件 |

#### 2. 启用Power Pivot

打开Excel 2019，若没有Power Pivot选项卡，可按照以下步骤启用Power Pivot，如图8-6所示。

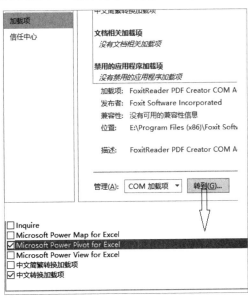

图8-6 启用Power Pivot

（1）单击"文件"→"选项"。

（2）单击"加载项"→"管理"→"COM加载项"→"转到"按钮。

（3）勾选"Microsoft Power Pivot for Excel"复选框，单击"确定"按钮。

## 8.2.2 认识Power Pivot

### 1. 打开Power Pivot

单击"Power Pivot"选项卡→"数据模型"组→"管理"功能，打开Power Pivot窗口，如图 8-7 所示。

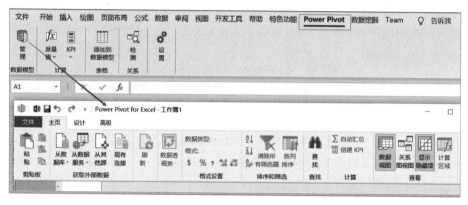

图8-7　打开Power Pivot窗口

### 2. Power Pivot功能概览

如图 8-8 所示，Power Pivot功能区中有 3 个选项卡。通过"主页"选项卡中的功能，可以从各种不同的数据源中加载数据、设置数据格式、排序筛选数据、查看关系等；通过"设计"选项卡中的功能，可以设计模型中各表的关系、向模型中添加列、添加计算等；通过"高级"选项卡中的功能，可以管理数据模型视图、设置默认汇总方式等。

图8-8　Power Pivot功能区

## 8.2.3 构建Power Pivot关系模型

通过Power Pivot模拟从各种数据源中获取AdventureWorks数据，然后构建关系模型。没有数据库环境的读者，可使用本书提供的CSV文件进行操作。

**1. 将数据库中的数据添加到模型中**

Power Pivot可以从主流数据库中获取数据，下面演示从SQL Server数据库中获取数据。

（1）使用"主页"→"获取外部数据"→"从数据库"→"从SQL Server"功能，如图 8-9 所示。

从其他数据库获取数据的入口也在该选项卡中，但需使用"从其他源"功能。

图8-9 使用"从SQL Server"功能

（2）配置连接数据库的信息。

如图 8-10 所示，填写服务器、登录账号，选择要连接的数据库，单击"测试连接"按钮验证能否连接。

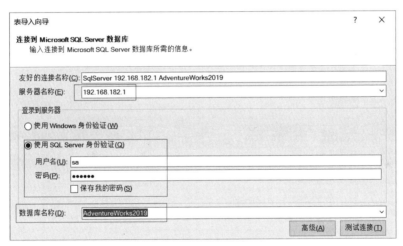

图8-10 配置连接数据库信息

（3）选择导入数据的方式。

如图 8-11 所示，从数据库中导入数据有 2 种方式，分别是"从表和视图的列表中进行选择"和"编写用于指定要导入的数据的查询"，本例使用"从表和视图的列表中进行选择"方式获取数据。

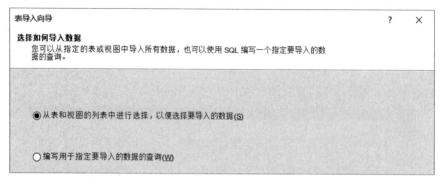

图8-11　选择导入数据的方式

（4）选择用于构建模型的表。

如图 8-12 所示，只选择SalesOrderDetail、SalesOrderHeader 两张表导入，成功导入数据后，可以在Power Pivot工作区中看到两张表，并自动生成表间关系。

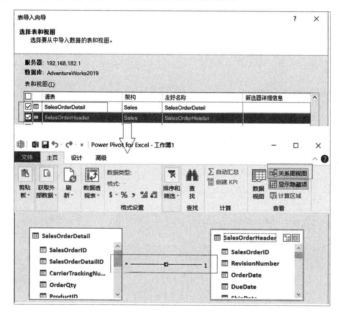

图8-12　选择表自动生成关系

### 2. 将文件数据添加到模型中

将 8.1.3 小节中说明的CSV 文件添加到上一步构建的数据模型中，具体操作方法如下。

（1）使用"主页"→"获取外部数据"→"从其他源"→"文本文件"功能。

（2）配置要导入文件的信息。

如图 8-13 所示，配置要导入文件的信息，在"友好的连接名称"输入框中输入有意义的信息；"文件路径"选择"Customer.csv"文件、"Product.csv"文件的路径；单击"高级"按钮，配置字符编码与语言；最后根据实际情况勾选"使用第一行作为列标题"复选框。

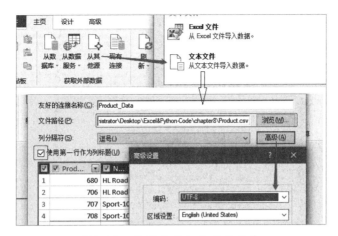

图8-13　配置要导入文件的信息

### 3. 通过Linked Table方式将数据添加到模型

通过Linked Table方式，可以将Excel工作表数据添加到数据模型中，具体操作方法如下。

（1）在打开Power Pivot的Excel中打开ProductCategory.csv文件

（2）将数据加载到数据模型中。

单击Excel中Power Pivot选项卡中的"添加到数据模型"功能，如图 8-14 所示，选中ProductCategory.csv文件的内容，根据实际情况勾选"我的表具有标题"复选框。

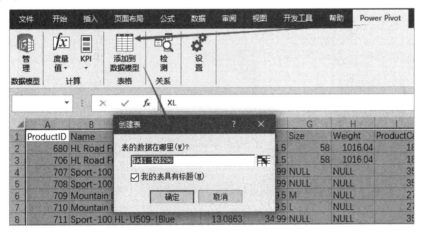

图8-14　通过Linked Table方式向模型中添加数据

### 4. 使用Power Pivot构建模型关系

通过第2、3步读取数据表后，单击"主页"→"关系图视图"功能查看已经构建的关系，如图 8-15 所示。从图中可以看到SalesOrderDetail、SalesOrderHeader这两张表已经被连接在一起，它们是从关系数据库中获取的表，因此表间关系也从数据库中继承。而Customer、Product、

ProductCategory表是从不同源导入的,需要手动配置它们之间的关系。Power Pivot中有 3 种构建模型关系的方法,下面分别进行说明。

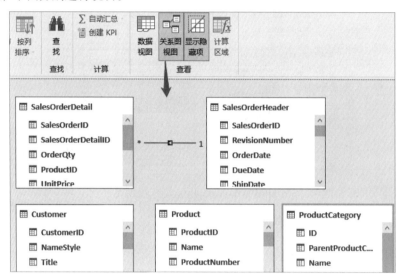

图8-15    关系图视图

(1)单击"设计"→"创建关系"功能,出现如图 8-16 所示的"创建关系"窗口。

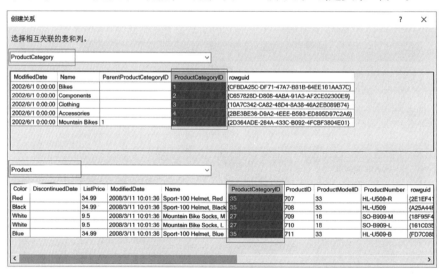

图8-16    "创建关系"窗口

选择 Product 表与 ProductCategory 表,分别选中 Product 表与 ProductCategory 表的 ProductCategoryID列,若没有提示错误,单击"确认"按钮,两张表的关系即创建完成。

(2)单击"主页"→"关系图视图"功能,拖曳表中的列构建关系。

如图 8-17 所示,在 Customer 表的 CustomerID 列上按住鼠标左键,拖曳至 SalesOrderHeader 表的 CustomerID 列上,释放鼠标左键后两张表之间的关系即构建完成。

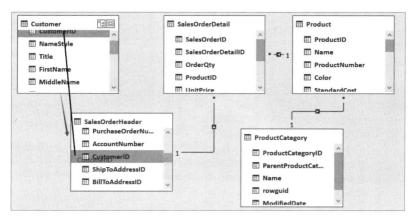

图8-17　在关系图视图中构建关系

如果两表间的关系方向反了，有两种调整方式：从 SalesOrderHeader 表向 Customer 表拖曳列；使用"设计"选项卡下的"管理关系"功能。

（3）使用右键功能菜单中的"创建关系"功能。

如图 8-18 所示，在"数据视图"或"关系图视图"模式下，右击 Product 表中的 ProductID 列，在功能菜单中选择"创建关系"功能，在配置窗口中选择 Product 表和 SalesOrderDetail 表中的 ProductID 列构建关系。

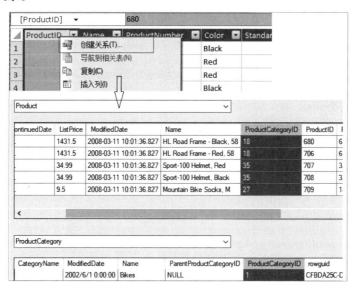

图8-18　通过右键功能菜单构建关系

## 5. Power Pivot中的关系类型

图 8-19 所示为 Power Pivot 数据模型中的表关系。在 Power Pivot 中可构建一对一、一对多关系，多对多关系则需要借助中间表来构建。图中体现的关系的连线两端分别是"1"和"*"，表示一对多的关系。

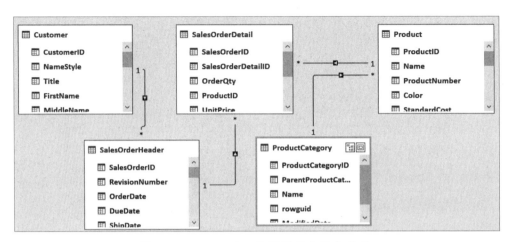

图 8-19　Power Pivot 数据模型中的表关系

表 ProductCategory 中的 ProductCategoryID 列和 ParentProductCategoryID 列是自关联关系。Power Pivot 中无法在一张表上构建自关联关系，可以将 ProductCategory 表数据再次添加到模型中，并将表重命名为 "Category"，然后构建 Category 表中 ProductCategoryID 列与 ProductCategory 表中 ParentProductCategoryID 列的关系。

### 6. 在Power Pivot中管理关系

单击 "设计" 选项卡中的 "管理关系" 功能，打开如图 8-20 所示的 "管理关系" 界面，模型中的所有关系及状态以列表形式展示，可对关系进行创建、编辑、删除操作。

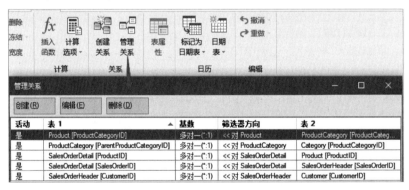

图 8-20　管理关系界面

### 7. Power Pivot模型的保存方式

模型构建完成后，单击 "文件" → "保存" 功能保存模型，返回 Excel 窗口，将数据保存为 "数据模型.xlsx"。下次使用模型时，只需打开 Excel 后单击 "Power Pivot" → "管理" 功能即可。

### 8.2.4　应用Power Pivot数据模型

接下来在构建好的模型上添加计算列、构建数据层级、数据透视，说明常见的数据应用方式。

**1. 向数据模型中添加新列**

在Power Pivot数据模型上添加列的方法有很多，各种方法的底层逻辑都是使用DAX表达式。下面介绍两种添加计算列的方法。

（1）在同一张表上添加列。

单击"主页"选项卡→"数据视图"功能，选中"Product"表，然后单击"设计"选项卡→"列"组→"添加"功能，如图8-21所示，在编辑栏中输入DAX公式"=[ListPrice]-[StandardCost]"，执行后即会添加名为"计算列1"的列，将列名修改为"利润"。

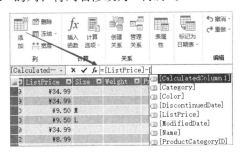

图8-21  通过添加功能添加列

（2）通过表间关系计算新列。

模型中每张表的最后都有一个名为"添加列"的空列，选中Product表中的"添加列"，在编辑栏中输入公式"=RELATED(Category[Name])"，执行后Product表中即会添加名为"计算列1"的列，列中数据为产品分类，将列名修改为"CategoryName"，如图8-22所示。使用同样的方法在"ProductCategory"表中添加产品分类列。

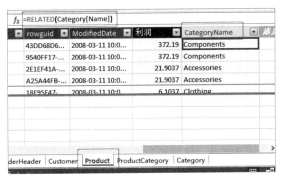

图8-22  通过表间关系计算新列

**2. 在数据模型中构建数据层级**

构建合理的数据层级，有助于数据透视分析，下面演示在表中构建数据层级的两种方法。

（1）使用右键功能菜单中的"创建层次结构"功能。

在"关系图视图"模式下右击"ProductCategory"表中的"CategoryName"列，打开功能菜单，单击"创建层次结构"功能，在表的最下方创建一个名为"层次结构1"的层级，且"CategoryName"

列已经在层级中，如图 8-23 所示，然后按住【Ctrl】键并单击鼠标左键将"Name"列拖曳到层级中，最后将层级名称修改为"产品层级"。

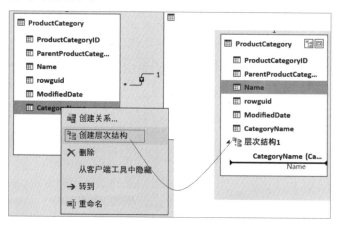

图8-23　通过右键功能菜单创建

（2）使用表右上角的"创建层次结构"功能。

在"关系图视图"模式下单击表右上角的"创建层次结构"功能，在表 Product 中添加名为"ProductHier"的层级，以这种方式创建的层级中没有默认的列，按住【Ctrl】键分别将"CategoryName"列和"Name"列拖曳到层级中，如图 8-24 所示。

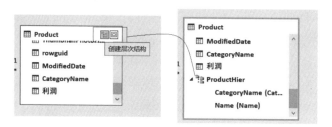

图8-24　使用表右上角的"创建层次结构"功能

### 3. 在数据模型上进行数据透视

在构建好的数据模型上进行数据透视，如图 8-25 所示，单击 Power Pivot 中的"主页"→"数据透视表"→"数据透视表"功能。

图8-25　Power Pivot 中的数据透视表功能

选择以"新工作表"方式创建数据透视表。图 8-26 中右侧的"数据透视表字段"与常规透视表最大的不同是可以使用多张表。将"Product"表中的"ProductHier"字段拖曳到"行"区域；将"SalesOrderDetail"表中的"UnitPrice"字段拖曳到"值"区域，设置为计算平均值；将"SalesOrderDetail"表中的"OrderQty""LineTotal"字段拖曳到"值"区域，设置为求和；将"Customer"表中的"SalesPerson"字段拖曳到"筛选"区域。图 8-26 左侧为按照产品层级进行汇总计算的结果，可以根据"销售员"对结果进行筛选。读者可打开本书素材文件"数据模型 .xlsx"直接查看透视效果。

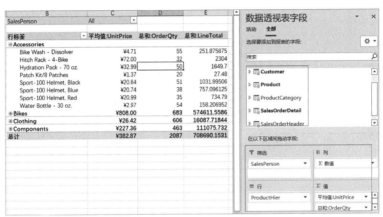

图8-26　数据透视表

## 8.3 使用SQLAlchemy构建模型

本节将介绍使用 Python SQLAlchemy 包构建数据模型，为了保持内容与 Power Pivot 一致，对 SQLAlchemy 包的讲解也分为启用、认识、构建、应用 4 个方面。SQLAlchemy 有两个模型，分别是 ORM 模型和关系数据模型。

### 8.3.1 启用SQLAlchemy

和其他 Python 包一样，SQLAlchemy 可以使用 pip 工具安装，但要注意与其他有关联的包的版本是否匹配。

#### 1. 安装SQLAlchemy

通过不同的平台或工具安装 SQLAlchemy 的方法略有不同，下面介绍 3 种安装方法。第一种方法是使用 pip 工具安装。

```
pip install sqlalchemy
```

第二种方法是针对 Anaconda 开发平台的，使用 conda 命令安装。

```
conda install -c anaconda sqlalchemy
```

第三种方法是下载 SQLAlchemy 源码进行编译安装。

```
python setup.py install
```

### 2. 验证 SQLAlchemy

使用以下代码验证 SQLAlchemy 是否正确安装并查看其版本。

```
In [1]: import sqlalchemy
In [2]: sqlalchemy.__version__
Out[2]: '1.3.5'
```

## 8.3.2 认识 SQLAlchemy

介绍如何使用 SQLAlchemy 包构建数据模型前，先对 SQLAlchemy 的基础知识进行说明。读者可参考本书代码素材文件 "8-3-sqlalchemy.ipynb" 进行学习。

### 1. 两套模型体系

SQLAlchemy 中有两种开发模式，分别是 SQLAlchemy Core 和 SQLAlchemy ORM。

SQLAlchemy ORM 是在 SQLAlchemy Core 的基础上构建的。SQLAlchemy 的构架如图 8-27 所示。

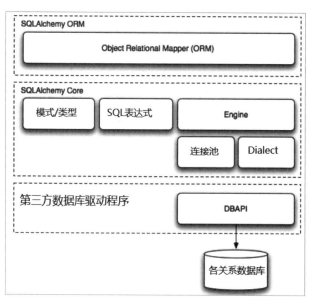

图8-27　SQLAlchemy构架

从构架图中可以发现 SQLALchemy 的设计思路是：SQLAlchemy 在各数据库驱动程序的基础上

构建抽象、统一的 API 接口。

### 2. 连接不同数据库的方式

SQLAlchemy 通过配置数据库的连接字符串访问不同的数据库，需要确保已经安装了数据库的驱动包。连接字符串的格式为：dialect+driver://username:password@host:port/database，配置参数如表 8-4 所示。

表8-4　SQLAlchemy 连接字符串参数

| 参数 | 说明 |
|---|---|
| driver | 连接到数据库的驱动包名称 |
| username | 登录数据库的账号 |
| password | 登录数据库的密码 |
| host | 数据库所在服务器的地址或域名 |
| port | 数据库所在服务器的端口 |
| database | 连接的数据库名称 |

（1）连接到 SQLite 数据库，不需要指定驱动包。

```
# 连接 Windows 操作系统上 SQLite 数据库的连接字符串
url='sqlite:///C:\\path\\database.db'
# 连接 Unix、Linux 操作系统上 SQLite 数据库的连接字符串
url='sqlite:////path/database.db'
```

（2）连接到 SQL Server 数据库，可使用 pyodbc 或 pymssql 驱动包。

```
# 通过 pyodbc 驱动包连接 SQL Server 的连接字符串
url='mssql+pyodbc://user:passwd@mydsn'
# 通过 pymssql 驱动包连接 SQL Server 的连接字符串
url='mssql+pymssql://user:tpasswd@hostname:port/dbname'
```

（3）连接到 PostgreSQL 数据库，可使用 psycopg2 或 pg8000 驱动包。

```
# 通过 psycopg2 驱动包连接 PostgreSQL 的连接字符串
url='postgresql+psycopg2://user:passwd@hostname/dbname'
# 通过 pg8000 驱动包连接 PostgreSQL 的连接字符串
url='postgresql+pg8000://user:passwd@hostname/dbname'
```

（4）连接到 Oracle 数据库，可使用 cx_oracle 驱动包。

```
url='oracle+cx_oracle://scott:tiger@tnsname'
```

（5）连接到 MySQL 数据库，可使用 pymysql 驱动包。

```
url=' mysql+pymysql://scott:tiger@localhost/foo'
```

### 3. SQLAlchemy Core模型

图 8-28 所示为SQLAlchemy的核心组件，Engine 对象是SQLAlchemy应用程序的起点，通过Pool对象（连接池）和Dialect对象（方言），调用DBAPI连接、操作数据库。

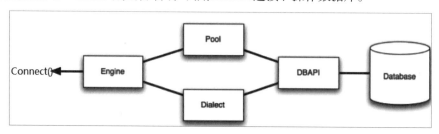

图8-28　SQLAlchemy Core核心组件

（1）Engine 对象的创建。

可使用create_engine、engine_from_config、create_mock_engine 等函数创建Engine 对象，这些函数通过配置的连接字符串连接到数据库。以下代码中以 create_engine 函数为例进行演示。

```
from sqlalchemy import create_engine          # 导入 create_engine 函数
import pymysql                                # 导入 mysql 驱动包
# 参数 name_or_url 指定连接字符串
#encoding 参数设置编码方式，参数 echo 决定是否输出操作信息
engine = create_engine(name_or_url='mysql+pymysql://root:123456@localhost/
adventureworks',
encoding = 'utf-8',
echo=True)
```

创建Engine 对象后会在内部维护一个Pool 和一个Dialect 对象，但是此时SQLAlchemy并没有真正与数据库连接，使用connect 函数时才会连接到数据库。

（2）使用connect 函数连接到数据库。

在成功创建Engine 对象后，使用connect 函数连接到数据库，然后就可以对数据库进行操作。

```
from sqlalchemy import text
with engine.connect() as connection:
    result = connection.execute(text("SELECT * FROM customer limit 5"))
    for row in result:
        print(row)
```

（3）创建表。

SQLAlchemy包中通过Table 类定义表，通过Column 类定义表中的列。使用元数据MetaData 类中的create_all 函数或create 函数创建表，如下代码所示。

```
from sqlalchemy import MetaData,Table,Column,Integer,String     # 导入创建表需要的对象
metadata = MetaData()              # 创建 MetaData 对象
#1- 构建 city 表，第一个参数是表名，第二个参数是 MetaData 对象
```

```
city = Table('city', metadata,
# 参数 primary_key 设置列是否为主键
Column(name='city_id',type_ = Integer, primary_key=True),
# 参数 nullable 定义列能否为空
Column(name='city_name', type_=String(60), nullable=False),
)
#2- 调用 create_all 函数创建表
metadata.create_all(engine)
# 创建结果输出如下
   CREATE TABLE city (
      city_id INTEGER NOT NULL AUTO_INCREMENT,
      city_name VARCHAR(60) NOT NULL,
      PRIMARY KEY (city_id)
)
2021-03-22 18:57:36,575 INFO sqlalchemy.engine.base.Engine {}
2021-03-22 18:57:36,611 INFO sqlalchemy.engine.base.Engine COMMIT
#3- 使用 drop_all 函数或 drop 函数删除表
citys.drop(engine)
# 删除结果输出如下
   2021-03-22 19:05:44,712 INFO sqlalchemy.engine.base.Engine
DROP TABLE city
2021-03-22 19:05:44,713 INFO sqlalchemy.engine.base.Engine {}
2021-03-22 19:05:44,738 INFO sqlalchemy.engine.base.Engine COMMIT
```

#### 4. SQLAlchemy ORM模式

SQLAlchemy ORM在Core模式上构建对象模型。如图 8-29 所示，ORM模型将类对象映射为关系型数据库中的表。

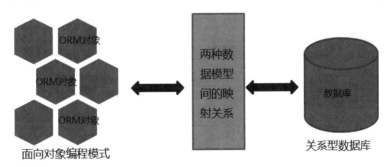

图8-29   ORM模型

（1）构建ORM对象。

以下代码中使用声明方式创建ORM模型类对象，需要注意SQLAlchemy版本不同，代码会有稍许差异，本书使用的SQL Alchemy版本为1.3.20。

```
#1- 导入 sqlalchemy 包
```

```
from sqlalchemy import Column, Integer, String
from sqlalchemy.ext.declarative import declarative_base
#2-declarative_base 函数返回 ORM 对象基类
Base = declarative_base()
#3- 以 Base 作为基类，创建 Users 类，对应数据库中的 users 表
class Users(Base):
    __tablename__ = 'users'                       # 表名为 users
    id = Column(Integer, primary_key=True)        # 主键 id
    name = Column(String)                         #name 列，类型为 string
    fullname = Column(String)
    nickname = Column(String)
metadata = Base.metadata
for t in metadata.sorted_tables:                  # 基于 MetaData 元数据对象查看有哪些表
    print(t.name)
```

（2）通过ORM对象构建表关系。

ORM类对应关系数据库中的一张表，通过relationship函数构建ORM模型中类间的关系，如下代码所示。

```
from sqlalchemy.orm import relationship
# 使用 relationship 函数构建关系
class Parent(Base):
    __tablename__ = 'parent'
    id = Column(Integer, primary_key=True)
    children = relationship("Child")
class Child(Base):
    __tablename__ = 'child'
    id = Column(Integer, primary_key=True)
    parent_id = Column(Integer, ForeignKey('parent.id'))
```

（3）构建一对多关系。

在第 2 步代码的基础上进行修改，构建一对多的关系。

```
#1-Parent 类是一的一方，Child 类是多的一方
from sqlalchemy.orm import relationship
class Parent1(Base):
    __tablename__ = 'parent_1'
    id = Column(Integer, primary_key=True)
    children = relationship("Child1", back_populates="parent")
class Child1(Base):
    __tablename__ = 'child_1'
    id = Column(Integer, primary_key=True)
    parent_id = Column(Integer, ForeignKey('parent_1.id'))
    parent = relationship("Parent1", back_populates="children")
```

构建一对多关系时，如果未使用back_populates参数，SQLAlchemy将无法连接这些关系。通

过以下代码测试back_populates参数的作用。

```
parent = Parent1()
child = Child1()
child.parent = parent
print(parent.children)
 #输出结果，可以发现匹配的 children 类对象
 [<__main__.Child1 object at 0x00000219D871A4C0>]
parent = Parent()
child = Child()
child.parent = parent
print(parent.children)
 #输出的结果为空列表 []
```

（4）构建一对一关系。

在第 2 步代码的基础上进行修改，构建一对一的关系，使用relationship 函数中的uselist 参数告知父模型，引用这个模型时不再是一个列表，而是一个对象。

```
#一对一关系
class Parent2(Base):
    __tablename__ = 'parent_2'
    id = Column(Integer, primary_key=True)
    child = relationship("Child2", uselist=False, back_populates="parent")
class Child2(Base):
    __tablename__ = 'child_2'
    id = Column(Integer, primary_key=True)
    parent_id = Column(Integer, ForeignKey('parent_2.id'))
    parent = relationship("Parent2", back_populates="child")
```

（5）构建多对多关系。

在第 2 步代码的基础上进行修改，构建多对多关系，在两个类间添加中间关联表，使用relationship 函数中的secondary参数指定中间表对象。

```
#多对多关系
from sqlalchemy import Table
link_table = Table('link', Base.metadata,
    Column('parent_id', Integer, ForeignKey('parent_3.id')),
    Column('child_id', Integer, ForeignKey('child_3.id'))
)
class Parent3(Base):
    __tablename__ = 'parent_3'
    id = Column(Integer, primary_key=True)
    children = relationship(
        "Child3",
        secondary=link_table,
```

```
        back_populates="parents")
class Child3(Base):
    __tablename__ = 'child_3'
    id = Column(Integer, primary_key=True)
    parents = relationship(
        "Parent3",
        secondary=link_table,
        back_populates="children")
```

图 8-30 所示为执行代码后数据库中的表的关系。

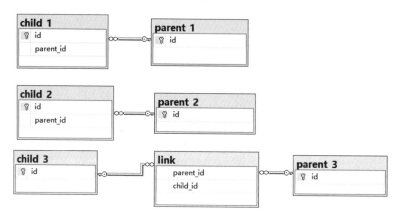

图8-30 数据库中的表的关系

（6）通过 Session 对象与数据库建立会话。

Session 对象用于创建连接客户端和数据库之间的会话，构建 Session 对象的方式有两种，分别是通过 sessionmaker 函数和直接使用 Session 类。

```
#1- 创建 Session 对象
from sqlalchemy.orm import sessionmaker
maker = sessionmaker(engine)      #使用 sessionmaker 函数获取 Session 类
s=maker()
s. close()  #关闭会话
from sqlalchemy.orm import Session
s = Session(engine)               #使用 Session 类构建
s. close()
#2- 使用 add 函数添加数据对象，使用 commit 函数提交数据库事务
session = Session(engine)
session.add(Parent1())
session.commit()
#3- 使用 query 函数查询数据
results = session.query(Parent1)
for i in results:
    print(i.id)
```

## 8.3.3 通过SQLAlchemy构建数据模型

在 AdventureWorks 数据的基础上，通过 SQLAlchemy ORM 开发对应的关系模型，操作步骤如下。读者可参考本书代码素材文件"8-3-adventureworks.ipynb"进行学习。

### 1. 导入必要的库，创建Engine对象

```
from sqlalchemy.ext.declarative import declarative_base
from sqlalchemy import create_engine
Base = declarative_base()
metadata = Base.metadata
engine = create_engine(name_or_url='mssql+pymssql://sa:123456@localhost/test',
                       encoding = 'utf-8',
                       echo=False)
```

### 2. 构建ORM对象

根据 AdventureWorks 各 CSV 文件的列，编写对应的 ORM 类并构建各对象间的关系，如下代码所示。

（1）创建 Productcategory 表对应的 ORM 类。

```
class Productcategory(Base):                  # 构建 Productcategory 类
    __tablename__ = 'productcategory'  # 表名
    ProductCategoryID = Column(Integer, primary_key=True)      # 主键
    ParentProductCategoryID =  Column(Integer)
    Name = Column(String(50), nullable=False)
    ModifiedDate = Column(DateTime, nullable=False)
products = relationship("Product", back_populates="category")     # 与 Product 表是一对多
                                                                    关系
```

（2）创建 Product 表对应的 ORM 类。

```
class Product(Base):                  # 构建 Product 类
    __tablename__ = 'product'  # 表名
    ProductID = Column(Integer, primary_key=True)     # 主键
    Name = Column(String(50), nullable=False)
    ProductNumber = Column(String(25), nullable=False)
    Color = Column(String(15))
    StandardCost = Column(Float(asdecimal=True), nullable=False)
    ListPrice = Column(Float(asdecimal=True), nullable=False)
    Size = Column(String(5))
    Weight = Column(DECIMAL(8, 2))
    ProductModelID = Column(Integer)
    SellStartDate = Column(DateTime, nullable=False)
    SellEndDate = Column(DateTime)
    DiscontinuedDate = Column(DateTime)
```

```
    ProductCategoryID =  Column(Integer, ForeignKey('productcategory.
ProductCategoryID'))
    ModifiedDate = Column(DateTime, nullable=False)
    category = relationship("Productcategory", back_populates="products")
                                        # 与 Productcategory 表是多对一关系
orders   = relationship("Salesorderdetail", back_populates="products")
                                        # 与 Salesorderdetail 表是一对多关系
```

（3）创建 Salesorderdetail 表对应的 ORM 类。

```
class Salesorderdetail(Base):   # 构建 Salesorderdetail 类
    __tablename__ = 'salesorderdetail'     # 表名
    SalesOrderID = Column(Integer, primary_key=True, nullable=False)
    SalesOrderDetailID = Column(Integer, primary_key=True, nullable=False)
    OrderQty = Column(Integer, nullable=False)
    ProductID = Column(Integer,ForeignKey('product.ProductID'),nullable=False) # 外键
    UnitPrice = Column(Float(asdecimal=True), nullable=False)
    UnitPriceDiscount = Column(Float(asdecimal=True), nullable=False)
    LineTotal = Column(Float(asdecimal=True), nullable=False)
    ModifiedDate = Column(DateTime, nullable=False)
products = relationship("Product", back_populates="orders") # 与 Product 表是多对一关系
Base.metadata.create_all(engine)     # 调用 create_all 函数创建表
```

## 8.3.4 应用 SQLAlchemy 数据模型

通过 SQLAlchemy 可以连接、操作很多数据库，在 ETL 工具或 Web 系统中集成 SQLAlchemy 可以实现对数据模型的创建、管理。

# 8.4 Excel 和 Python 构建关系数据模型对比

表 8-5 所示为 Excel 和 Python 构建关系数据模型的对比。Power Pivot 在读取数据集的基础上构建数据模型，SQLAlchemy 基于关系数据库构建数据模型。

表8-5　Excel和Python构建关系数据模型对比

| 对比项 | 在 Excel 中操作 | 在 Python 中操作 |
|---|---|---|
| 获取数据方式 | 使用 Power Pivot 中的"获取外部数据源"功能 | 构建模型时不需要先读取数据 |
| 构建方式 | 可视化操作 | 编写代码 |

第 **9** 章

## 数据挖掘

本章将介绍如何使用Excel与Python进行数据挖掘。

### 本章主要知识点

>> 数据挖掘的基础知识与实施步骤。

>> Excel 数据挖掘插件的安装与基本使用方法。

>> Python scikit-learn数据挖掘包的基本概念与操作方法。

>> 使用Excel与Python分别实施具体的数据挖掘算法。

# 9.1 认识数据挖掘

本节以商业智能概念为切入点对数据挖掘进行介绍，讲解数据挖掘与ETL技术、数据分析方法的联系。

## 9.1.1 数据分析和数据挖掘

商业智能（Business Intelligence，BI）指运用现代数据仓库、线上分析处理、数据挖掘、数据可视化等技术进行数据分析，以实现商业价值。商业智能技术方案最基本的组件包括ETL组件、数据挖掘组件、数据分析组件。

数据分析涉及数据的提取、清理、转换、建模和可视化，目的是提取重要信息，然后得出结论并做出决策；数据挖掘是对数据进行探索和分析，以发现重要的模式和规则。表 9-1 所示为数据分析和数据挖掘的对比。

表9-1 数据分析和数据挖掘的对比

| 对比项 | 数据挖掘 | 数据分析 |
|---|---|---|
| 功能 | 发现原始数据中隐藏的数据规则 | 可分为描述性统计、探索性分析、验证性数据分析 |
| 数据量 | 数据量通常较大，一般为结构化数据 | 数据量没有限制，可以是结构化、半结构化、非结构化数据 |
| 数据可视化 | 通常不需要数据可视化 | 需要数据可视化 |
| 基础知识 | 涉及机器学习、统计和数据库等基础知识 | 涉及计算机科学、统计学等基础知识 |
| 输出结果 | 数据的趋势和模式 | 数据统计汇总、结论验证 |

## 9.1.2 数据挖掘算法的分类

数据挖掘算法可以分为两类：监督算法和无监督算法。二者最直观的差异是监督算法需要指定输入数据和输出数据，而无监督算法只需要指定输入数据。

### 1. 监督算法

监督算法处理的源数据中已有想要预测分析的列，并将其作为预测目标值。监督算法可分为两大类：回归算法与分类算法。监督算法的应用场景如下。

（1）根据以前的经验产生数据预测输出。

（2）使用经验数据优化性能标准。

### 2. 无监督算法

无监督算法处理的数据集没有预设的目标值，通过算法可以发现新的信息。无监督算法主要可分为聚类、降维、密度分析等。无监督算法的应用场景如下。

（1）在数据中发现未知的数据模式。

（2）在数据中找到对分类有用的特征。

### 3. 监督算法和无监督算法的对比

表 9-2 所示为监督算法和无监督算法的对比，结合挖掘场景选择合适的算法即可。

表9-2　监督算法和无监督算法对比

| 对比项 | 监督算法 | 无监督算法 |
| --- | --- | --- |
| 处理方式 | 需要提供输入和输出数据 | 只需要提供输入数据 |
| 输入数据 | 输入有标记的数据 | 输入没有标记的数据 |
| 计算复杂性 | 在计算上相对简单 | 在计算上相对耗时 |
| 结果准确性 | 预测结果有较高的准确性 | 预测结果准确性有待进一步验证 |
| 实时性 | 适合非实时数据场景 | 适合实时数据场景 |

## 9.1.3 数据挖掘步骤

本小节将介绍数据挖掘中涉及的主要对象和处理流程，在使用Excel与Python进行数据挖掘时可以找到相应的对象并按照流程处理。

### 1. 主要对象

表 9-3 所示为数据挖掘涉及的对象的说明。

表9-3　数据挖掘涉及的对象

| 对象 | 说明 |
| --- | --- |
| 输入、输出 | 输入是挖掘算法需要的数据，输出是算法预测的结果 |
| 特征 | 从原始数据中提取具有代表性的数据作为特征，供算法和模型使用 |
| 转换器 | 转换器用于对原始数据进行转换、清洗、增减，以生成适合算法的特征 |
| 算法模型 | 能完成特定挖掘算法的模型，向模型中输入训练数据，输出预测结果 |
| 估计器 | 估计器使用挖掘算法对特征数据进行训练、评估，生成算法模型 |
| 验证器 | 验证器用于对预测结果的准确性进行评估 |
| 训练数据集 | 从数据集中抽取的子数据集，用于建立模型 |
| 验证数据集 | 从数据集中抽取的子数据集，用于验证模型准确性 |

不同的数据挖掘工具或框架对表 9-3 中对象的表述和组织的方式有一定差异，但熟悉表 9-3 中各对象的作用后，在使用不同的数据挖掘工具或框架时就能找到对应的对象和明确的思路。

### 2. 处理流程

数据挖掘可按照一定的步骤进行，每个步骤都会使用表 9-3 中说明的对象，数据挖掘的步骤如图 9-1 所示。

定义问题 → 准备数据 → 转换数据 → 训练数据 → 生成模型 → 验证模型

图9-1  数据挖掘步骤

（1）定义问题。

该步骤包括分析业务需求、定义问题的范围、定义模型需要的特征、设定数据挖掘的目标。

（2）准备数据。

对于数据仓库或其他经过清洗处理的数据，直接读取数据即可；对于未经过清洗处理的数据，在读取数据后还需要进行数据质量探测和清洗。

（3）转换数据。

浏览加载的数据源，结合第 1 步的内容，对数据进行抽取和转换，生成特征数据，以适应算法的输入要求。

（4）训练数据。

将特征数据划分为测试数据集和验证数据集，然后使用对应的挖掘算法处理测试数据集。

（5）生成模型。

测试数据集训练完成后，生成对应的数据挖掘模型。

（6）验证模型。

在验证数据集中应用第 5 步中生成的模型，对模型的准确性进行验证、评估。

## 9.2  Excel数据挖掘方案

在 Excel 中可以使用两种方法进行数据挖掘，第一种是使用 Excel 中的函数和公式进行数据挖掘，第二种是安装数据挖掘插件进行数据挖掘。使用第二种方法有两个必要条件：安装了数据挖掘插件；有可连接使用的 SQLServer Analysis Services 服务。

### 9.2.1  安装数据挖掘插件

Excel 数据挖掘插件在 Excel 2019 中没有预先安装。安装 Microsoft SQL Server 2012 SP1 Office

数据挖掘外接程序，然后配置连接到SQLServer分析服务，才能在Excel中使用数据挖掘插件，具体安装步骤如下。

（1）下载Excel数据挖掘外接程序。

在浏览器中打开微软官方网站，下载Excel数据挖掘外接程序。如图 9-2 所示，单击"下载"按钮跳转到下载页面，选择与Excel匹配的安装包（ 32 位或 64 位 ）进行下载。

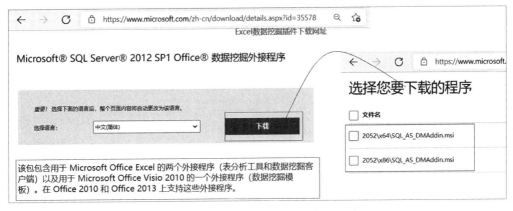

图9-2　下载Excel数据挖掘外接程序

（2）安装Excel数据挖掘外接程序。

双击安装包打开安装程序，如图 9-3 所示，在"功能选择"界面中单击"Excel数据挖掘客户端"下拉按钮，选择"将安装到本地硬盘上"选项，单击"下一步"按钮进行安装。

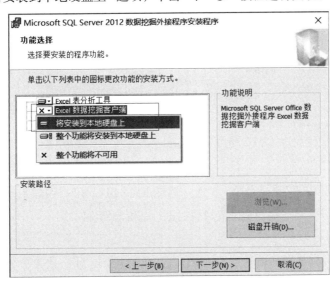

图9-3　安装Excel数据挖掘外接程序

安装完毕后，可以在安装目录下或开始菜单中找到"入门"程序。打开"入门"程序配置连接分析服务，如图 9-4 所示，根据实际情况，选择要连接的SQLServer分析服务。如果读者没有自己的SQLServer环境，可以查看本书提供的"SQLServer安装"视频。

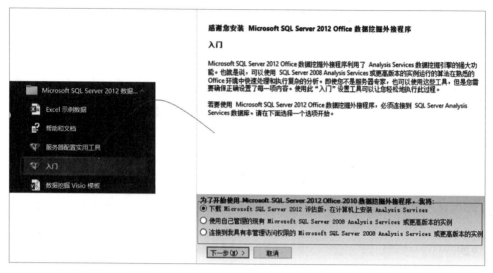

图9-4　配置连接SQL Server分析服务

### 9.2.2 认识数据挖掘插件

数据挖掘插件安装完成后，在Excel功能区中可以找到"数据挖掘"选项卡，如图 9-5 所示，选项卡中有"数据准备""数据建模""准确性和验证""模型用法""管理""连接"几个功能组，接下来将结合 9.1.3 小节中介绍的数据挖掘步骤演示数据挖掘功能的使用方法。

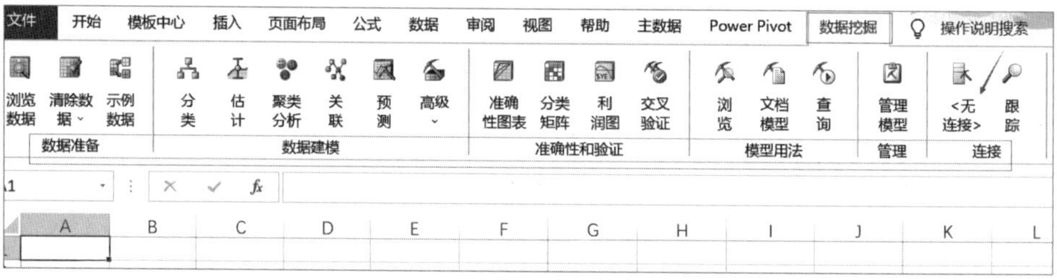

图9-5　数据挖掘选项卡

（1）数据准备组。

对应数据挖掘步骤中的"准备数据"步骤。"数据准备"组中有 3 个功能，分别是"浏览数据""清除数据""示例数据"，使用这些功能可以对数据进行查看和清洗。

（2）数据建模组。

对应数据挖掘步骤中的"转换数据""训练数据""生成模型"3 个步骤。"数据建模"组中提供可视化配置挖掘算法的功能。

（3）准确性和验证组。

对应数据挖掘步骤中的"验证模型"步骤。"准确性和验证"组中的功能用于验证数据挖掘算法的准确性和可靠性。

（4）模型用法组。

"模型用法"组中的功能是一些特色功能，用于浏览挖掘模型、查询挖掘模型、创建挖掘模型的文档。

（5）管理组。

"管理"组中的功能可对算法模型、数据结构进行管理，如对算法模型进行重命名、删除、导入、导出等操作。

（6）连接组。

"连接"组中的功能用于配置连接SQL Server分析服务。

### 9.2.3 使用数据挖掘插件

"数据挖掘"选项卡中的"数据建模"组中包含具体的数据挖掘功能。下面使用"预测"功能对第6章中生成的"stock_result.xlsx"数据进行预测，操作步骤如下。

（1）单击"数据结构"→"连接"→"<无连接>"功能，配置连接SQLServer分析服务。

（2）打开"stock_result.xlsx"文件，定位到"金融股指数"工作表。

（3）单击"数据挖掘"→"数据建模"→"预测"功能。

打开"预测向导"窗口，如图9-6所示，浏览窗口中的信息，然后单击"下一步"按钮。

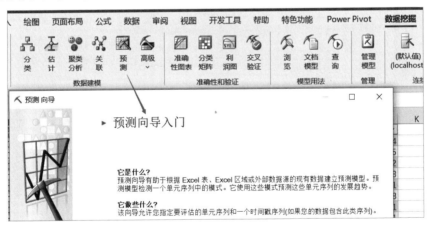

图9-6　打开预测向导窗口

（4）选择要预测的数据。

如图9-7所示，"选择源数据"界面中自动选择了"金融股指数"工作表。如果要使用单元格区域数据，则选择"数据区域"单选按钮；如果要使用外部数据，则选择"外部数据源"单选按钮。选择完毕后单击"下一步"按钮。

图9-7　选择要预测的数据

（5）配置预测算法参数。

图 9-8 所示为预测算法配置界面，选择"时间戳"为"交易日"列，在"输入列"区域中勾选除"前收盘价"和"涨跌幅"列外的所有列，单击下方的"参数"按钮可对算法参数进行查看、添加、删除。配置完成后单击"下一步"按钮。

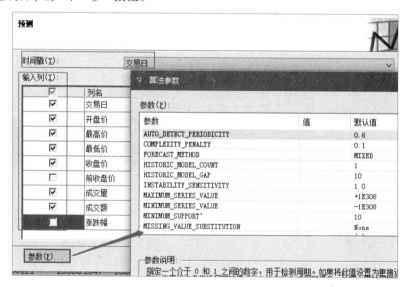

图9-8　预测算法配置界面

（6）查看预测数据，并将分析结果保存到Excel。

图 9-9 所示为"金融股指数"工作表数据的预测结果。单击标识 1 处的"图表"选项卡将以图表展示预测结果，单击"模型"选项卡将输出预测模型。勾选标识 2 处的"显示历史预测信息"和"显示偏差"复选框，预测结果图表中将显示预测值与实际值的差异。单击标识 3 处的时序点，将在标识 4 处显示实际值和预测值的详细差异；单击标识 5 处的"复制到Excel"按钮，可将预测结果复制到Excel中。

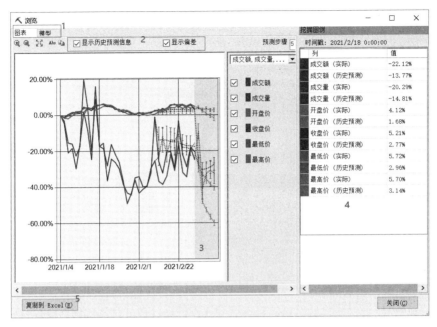

图9-9　预测结果

（7）验证预测挖掘模型。

"数据挖掘"选项卡中的"准确性和验证"组中有4个验证功能，分别是准确性图表、分类矩阵、利润图、交叉验证。验证的主要步骤是：选择验证功能和要验证的算法模型，如果模型无法与验证功能匹配，将在窗口下方提示原因；配置验证功能参数，执行后会自动向Excel工作表中输出验证结果。

### 9.2.4　创建数据挖掘模型

本小节将介绍如何将已经配置好的模型算法复用到同类型结构的数据中。

#### 1. 添加挖掘结构

如图 9-10 所示，"数据挖掘"→"数据建模"→"高级"功能列表中有"创建挖掘结构"和"将模型添加到结构"两个功能。

图9-10　添加挖掘结构

使用"创建挖掘结构"功能创建挖掘结构，"stock_result.xlsx"文件中各指数工作表的表结构相同，只需要创建一个挖掘结构即可。

图 9-11 所示为创建挖掘结构的步骤，单击"创建挖掘结构"功能，选择挖掘结构适用的数据源，然后选择数据源中的列，再设置测试数据比例，最后填写挖掘结构的名称。

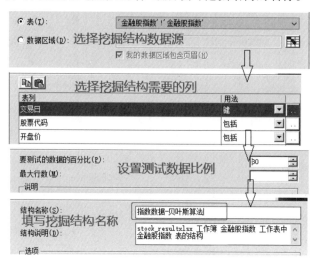

图9-11　创建挖掘结构

## 2. 添加挖掘模型

挖掘结构创建完成后，可以将挖掘模型添加到挖掘结构中，具体操作步骤如下。

（1）打开"数据挖掘"→"数据建模"→"高级"→"将模型添加到结构"功能。

（2）选择挖掘结构。

如图 9-12 所示，挖掘结构以列表的形式显示，结构节点下是使用该结构的算法列表。可以选择列表中的挖掘结构或挖掘模型对应的结构。

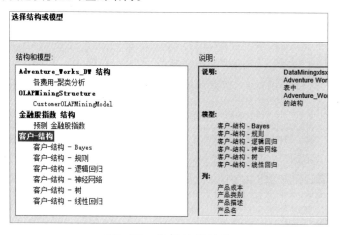

图9-12　选择挖掘结构

（3）选择挖掘算法。

选择挖掘结构后，向挖掘结构中添加算法，如图 9-13 所示，有多种 Microsoft 数据挖掘算法可以选择。

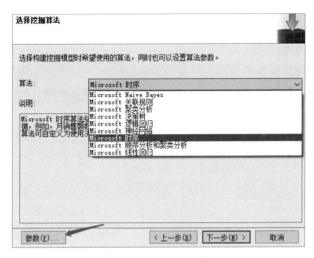

图9-13  选择挖掘算法

表 9-4 所示为 Microsoft 数据挖掘算法相关说明。

**表9-4  Microsoft数据挖掘算法说明**

| 算法 | 说明 |
| --- | --- |
| Microsoft 关联算法 | Microsoft 关联算法是对 Apriori 算法的简单实现，可用于推荐系统、市场购物篮分析 |
| Microsoft 聚类算法 | Microsoft 聚类算法是对 K-means 算法和期望值最大化算法的实现，用于数据的分类 |
| Microsoft 决策树算法 | Microsoft 决策树算法是一种混合算法，支持多种分析任务，包括回归、分类及关联 |
| Microsoft 线性回归算法 | Microsoft 线性回归算法是 Microsoft 决策树算法的特殊版本，可用于计算依赖变量和独立变量之间的线性关系，然后使用该线性关系进行预测 |
| Microsoft 逻辑回归算法 | Microsoft 逻辑回归算法用于对只有两个结果的场景进行建模预测，该算法的最大优势是可以采用任何类型的输入值，因此非常灵活 |
| Microsoft 贝叶斯算法 | Microsoft 贝叶斯算法用于在给定可预测列的各种可能状态的情况下，计算每个输入列的每种状态的概率 |
| Microsoft 神经网络算法 | Microsoft 神经网络算法使用由最多三层神经元组成的"多层感知器"网络 |
| Microsoft 顺序分析和聚类分析算法 | Microsoft 顺序分析和聚类分析算法结合了顺序分析和聚类分析算法，可使用该算法研究包含可在"顺序"中链接事件的数据 |

## 9.2.5 管理数据挖掘模型

本小节将介绍对挖掘结构和模型的管理，包括重命名、删除、导入、导出等操作。

### 1. 管理挖掘模型

单击"数据挖掘"→"管理"→"管理模型"功能，打开如图 9-14 所示的"管理挖掘结构和模型"窗口，"结构和模型"列表框中是可管理的挖掘结构和模型，选中列表框中的一项后单击"任务"框中的功能进行操作，"说明"框中是结构或模型的说明信息。

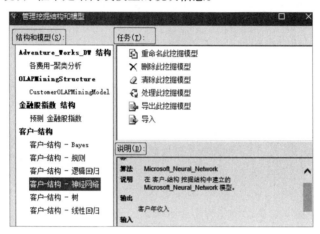

图9-14　管理挖掘结构和模型窗口

"任务"框中的功能可对挖掘结构和模型进行重命名、删除、导入、导出等操作。"导出此挖掘模型"功能可以将挖掘结构导出为文件，然后分发给其他人使用。

### 2. 查看挖掘模型

"数据挖掘"→"模型用法"组中有 3 个功能。如图 9-15 所示，使用"浏览"功能查看已经构建好的挖掘模型，选择挖掘模型即可查看挖掘结果。

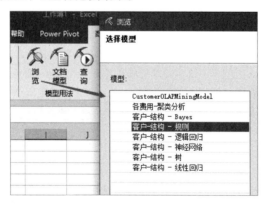

图9-15　查看挖掘模型

使用"文档模型"功能可以展示构建好的挖掘模型，选择其中一个模型，可以将该模型的信息输出到 Excel。

使用"查询"功能将呈现已经构建好的挖掘模型。选择其中一个模型，然后选择应用此模型算法的数据，得到模型算法预测的结果。

### 9.2.6 使用Excel函数进行数据挖掘

前面小节中介绍的挖掘方法基于数据挖掘插件，操作比较简单，但依赖SQLServer分析服务的挖掘算法。如果没有SQLServer环境，将无法使用数据挖掘插件。本小节将使用Excel函数对线性回归算法进行演示。

#### 1. 线性回归算法说明

线性回归算法用于确定两个或两个以上的变量间相互依赖的定量关系，包含自变量与因变量。接下来对一元线性回归进行说明。

（1）一元线性回归方程：$y=ax+b$，在给定 $x$ 的情况下，就能计算 $y$ 的值。

（2）通过给定的数据确定回归方程 $y=ax+b$。

如图 9-16 所示，根据现有数据点绘制 3 条回归线，每条回归线的斜率 $a$ 和截距 $b$ 都不同，针对这种情况就需要选择最合适的回归线，选择的方法也就是线性回归算法的核心。

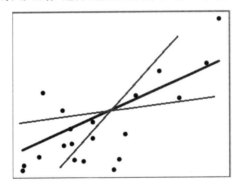

图9-16　选择最合适的回归线

（3）使用"最小二乘法"算法，确定合适的回归方程。

最小二乘法是用于确定最佳线性回归方程的最常用的算法，最小二乘法计算预测值与实际值之差的平方和，取平方和最小的回归方程作为预测回归线，最小二乘法的公式如下。

$$\sum_{i=1}^{n}\left(y_{i预测值}-y_{i实际值}\right)^2 => \sum_{i=1}^{n}\left(ax_i+b-y_{i实际值}\right)^2$$

#### 2. 使用Excel函数

理解了线性回归算法的核心思想后，可以按算法公式的定义在Excel中查找可以使用的函数，并可以结合可视化图查看算法结果。

（1）使用内置函数计算线性回归方程。

使用intercept函数计算截距，使用slope函数计算斜率。如图 9-17 所示，E2 单元格中的公式为：=SLOPE(A2:A9,B2:B9)；E3 单元格中的公式为：=INTERCEPT(A2:A9,B2:B9)；E5 单元格中是回归方程；E6 单元格中的数据是预测 $x$ 为 100 时对应的值。

E2 =SLOPE(A2:A9,B2:B9)

| | A | B | C | D | E |
|---|---|---|---|---|---|
| 1 | x | y | | | |
| 2 | 85 | 80 | | 斜率a | 1.096027114 |
| 3 | 65 | 71 | | 截距b | -10.54434193 |
| 4 | 76 | 82 | | | |
| 5 | 90 | 87 | | 线性回归公式: | y = 1.09x - 10.5 |
| 6 | 93 | 89 | | 预测当x=100时: | 99.05836947 |
| 7 | 71 | 83 | | | |
| 8 | 94 | 98 | | | |
| 9 | 99 | 101 | | | |
| 10 | | | | | |

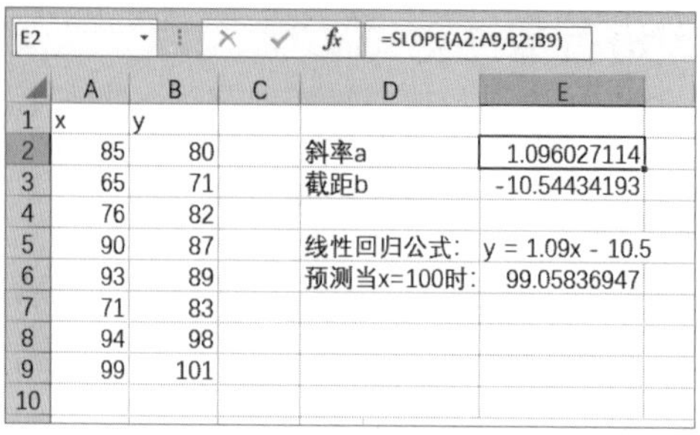

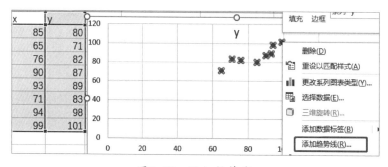

图9-17　使用Excel函数计算线性回归方程

还可以通过“数据”→“分析”→“数据分析”→“回归”功能计算线性回归方程。但如果没有内置函数可以使用，就需要按照算法公式进行计算。

（2）通过趋势线计算线性回归方程。

通过绘制趋势线计算线性回归方程的具体操作步骤为：单击“插入”→“图标”→“散点图”功能，将数据可视化；右击散点图中任意位置打开功能菜单，选择“添加趋势线”功能，如图 9-18 所示。

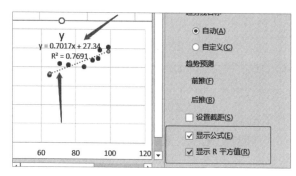

图9-18　添加趋势线

添加趋势线后，在右侧的“设置趋势格式”界面中勾选“显示公式”复选框可以查看回归方程，勾选“显示R平方值”复选框可以评估回归效果，R平方值越接近于 1 说明预测的结果越准确，如图 9-19 所示。

图9-19　显示公式和R平方值

## 9.3 Python数据挖掘方案

Python中有很多机器学习包可用于数据挖掘，本节将对机器学习包scikit-learn的安装方法、基础概念、使用步骤进行说明。

### 9.3.1 安装scikit-learn

安装scikit-learn可能遇到的最大问题是版本依赖问题，scikit-learn在NumPy、SciPy等数据处理包上构建，安装时需要注意版本是否匹配。

（1）安装、更新scikit-learn包。

```
#1- 更新 scikit-learn 包
pip install -U scikit-learn
#2- 安装 scikit-learn 包
pip install scikit-learn
#3- 在 Anaconda 平台上安装 scikit-learn 包
conda install scikit-learn
```

（2）验证scikit-learn包是否安装成功。

```
import sklearn
sklearn.__version__              # 查看版本
from sklearn import datasets     # 导入测试用数据 datasets
boston = datasets.load_boston() # 装载数据
print(boston.DESCR)              # 查看数据
```

### 9.3.2 认识scikit-learn

下面结合 9.1.3 节中介绍的数据挖掘步骤对 scikit-learn 包中的功能进行介绍。

#### 1. 准备数据

scikit-learn包中内置了很多供学习使用的数据集，通过dataset模块中的函数装载数据，其中包括 4 大类数据，如表 9-5 所示。

表9-5　dataset模块中数据分类

| 分类 | 说明 | 数据举例 |
| --- | --- | --- |
| 小型测试用数据 | 内置一些小型标准数据集，有助于快速实现各种算法，但数据规模太小，无法代表真实挖掘需求 | 函数 load_boston 加载波士顿房产价格数据，函数 load_iris 加载鸢尾花数据 |

| 分类 | 说明 | 数据举例 |
|------|------|----------|
| 现实业务数据 | 提供加载较大现实业务数据集的工具，并在必要时下载扩展数据集 | 函数 fetch_california_housing 加载加州住房数据 |
| 随机生成数据 | 包括各种随机样本的生成器，可用于建立可控制大小和复杂性的数据集 | 函数 make_regression 生成用于回归算法的数据 |
| 加载其他数据源 | 加载其他类别的数据，在特殊领域使用 | 函数 load_sample_images 加载图片数据 |

dataset 模块提供的数据主要用于学习、验证算法，具有一定的代表性，但与实际数据源有很大不同，需要经过一系列转换处理才能供算法使用。

### 2. 数据转换

scikit-learn 包提供了一系列功能用于数据转换，目的是将数据处理为符合算法输入要求的格式。表 9-6 所示为 scikit-learn 包中最常用的数据转换功能的说明。

**表9-6 scikit-learn数据转换功能**

| 操作类型 | 说明 |
|----------|------|
| 链式操作 | 通过 sklearn.pipeline.Pipeline 模块将数据挖掘的不同步骤以链条方式连接执行，组成逻辑上的整体 |
| 数据特征提取 | 通过 sklearn.feature_extraction 模块从数据集中提取符合算法模型参数要求的特征数据 |
| 预处理操作 | 通过 sklearn.preprocessing 模块功能将原始特征向量处理为符合算法模型参数要求的格式 |
| 降维处理 | 通过降维处理可以让特征更精简，可使用的模块有 sklearn.decomposition.PCA、sklearn.random_projection、klearn.cluster.FeatureAgglomeration 等 |

### 3. 训练数据、生成模型

选择算法模型类对特征数据进行训练，通常使用算法模型类中的 fit 方法训练数据，以下代码演示了使用线性回归模型对数据进行训练。

```
import numpy as np
from sklearn.linear_model import LinearRegression          #导出线性回归模型
LinearRegression
X = np.array([[1, 1], [1, 2], [2, 2], [2, 3]])
y = np.dot(X, np.array([1, 2])) + 3          #二元一次函数: y = x1 + 2*x2 + 3
reg = LinearRegression().fit(X, y)          #调用 fit 方法训练数据
type(reg)
#变量 reg 类型为 sklearn.linear_model._base.LinearRegression
```

### 4. 验证算法模型

对生成的算法模型的有效性、准确性进行验证，验证方法如表 9-7 所示。

表9-7 模型验证方法

| 验证方法 | 说明 |
|---|---|
| 交叉验证 | 通过函数 sklearn.model_selection.train_test_split 划分测试和验证数据集，用于评估算法 |
| 调整参数 | 通过估计器类中的 get_params 方法查看算法参数，通过 set_parms 方法设置参数 |
| 量化预测质量 | 评估模型预测质量有 3 种方法，分别是得分评估、评分参数、指标函数 |

## 9.3.3 scikit-learn API接口

scikit-learn 为了避免框架代码膨胀，为所有对象设计了一套通用的 API，采用简单的约定，将对象必须实现的方法的数量限制到最少。表 9-8 所示为 scikit-learn 主要对象必须实现的接口的说明。

表9-8 scikit-learn主要对象接口

| 对象 | 接口说明 |
|---|---|
| 估计器 -Estimator | 实现 fit 方法，用于数据的训练，如 estimator=estimator.fit(data, targets) 或 estimator = estimator.fit(data) |
| 估计器 -Predictor | 实现 predict 方法，使用模型算法对数据进行预测，如 prediction= predictor.predict(data) |
| 转换器 -Transformer | 实现 transform、fit_transform 方法，转换数据生成特征，如 new_data=transformer.transform(data),new_data=transformer.fit_transform(data) |
| 算法模型 -Model | 实现 score 方法，用于对算法模型效果进行评分，如 score= model.score(data) |

## 9.4 scikit-learn操作

本节演示使用 scikit-learn 进行特征抽取、算法选择、验证等操作。

## 9.4.1 特征抽取

通过特征抽取可以将原始数据转换为特征向量。读者可参考本书代码素材文件 "9-4-转换操作.ipynb" 进行学习。

### 1. 向量转换

使用 DictVectorizer 类将数据转换为特征向量，DictVectorizer 类的主要使用方法如下代码所示。

```
#1- 创建记录成绩的列表数据，作为要进行特征向量转换的原始数据
class_score = [
    {'class': ' 数学 ', 'score': 90},
```

```
    {'class': ' 英语 ', 'score': 87},
    {'class': ' 物理 ', 'score': 97},
    {'class': ' 语文 ', 'score': 88},
]
```

#2- 导入 DictVectorizer 类，将列表数据转换为特征向量

```
from sklearn.feature_extraction import DictVectorizer
import numpy as np
# 实例化 DictVectorizer 对象
vec = DictVectorizer(dtype=np.float64,    # 参数 dtype 指定特征向量类型，默认值为 numpy.float64
        separator='=',  # 参数 separator 指定特征转换的编码算法，默认值 "=" 为独热编码算法
        sparse=False,   # 参数 sparse 表示特征转换时是否生成 scipy.sparse 矩阵，默认值为 True
        sort=True)      # 参数 sort 指定特征转换时是否对属性排序
```

#3- 使用 fit_transform 方法将列表数据转换为向量

```
transform_data = vec.fit_transform(class_score)
# sparse 参数为 False，返回数据类型为 numpy ndarray，转换后的数据如下
  array([[ 1.,  0.,  0.,  0., 90.],
         [ 0.,  0.,  1.,  0., 87.],
         [ 0.,  1.,  0.,  0., 97.],
         [ 0.,  0.,  0.,  1., 88.]])
```

#4- 查看转换的特征向量的属性

```
vec.get_feature_names()          # 查看属性名称
# 结果: ['class= 数学 ', 'class= 物理 ', 'class= 英语 ', 'class= 语文 ', 'score']
vec.get_params()                 # 查看转换器参数
# 结果 {'dtype': numpy.float64, 'separator': '=', 'sort': True, 'sparse': False}
```

图 9-20 展示了转换的特征向量数据与原始的列表数据。

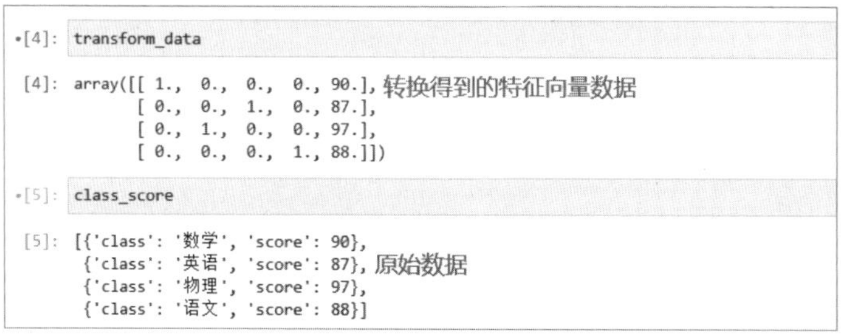

图9-20　特征向量转换

## 2. Hash转换

通过Hash转换可以将任意长度的输入值压缩为固定长度的输出值，以下代码中使用feature_extraction类进行Hash转换。

```
from sklearn.feature_extraction import FeatureHasher
h = FeatureHasher(n_features=5)          # 设置转换的特征数为 5
f = h.fit_transform(class_score)         # 拟合转换数据
f. toarray()
  # 结果为:
```

```
array([[ 0., 0., -1., 90., 0.],
       [-1., 0., 0., 87., 0.],
       [ 0., -1., 0., 97., 0.],
       [ 0., 0., 1., 88., 0.]])
h. get_params()      #查看参数
#结果为:
   {'alternate_sign': True,
    'dtype': numpy.float64,
    'input_type': 'dict',
'n_features': 5}
```

### 3. 对Pandas DataFrame类型数据的特征转换

scikit-learn从 0.20 版本开始专门提供了一个转换器ColumnTransformer，可用于对数组的列或DataFrame 类型数据进行特征转换。

（1）生成一份DataFrame测试数据。

```
import pandas as pd
X = pd.DataFrame(
    {' 编号 ': ['AA001', 'BB001', 'CC001', 'DD001'],
     ' 颜色 ': ["red", "blue","green", "yellow"],
     ' 价格 ': [20, 30, 40, 50],
     ' 折扣 ': [8, 9, 8.5, 7]})
```

（2）创建ColumnTransformer对象，并设置转换参数。

```
from sklearn.compose import ColumnTransformer
from sklearn.feature_extraction.text import CountVectorizer
                                              #CountVectorizer 向量转换类
from sklearn.preprocessing import OneHotEncoder      #OneHotEncoder 独热编码类
# 转换处理参数的格式是 (name, transformer, columns)
column_trans = ColumnTransformer(
    [(' 编号 ', OneHotEncoder(dtype='int'),[' 编号 ']),
     (' 颜色 ', CountVectorizer(), ' 颜色 ')],
remainder='drop')
```

（3）对Pandas DataFrame类型数据进行特征转换。

```
column_trans.fit(X)    #拟合训练数据
column_trans.get_feature_names()
column_trans.transform(X).toarray()     #查看特征转换的结果
 #结果: array([[1, 0, 0, 0, 0, 0, 1, 0],
       [0, 1, 0, 0, 1, 0, 0, 0],
       [0, 0, 1, 0, 0, 1, 0, 0],
       [0, 0, 0, 1, 0, 0, 0, 1]], dtype=int64)
```

## 9.4.2 算法选择

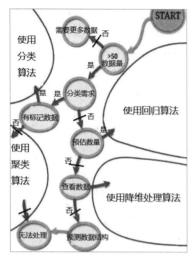

图9-21 算法选择

图 9-21 所示为 scikit-learn 包中算法选择依据示意图，算法主要是由数据挖掘需求与数据量决定的，相关说明如下。

（1）选择算法前，先确定数据量大小，如果小于 50，则需要更多数据。

（2）如果挖掘需求是分类，原始数据已经被标记，则选择分类算法。

（3）如果挖掘需求是分类，但数据没有被标记，则选择聚类算法。

（4）如果挖掘需求是预估数量，则选择回归算法。

（5）如果挖掘需求是查看数据，则选择降维处理算法。

## 9.4.3 验证操作

经过算法训练数据得到的模型可能由于过拟合导致预测的结果不准确。通过交叉验证与模型量化验证等方法可以对算法参数进行调试，读者可参考本书代码素材文件 "9-4-验证操作.ipynb" 进行学习。

### 1. 交叉验证

将数据分为训练数据集和测试数据集两部分用于交叉验证，使用交叉验证算法对算法的准确性进行验证，图 9-22 所示为交叉验证流程图。

### 2. 使用 cross_val_score 类进行交叉验证

通过 train_test_split 方法按一定比例将数据划分为训练数据集和测试数据集，演示代码如下。X_train、y_train 是训练数据集，X_test、y_test 是测试数据集。

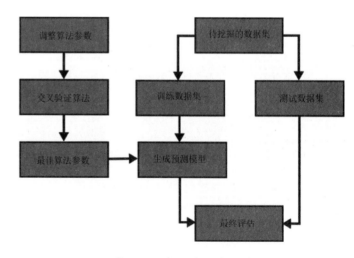

图9-22 交叉验证流程图

```
# 1- 导入 train_test_split 方法
from sklearn.model_selection import train_test_split
```

```
from sklearn import datasets
#2- 读取测试数据
X, y = datasets.load_iris(return_X_y=True)
#3- 使用 train_test_split 方法，参数 test_size 设置测试数据集的比例
X_train, X_test, y_train, y_test = train_test_split( X, y, test_size=0.4, random_
state=0)
```

使用cross_val_score类实现交叉验证算法，通过以下代码对支持向量机算法的预测准确性进行交叉验证。

```
#4- 导入交叉验证类和支持向量机类
from sklearn.model_selection import cross_val_score   # 导入交叉验证类 cross_val_score
from sklearn import svm       # 导入支持向量机类 svm
#5- 在训练数据集上训练数据，通过测试数据集获取模型评分
clf = svm.SVC(kernel='linear', C=1).fit(X_train, y_train)
clf.score(X_test, y_test)
# 结果: 0.9666666666666667
#6- 创建交叉评估对象
scores = cross_val_score(estimator = clf,          # 参数 estimator 设置评估算法
                                X = X,          # 参数 X 设置训练的数据
                                y = y,          # 参数 y 设置预测的目标列
                                cv=5)          # 参数 cv 确定交叉验证分割策略
scores               # 查看交叉评估结果
array([0.96666667, 1.  , 0.96666667, 0.96666667, 1. ])
print(" 准确性为 %0.2f, 标准差为 %0.2f" % (scores.mean(), scores.std()))
# 结果输出：准确性为 0.98，标准差为 0.02
```

# 9.5 具体挖掘算法

本节将使用Excel与Python进行数据挖掘实践。Excel中使用数据挖掘插件完成数据挖掘，Python中使用scikit-learn包完成数据挖掘。用于演示的数据是"DataMining.xlsx"文件，其中包含AdventureWorks数据仓库中的客户销售明细数据。

## 9.5.1 线性回归

线性回归算法属于监督算法，表9-9所示为Excel数据挖掘插件与scikit-learn包中的线性回归算法的相关说明。

表9-9　Excel数据挖掘插件与scikit-learn包中的线性回归算法

| 线性回归算法 | 说明 |
| --- | --- |
| Excel 数据挖掘插件中的线性回归算法 | 该算法是 Microsoft 决策树算法的一种变体，有助于计算依赖变量和独立变量之间的线性关系，然后使用该线性关系进行预测 |
| scikit-learn 包中的线性回归算法 | 使用 sklearn.linear_model.LinearRegression 类构建线性回归算法对象 |

### 1. 在Excel中操作

（1）创建数据挖掘结构。

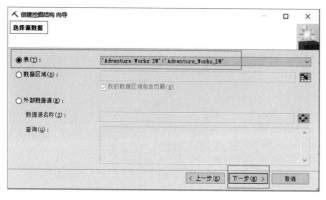

图9-23　选择数据挖掘结构的源数据

打开"DataMining.xlsx"文件，单击"数据挖掘"→"数据建模"→"高级"→"创建挖掘结构"功能。如图 9-23 所示，选中"选择源数据"界面中的"表"单选按钮，选择"Adventure Works DW"工作表，然后单击"下一步"按钮。

如图 9-24 所示，在"选择列"界面中将"客户编码"列的用法设置为键，然后单击"下一步"按钮进入"将数据拆分为定型集和测试集"界面，设置测试数据的百分比，最后将挖掘结构命名为"客户-结构"并保存。

（2）在数据挖掘结构上应用线性回归算法。

单击"数据挖掘"→"数据建模"→"高级"→"将模型添加到结构"功能，如图 9-25 所示，在"选择结构或模型"界面中选择第 1 步中创建的"客户-结构"挖掘结构，然后单击"下一步"按钮。

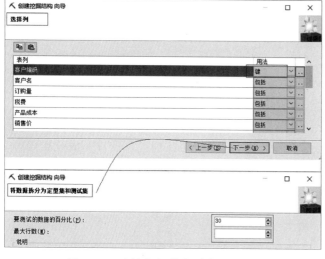

图9-24　选择数据挖掘结构的数据

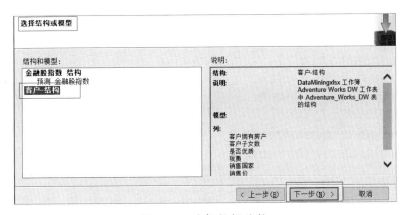

图9-25　选择挖掘结构

如图9-26所示，在"选择挖掘算法"界面中选择"Microsoft线性回归"算法，然后单击"下一步"按钮。

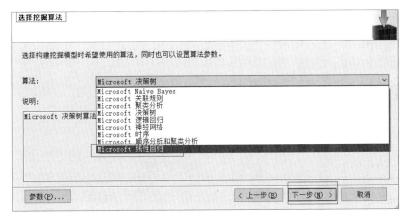

图9-26　选择挖掘算法

如图9-27所示，在"选择列"界面中将"产品成本""税费"列的用法设置为"输入"，将"销售价""运费"列的用法设置为"输入和预测"，单击"下一步"按钮进入"保存"界面，将模型命名为"客户-结构-线性回归"。

图9-27　选择输入和预测列

（3）查看线性回归算法挖掘结果。

线性回归算法的挖掘结果如图9-28所示，选择"决策树"选项卡中"树"下拉列表中的"销售价"列，即可看到对应的预测公式：销售价 = 491.120+19.999×(运费 -12.278)+0.00008×(产品成本 -289.077)+6.250×(税费 -39.288)。根据这个公式，在已知运费、产品成本、税费的情况下可以预估销售价。

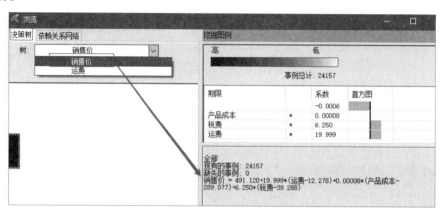

图9-28　查看线性回归算法挖掘结果

在"依赖关系网络"选项卡中可以查看预测列与输入列的依赖强度，如图 9-29 所示。选择图中不同的节点，将通过不同的颜色标识依赖关系。拖曳左侧的关系强度滑块，右侧各节点间的连接线的颜色深浅会随之发生变化，反应各节点依赖的强弱。

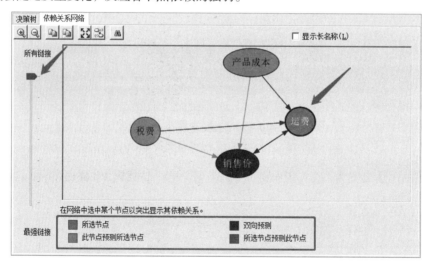

图9-29　查看依赖关系

（4）验证挖掘模型。

验证挖掘模型的准确性，可以使用"数据挖掘"→"准确性和验证"→"准确性图表"或"交叉验证"功能。单击"准确性图表"功能，如图 9-30 所示，选择"客户 - 结构 - 线性回归"算法模型，然后选择对"运费"列进行验证，此时 Excel 中会自动添加一个名为"准确性图表"的工作表，其中包含了准确性的验证结果。

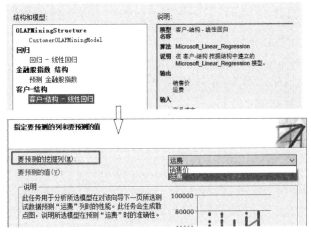

图9-30　验证挖掘模型

## 2. 在Python中操作

线性回归不限于只有一个因变量与自变量，完整的回归公式为：$y(w,x)=w_0+w_1x_1+\cdots+w_nx_n$，公式的参数对应scikit-learn线性回归算法类的属性值。

公式中自变量参数构成的向量（$w_1,\cdots,w_n$）对应 scikit-learn 线性回归算法类中的 coef_ 属性

公式中 $w_0$ 对应 scikit-learn 线性回归算法类中的 intercept_ 属性

以下代码演示了通过"运费""税费""产品成本"列预测"销售价"列，读者可参考本书代码素材文件"9-5-线性回归.ipynb"进行学习。

（1）读取"DataMining.xlsx"文件数据。

```
import pandas as pd     #导入 Pandas 库
dw =pd.read_excel("DataMining.xlsx",sheet_name='Adventure Works DW')
dw.shape          #查看数据量
  #结果: (60391, 16)
dw.info()          #查看数据结构
#结果: Column   Non-Null Count  Dtype
---  ------   --------------  -----
     0   客户编码      60391 non-null   int64
     1   客户名       60391 non-null   object
     ......
     14  产品成本      60391 non-null   float64
     15  销售价       60391 non-null   float64
dtypes: float64(4), int64(4), object(8)
memory usage: 7.4+ MB
```

（2）选择输入和输出字段，划分测试与训练数据集。

```
X=dw[[' 运费 ',' 税费 ',' 产品成本 ']]    #将运费、税费、产品成本列作为线性回归算法的输入字段
```

```
y=dw[' 销售价 ']                                #将销售价列作为线性回归算法的输出字段
from sklearn.model_selection import train_test_split
                                #划分测试数据集与训练数据集，划分比例为 6：4
X_train, X_test, y_train, y_test = train_test_split(X, y, test_size=0.4, random_
state=0)
```

（3）训练数据得到算法模型。

```
from sklearn.linear_model import LinearRegression        #导入线性回归模型
regr = LinearRegression(
    fit_intercept = True,        #参数 fit_intercept 表示是否计算截距，默认值为 True
    normalize = False,           #参数 normalize 设置标准化操作，默认值为 False
    copy_X = True,               #参数 copy_X 为布尔值，如果值为 True 会复制一份训练数据
    n_jobs = 2)                  #参数 n_jobs 用于设置计算的作业数
regr.fit(X_train,y_train)       #训练数据
print(' 回归方程系数：', regr.coef_)
#结果：回归方程系数： [7.11480967e-01 1.22776570e+01 6.75157422e-07]
print(' 截距：',regr.intercept_)
#结果：截距： -3.2303135355959967e-05
y_test_pre = regr.predict(X_test)        #使用回归模型对测试数据集进行预测
```

（4）验证线性回归算法模型。

```
from sklearn.metrics import mean_squared_error, r2_score
print(' 均方误差：%.2f'
      % mean_squared_error(y_test, y_test_pre))
#结果：均方误差： 0.00
print(' 计算判定系数 R^2: %.2f'
      % r2_score(y_test, y_test_pre))
#结果： 计算判定系数 R^2: 1.00
regr.score(X_test,y_test)     #使用 score 方法计算 R^2 值
#结果：0.9999999999999951
```

## 9.5.2 逻辑回归

逻辑回归算法属于监督算法，用于解决二分类问题。表 9-10 所示为 Excel 数据挖掘插件与 scikit-learn 包中的逻辑回归算法的说明。

表9-10　Excel数据挖掘插件与scikit-learn包中的逻辑回归算法

| 逻辑回归算法 | 说明 |
| --- | --- |
| Excel 数据挖掘插件中的逻辑回归算法 | 使用 Microsoft 逻辑回归算法，该算法是 Microsoft 神经网络算法的一种，支持对离散属性和连续属性进行二分类预测。 |
| scikit-learn 包中的逻辑回归算法 | 使用 sklearn.linear_model.LogisticRegression 或 LogisticRegressionCV 类构建逻辑回归对象 |

## 1. 在Excel中操作

在"DataMining.xlsx"文件中添加"是否优质"列，如果"客户年收入"列的值大于90000，则"是否优质"列的值为TRUE，否则为FALSE。下面演示使用Excel逻辑回归模型对"是否优质"列进行预测。

（1）将逻辑回归算法添加到挖掘结构。

参照9.5.1小节中的操作将"Microsoft逻辑回归"算法添加到"客户-结构"挖掘结构。

（2）设置逻辑回归算法列。

如图9-31所示，设置"客户年收入"列为输入列，"是否优质"列为预测列，"客户编码"列为键，将逻辑回归模型命名为"客户-结构-逻辑回归"。

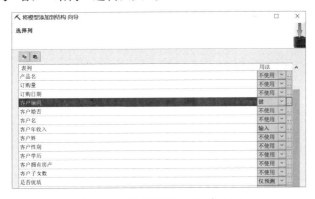

图9-31　设置逻辑回归算法列

（3）查看逻辑回归算法挖掘结果。

逻辑回归算法挖掘结果如图9-32所示，在"输出"区域中可以对输出的属性值进行选择；在"变量"区域中可以将输入值划分为不同的区间，并计算每个变量区间的预测概率，如图中预测年收入在8.2万元到15.9万元的客户有99.98%的可能性是优质客户。

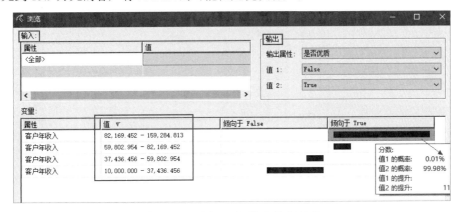

图9-32　逻辑回归算法挖掘结果

（4）验证逻辑回归模型。

使用"数据挖掘"→"准确性和验证"→"交叉验证"功能对"客户-结构-逻辑回归"模型进行

验证。如图 9-33 所示，设置交叉验证的参数，设置完成后 Excel 中会自动生成一个名为 "交叉验证" 的工作表，其中包含交叉验证的结果。

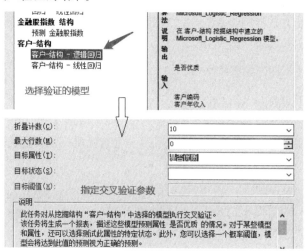

图9-33　逻辑回归交叉验证

### 2. 在Python中操作

使用 scikit-learn 包中的 sklearn.linear_model.LogisticRegression 类完成逻辑回归计算。读者可参考本书代码素材文件 "9-5-逻辑回归.ipynb" 进行学习。

（1）读取 "DataMining.xlsx" 文件数据。

```python
import pandas as pd        # 导入 Pandas 库
dw =pd.read_excel("DataMining.xlsx",sheet_name='Adventure Works DW')
```

（2）选择输入和输出字段，划分测试数据集与训练数据集。

```python
X=dw[[' 客户年收入 ']]      # 将客户年收入列作为输入字段
y=dw[' 是否优质 ']          # 将是否优质列作为输出字段
from sklearn.model_selection import train_test_split
                           # 划分测试数据集与训练数据集，划分比例为 6：4
X_train, X_test, y_train, y_test = train_test_split(X, y, test_size=0.4, random_
state=0)
```

（3）创建逻辑回归对象，训练数据生成模型。

```python
from sklearn.linear_model import LogisticRegression
clf = LogisticRegression(
    penalty='l2' ,          # 参数 penalty 用于解决过拟合问题，默认值为 l2
    solver = 'liblinear',   # 参数 solver 用于优化算法，使用的算法受 penalty 的值影响
)
clf.fit(X_train,y_train)     # 训练数据
clf.predict(X_test)          # 在测试数据集上预测
 #结果: array([False, False, False, ..., False, False, False])
```

```
clf.predict_proba(X_test)    #使用 predict_proba 方法查看预测值准确的概率
#结果：array([[0.65634881, 0.34365119],
      [0.65429429, 0.34570571],
      [0.65016799, 0.34983201],
      ...,
```

（4）验证逻辑回归模型。

```
clf.score(X_test,y_test)    #通过 score 方法计算给定测试数据和实际值的平均精度
#结果：0.8129320693794759
```

### 9.5.3 聚类分析

聚类分析算法属于无监督算法，可以从数据中发现隐藏的分类标准、标识数据中的异常、创建预测等。表 9-11 所示为 Excel 数据挖掘插件与 scikit-learn 包中的聚类分析算法的说明。

表9-11　Excel数据挖掘插件与scikit-learn包中的聚类分析算法

| 聚类分析 | 说明 |
| --- | --- |
| Excel 数据挖掘插件中的聚类分析算法 | 使用 Microsoft 聚类分析算法，该算法运用迭代技术将数据集的记录分成多个分类，其中每个分类包含类似的特征 |
| scikit-learn 包中的聚类分析算法 | 使用 sklearn.cluster 模块完成聚类计算，模块中包含各种不同的聚类分析算法 |

#### 1. 在Excel中操作

（1）打开 "DataMining.xlsx" 文件，并定位到 "Adventure Works DW" 工作表。

（2）创建聚类分析模型并配置聚类列。

参照 9.5.1 小节中的操作将 "Microsoft 聚类分析" 算法应用到 "客户-结构" 挖掘结构。如图 9-34 所示，选择 "段数" 为 "自动检测"，在 "输入列" 区域中勾选运费、税费、产品成本、销售价列，将聚类分析模型命名为 "各费用-聚类分析"。

（3）查看聚类分析算法挖掘结果。

聚类分析的结果如图 9-35 所示，

图9-34　聚类分析配置

结果中的 4 个选项卡分别是"分类关系图""分类剖面图""分类特征""分类对比"。在"分类关系图"选项卡中可以发现数据被分成了 6 类，各类间通过线段连接表示关系。

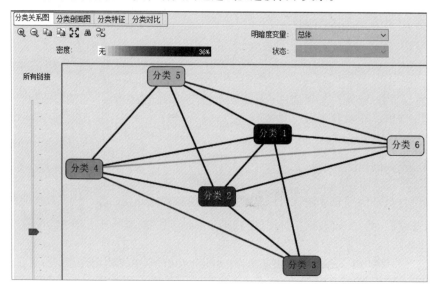

图9-35　查看聚类分析结果

在"分类剖面图"选项卡中可以查看每种分类的状态、数量、均值及标准差等信息；在"分类特征"选项卡中可以查看每种分类的值的范围及对应的概率；在"分类对比"选项卡中可以对比两个分类的对应指标值的范围及概率。

（4）验证聚类分析模型。

使用"交叉验证"功能对"各费用-聚类分析"模型进行验证，操作步骤与 9.5.2 小节中介绍的步骤相同，最终结果自动生成到"交叉验证"工作表。如图 9-36 所示，可以看到交叉验证的摘要信息，包括验证的误差的平均值与标准差。

| | "Adventure_Works_DW 结构"的交叉验证报表 | | | | |
|---|---|---|---|---|---|
| 1 | | | | | |
| 2 | 针对目标"#CLUSTER" | | | | |
| 3 | | | | | |
| 4 | 模型 | 各费用-聚类分析 | | | |
| 5 | 折叠计数 | 10 | | | |
| 6 | 最大行数 | 0 | | | |
| 7 | 使用的行数 | 30196 | | | |
| 8 | 目标属性 | #CLUSTER | | | |
| 9 | | | | | |
| 10 | 行可能性 的交叉验证摘要 | | | | |
| 11 | 模型名称 | 平均值 | 标准偏差 | | |
| 12 | 各费用-聚类 | 0.9781 | 0.0022 | | |
| 13 | | | | | |
| 14 | 交叉验证详细信息 | | | | |
| 15 | 模型名称 | 分区索引 | 分区大小 | 度量值 | 值 |
| 16 | 各费用-聚类 | 1 | 3020 | 行可能性 | 0.9755 |

图9-36　聚类分析交叉验证

## 2. 在Python中操作

通过 scikit-learn 中的 sklearn.cluster 模块可以调用各算法类进行聚类计算，演示代码如下，读者可参考本书代码素材文件 "9-5-聚类分析.ipynb" 进行学习。

（1）读取 "DataMining.xlsx" 文件数据，用于聚类分析。

```python
import pandas as pd      # 导入 Pandas 库
dw =pd.read_excel("DataMining.xlsx",sheet_name='Adventure Works DW')
dw.head(2)
```

（2）选择输入，划分测试数据集与训练数据集。

```python
X=dw[[' 运费 ',' 税费 ',' 产品成本 ',' 销售价 ']]
                              #将运费、税费、产品成本、销售价列作为输入字段
from sklearn.model_selection import train_test_split
                              # 划分测试数据集与训练数据集，划分比例为 6：4
X_train, X_test = train_test_split(X, test_size=0.4, random_state=0)
```

（3）创建聚类分析对象，训练数据生成模型。

```python
from sklearn.cluster import KMeans
k_means = KMeans(init='k-means++',   # 参数 init 设置聚类算法，默认值为 k-means++
        n_clusters=6,                # 参数 n_clusters 表示分类的数量
        n_init=10)                   # 参数 n_init 是初始化计算的分类数
k_means.fit(X_train)                 # 训练数据
k_means.cluster_centers_            # 查看每个分类的中心
#结果: array([[5.75154264e-01, 1.84035355e+00, 1.02687261e+01, 2.30044194e+01],
      [5.83973671e+01, 1.86871420e+02, 1.37556116e+03, 2.33589275e+03],
      ......
k_means.predict(X_test)             # 对测试数据集进行预测
```

## 9.5.4 贝叶斯算法

贝叶斯算法是监督算法，用于计算输入列与可预测列之间的条件概率。表 9-12 所示为 Excel 数据挖掘插件与 scikit-learn 包中的贝叶斯算法的说明。

表9-12 Excel数据挖掘插件与scikit-learn包中的贝叶斯算法

| 贝叶斯算法 | 说明 |
|---|---|
| Excel 数据挖掘插件中的贝叶斯算法 | 使用 Microsoft Naive Bayes 算法，该算法是一种可以快速生成且适合预测性建模的分类算法。 |
| scikit-learn 包中的贝叶斯算法 | 通过 sklearn.naive_bayes 模块下的各种算法完成贝叶斯分析 |

### 1. 在Excel中操作

（1）打开"DataMining.xlsx"文件，并定位到"Adventure Works DW"工作表。

（2）创建贝叶斯算法模型并配置输入、预测列。

参照 9.5.1 小节中介绍的操作将"Microsoft Naive Bayes"算法应用到"客户-结构"挖掘结构。设置输入列和预测列，将"客户婚否"列设置为"仅预测"，将"客户学历"列、"客户拥有房产"列、"客户子女数"列、"是否优质"列设置为"输入"。最后将贝叶斯算法模型命名为"客户-结构-Bayes"。

（3）查看贝叶斯挖掘结果。

如图 9-37 所示，挖掘结果中的 4 个选项卡分别是"依赖关系网络""属性配置文件""属性特征""属性对比"。在"属性配置文件"选项卡中可以查看属性值及其所占比例。

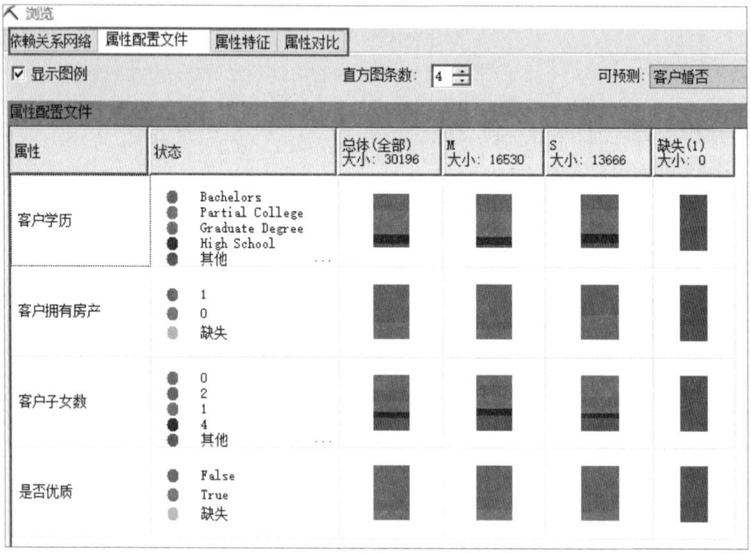

图9-37　查看贝叶斯挖掘结果

在"依赖关系网络"选项卡中可以查看预测列对每个输入属性的依赖程度；在"属性特征"选项卡中可以查看每个输入属性值对应每种预测值的概率；在"属性对比"选项卡中可以查看每个输入字段取不同值时对应的预测概率。

（4）验证贝叶斯模型。

使用"分类矩阵"功能对贝叶斯模型进行验证，该功能对比测试结果与实际值，将对比的结果以正确和错误分类矩阵展示。选择"数据挖掘"→"准确性和验证"→"分类矩阵"功能，选择"客户-结构-Bayes"模型，然后选择要预测的列与展示的方式。如图 9-38 所示，验证结果被自动添加到"分类矩阵"工作表中。

| 模型“客户-结构 - Bayes”的正确/错误分类的计数 | | |
|---|---|---|
| 预测列“客户婚否” | | |
| 列对应于实际值 | | |
| 行对应于预测值 | | |
| | | |
| 模型名称: | 客户-结构 - Bayes | 客户-结构 - Bayes |
| 正确总计: | 65.64% | 19819 |
| 错误分类总计: | 34.36% | 10376 |
| | | |
| 模型“客户-结构 - Bayes”的百分比结果 | | |
| | M(实际) | S(实际) |
| M | 74.71% | 45.65% |
| S | 25.29% | 54.35% |
| | | |
| 正确 | 74.71% | 54.35% |
| 分类错误 | 25.29% | 45.65% |

图9-38　分类矩阵验证结果

### 2. 在Python中操作

scikit-learn中的sklearn.naive_bayes模块中有多个可供使用的贝叶斯算法类，演示代码如下。读者可参考本书代码素材文件“9-5-贝叶斯分析.ipynb”进行学习。

（1）读取“DataMining.xlsx”文件数据，用于贝叶斯分析。

```
import pandas as pd    #导入Pandas库
dw =pd.read_excel("DataMining.xlsx",sheet_name='Adventure Works DW')
```

（2）选择输入和输出字段，进行特征转换，划分测试数据集与训练数据集。

```
X=dw[['客户学历','客户拥有房产','客户子女数','是否优质']]    #算法输入字段
y=dw['客户婚否']           #算法输出字段
#ColumnTransformer转换器能将Pandas DataFrame类型数据转换为算法需要的特征数据
from sklearn.compose import ColumnTransformer
#OneHotEncoder类实现独热编码算法，可用于特征转换
from sklearn.preprocessing import OneHotEncoder
column_trans = ColumnTransformer(
    [('学历', OneHotEncoder(dtype='int'),['客户学历']),     #进行独热转换
     ('客户拥有房产', "passthrough", ['客户拥有房产']),
     ('客户子女数','passthrough',['客户子女数']),
     ('是否优质','passthrough',['是否优质'])],
remainder='drop')
column_trans.fit(X)
column_trans.get_feature_names()    #从转换器中获取特征的名称
  #结果：['学历__x0_Bachelors',
         '学历__x0_Graduate Degree',
         '学历__x0_High School',
         '学历__x0_Partial College',
         '学历__x0_Partial High School',
         '客户拥有房产',
         '客户子女数',
```

```
            ' 是否优质 ']
tran_inputs=column_trans.transform(X)          #转换数据
#划分测试与训练数据集
from sklearn.model_selection import train_test_split   #划分测试数据集与训练数据集，划
                                                        分比例为 6：4
X_train, X_test, y_train, y_test = train_test_split(tran_inputs, y, test_size=0.4,
random_state=0)
```

（3）创建贝叶斯算法对象，训练数据生成模型。

```
from sklearn.naive_bayes import GaussianNB
gnb = GaussianNB()                        #创建贝叶斯算法对象
gnb.fit(X_train, y_train)                 #训练数据
y_pred=gnb.predict(X_test)                #预测数据
gnb.predict_proba(X_test)                 #计算预测结果的准确性
#结果：array([[0.62758934, 0.37241066],
       [0.20462499, 0.79537501],
       [0.87992824, 0.12007176],
       ...,
```

（4）验证贝叶斯算法模型。

```
gnb.score(X_test,y_test)     #使用 score 函数评估预测的准确性
#结果：0.6524402864594113
from sklearn import metrics
print("Accuracy:",metrics.accuracy_score(y_test, y_pred))
#结果：Accuracy: 0.6524402864594113
from sklearn.metrics import confusion_matrix     #使用交叉矩阵评估准确性
confusion_matrix(y_test, y_pred)
#结果：array([[10186,  3070],
      [ 5326,  5575]], dtype=int64)
```

## 9.5.5 决策树算法

决策树算法属于监督算法，在已知各种情况发生概率的基础上，通过构建决策树可以计算期望值大于等于零的概率。表 9-13 所示为 Excel 数据挖掘插件与 scikit-learn 包中的决策树算法的说明。

表9-13　Excel数据挖掘插件与scikit-learn包中的决策树算法

| 决策树算法 | 说明 |
| --- | --- |
| Excel 数据挖掘插件中的决策树算法 | 使用 Microsoft 决策树算法，该算法是一种适合预测性建模的分类算法，支持多种分析任务，包括回归、分类及关联。 |
| scikit-learn 包中的决策树算法 | 使用 sklearn.tree.DecisionTreeClassifier 类进行决策树算法的计算 |

### 1. 在Excel中操作

（1）打开 "DataMining.xlsx" 文件，并定位到 "Adventure Works DW" 工作表。

（2）创建决策树模型并配置输入、输出列。

参照 9.5.1 小节中介绍的操作将 "Microsoft 决策树" 算法应用到 "客户-结构" 挖掘结构，然后设置输入列和预测列，将 "客户学历" 列设置为 "输入与预测"，将 "客户年收入" "客户子女数" "客户拥有房产" 列设置为 "输入列"，将决策树模型命名为 "客户-结构-树"。

（3）查看决策树算法挖掘结果。

图 9-39 所示为决策树算法挖掘结果，单击图中标识 1 处的按钮即可查看下一层树节点数据；单击图中标识 2 处的树节点，右侧的 "挖掘图例" 区域中将显示预测列值的概率。

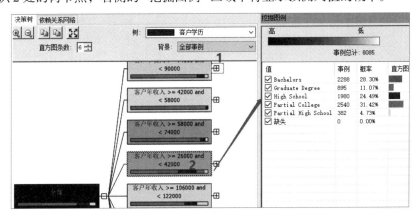

图9-39　决策树算法挖掘结果

（4）验证决策树模型。

使用 "准确性图表" 功能对 "客户-结构-树" 模型进行验证。单击 "数据挖掘"→"准确性和验证"→"准确性图表" 功能，选择 "客户-结构-树" 模型，将预测挖掘列设置为 "客户学历"，预测的值设置为 "graduate degree"。如图 9-40 所示，验证结果将被自动添加到 "准确性图表" 工作表中。

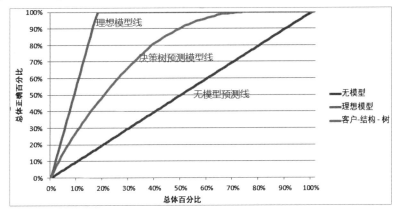

图9-40　决策树准确性图表

## 2. 在Python中操作

scikit-learn中通过sklearn.tree.DecisionTreeClassifier类完成决策树算法的计算，演示代码如下。读者可参考本书代码素材文件"9-5-决策树.ipynb"进行学习。

（1）读取"DataMining.xlsx"文件数据，用于决策树分析。

```
import pandas as pd        # 导入 Pandas 库
dw =pd.read_excel("DataMining.xlsx",sheet_name='Adventure Works DW')
```

（2）选择输入和输出字段，划分测试与训练数据集。

```
X=dw[[' 客户年收入 ',' 客户拥有房产 ',' 客户子女数 ']]# 将客户年收入、客户拥有房产、客户子女数
                                      列作为输入字段，但需要进行特征转换
y=dw[' 客户学历 ']      # 将客户学历列作为输出字段
from sklearn.model_selection import train_test_split    # 划分测试数据集与训练数据集，划
                                      分比例为 6∶4
X_train, X_test, y_train, y_test = train_test_split(X, y, test_size=0.4, random_
state=0)
```

（3）创建决策树对象，训练数据生成模型。

```
from sklearn.tree import DecisionTreeClassifier
clf = DecisionTreeClassifier(
    criterion = 'gini' ,      # 参数 criterion 表示决策树拆分算法，有 gini 与 entropy 两种
    splitter = 'best' ,      # 参数 splitter 表示在决策树中每个节点上选择的分隔策略
max_depth = 5)  # 参数 max_depth 表示决策树的最大深度
clf.fit(X_train, y_train)      # 训练数据
y_pre=clf.predict(X_test)      # 预测结果
clf.predict_proba(X_test)      # 预测概率
```

（4）验证决策树算法模型。

```
clf.get_depth()              # 决策树深度
clf.get_n_leaves()            # 决策树叶子节点数
clf.score(X_test,y_test)      # 计算准确性得分
 # 结果: 0.4313863476425053
from sklearn import tree
tree.plot_tree(clf)            # 通过 .plot_tree 绘制决策树
```

第 **10** 章

## 数据可视化

　　数据可视化是关于数据视觉表现形式的技术研究，可视化的数据形式更容易被人记忆和理解。本章将介绍 Excel 与 Python 中数据可视化的操作。

### 本章主要知识点

　　>> 数据可视化基础。

　　>> Excel 数据可视化方案的介绍和操作实践。

　　>> Python 数据可视化方案的介绍和操作实践。

　　>> 可视化图的特征、作用、创建方法。

　　>> 特殊可视化图的使用。

## 10.1 > 数据可视化基础

本节将对数据可视化图的基本元素和在 Excel 与 Python 中构建数据可视化图的方法进行介绍。

### 10.1.1 > 数据可视化图的构成

大部分数据可视化图是二维图，也有小部分是三维图。数据可视化图中包含的最基本的元素。如图 10-1 所示，通过这些元素可以展示数据的相关属性。

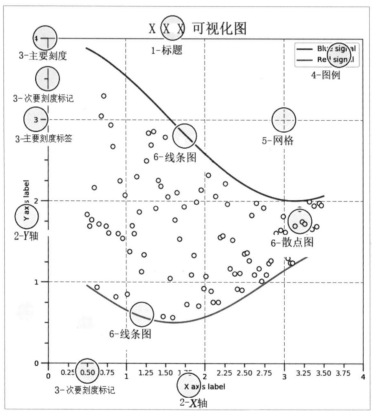

图10-1 数据可视化图的基本元素

### 1. 标题

标题用于概括图形的主要内容、交代数据背景，如 "2021 年各品牌手机销量对比"。

### 2. X、Y 轴

二维图形中通过 X、Y 轴构建坐标体系，结合轴刻度制定数据衡量标准。

### 3. X、Y 轴刻度和标签

X、Y 轴的刻度决定能度量的最小数据粒度，需要注意刻度一定要合理，否则会传递错误信息或无法对数据进行观察。

#### 4. 图例

图例用于对图中数据内容进行说明。

#### 5. 网格

网格是根据 $X$、$Y$ 轴的刻度绘制的，通过网格更容易定位数据、查看局部数据。

#### 6. 可视化图

可视化图是最主要的元素，如饼图、散点图、条形图等。不同的可视化图有不同的适用场景。

### 10.1.2 数据可视化陷阱

下面介绍数据可视化陷阱，以说明合理选择、构建数据可视化图元素的重要性。

#### 1. 误导信息

表 10-1 所示为一份 2021 年每月产品销售数据，对这份数据进行可视化分析。即便是分析同一份数据，设置不同的可视化图元素，呈现出的结果也会不同。

**表10-1　2021年每月产品销售数据**

| 月份 | 202101 | 202102 | 202103 | 202104 | 202105 | 202106 | 202107 | 202108 |
|---|---|---|---|---|---|---|---|---|
| 销售额（万元） | 20 | 23 | 26 | 25 | 28 | 27 | 30 | 32 |

图 10-2 所示为根据表 10-1 中数据绘制的两张折线图，两张折线图的原点不一样，$Y$ 轴的刻度也不一样，可以看到左侧图中折线上升幅度较小；右侧图中折线上升幅度较大，让人感觉销售额有很大提升，具有一定的误导性。因此在进行数据可视化分析时一定要注意各元素的设置，不要被第一印象迷惑。

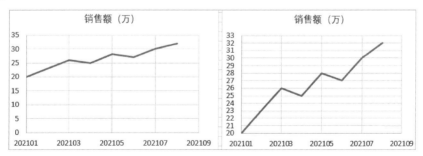

图10-2　数据可视化图的差异表现

#### 2. 错误选择可视化图

不同的可视化图有不同的适用场景，如果选择了不适合当前场景的可视化图，传递的信息也没有意义。图 10-3 所示为使用饼图展示表 10-1 中的月份数据。饼图用于展示每一份数据在总数据中的占比，使用饼图展示月份数据就是没有意义的。

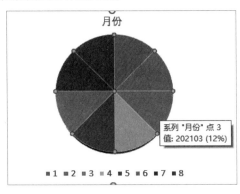

图10-3　错误使用饼图

## 10.2 可视化方案

本节将介绍 Excel 和 Python 中的数据可视化方案。Excel 中使用功能区中"图表""迷你图"组中的功能进行数据可视化，Python 中使用 Matplotlib 包、Bokeh 包进行数据可视化。

### 10.2.1 Excel 数据可视化方案

如图 10-4 所示，Excel 中使用功能区中"插入"选项卡下"图表"与"迷你图"组中的功能进行数据可视化。其中"图表"组提供了各类可视化图，"迷你图"组提供在一个单元格中绘制数据可视化图的功能。

图10-4　Excel 中的数据可视化功能

在 Excel 中进行数据可视化可按以下 4 个步骤操作。

（1）打开要可视化的数据，可以是经过 Power Query、Power Pivot 处理的数据。

（2）选中要可视化的数据所在的单元格区域，或使用数据透视图功能。

（3）选择"图表"或"迷你图"组中的功能。

（4）对数据可视化图的外观和属性进行设置。

### 10.2.2 Python数据可视化方案

Python中有很多数据可视化包可以使用，本节演示使用Matplotlib包、Bokeh包。Matplotlib包类似于MATLAB绘图工具，通常与NumPy、Pandas包搭配使用。Bokeh包使用HTML和JavaScript渲染数据可视化图。使用Python进行数据可视化的主要操作步骤如下。

（1）导入Matplotlib、Bokeh等数据可视化包中的功能。

（2）读取要可视化的数据。

（3）创建可视化图对象，对读取的数据进行可视化。

（4）对可视化图的外观和属性进行设置。

### 10.2.3 辨认数据类型

数据可以划分为类别数据、数值数据、顺序数据。学会辨认这3类数据，才能合理地进行数据可视化。

（1）类别数据：按照事物的某种属性对其进行分类、分组得到的数据，如将学生分为1年级、2年级、3年级。类别数据不适合在可视化图中作为度量对象，但适合作为轴的刻度和标签。

（2）数值数据：数值数据是按数字尺度测量的观察值，如2公里的路程、8米长的绳子、10万元的销售额，数值数据是可视化图表达的主要内容。

（3）顺序数据：能够表示一定顺序的数据，最常见的是时间数据，需确保按正确的顺序排列。

### 10.2.4 选择可视化图

合理选择可视化图，决定了数据可视化的效果。可视化图需要结合数据特点与分析需求进行选择。

## 10.3 散点图

本节将介绍散点图的特点与应用场景，并分别使用Excel与Python对同一份数据绘制散点图。

### 10.3.1 散点图说明

散点图的数据点在直角坐标系平面上的分布样式如图10-5所示。散点图中数据点所处位置对应X、Y轴的坐标。

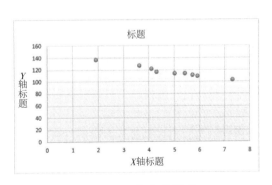

图10-5　散点图样式

散点图适用于以下场景。

（1）比较两组或两组以上数据。

（2）水平轴的值不是均匀分布。

（3）要更改水平轴的刻度。

## 10.3.2 在Excel中绘制散点图

Excel中有多种绘制散点图的功能，如图 10-6 所示。"散点图"功能用于绘制不使用线段连接数据点的散点图；"带平滑线和标记的散点图"和"带平滑线的散点图"功能用于绘制使用平滑曲线连接数据点的散点图；"带直线和标记的散点图"和"带直线的散点图"功能用于绘制使用直线连接数据点的散点图。下面详细介绍绘制散点图的步骤。

图10-6　Excel中绘制散点图的功能

### 1. 读取数据文件，确定要可视化的数据

打开第 6 章中构建的股票指数数据文件 "stock_result.xlsx"，将"资源股指数"工作表中的"开盘价"列、"最高价"列、"最低价"列、"收盘价"列作为 $Y$ 轴数据，"交易日"列作为 $X$ 轴数据。

### 2. 选择要使用的散点图

选择散点图需确保已经选中了数据，否则无法看到任何效果。如图 10-7 所示，选择图中标识 1 处的空单元格后，如果单击标识 2 处的"推荐的图表"功能将会提示警告信息；如果单击标识 3 处的"散点或气泡图"功能虽然不会报错，但只能绘制出空白可视化图。

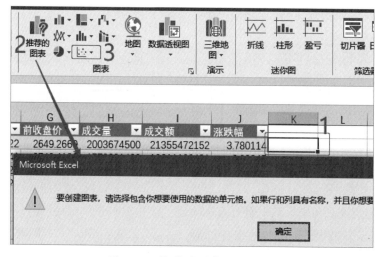

图10-7　推荐的图表功能报错

选中"资源股指数"工作表中的所有列，单击"推荐的图表"功能，打开"插入图表"窗口，如图 10-8 所示，选择"所有图表"选项卡中的"X Y 散点图"选项，然后选择右侧区域中的散点图，最后单击"确定"按钮即可。

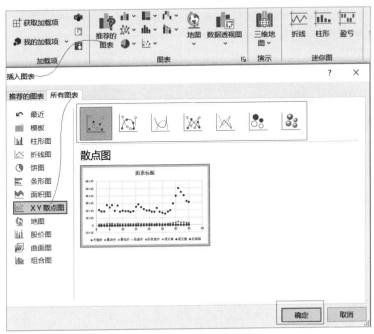

图10-8  插入散点图

图 10-9 所示为插入的"资源股指数"工作表数据的散点图，但此时数据的可视化效果并不理想。

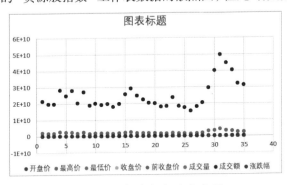

图10-9  自动生成的散点图

### 3. 选择、配置可视化行列

Excel默认以行数据作为 X 轴的标签，导致了图 10-9 所示的散点图中的数据点重叠在一起的问题。选中绘制的散点图，功能区中会激活"图表设计"和"格式"两个选项卡，通过这两个选项卡中的功能可以对可视化图进行调整。

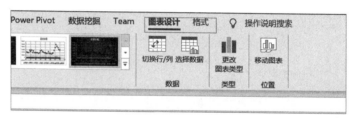

图10-10　图表设计和格式选项卡

单击"图表设计"→"选择数据"功能，打开如图 10-11 所示的"选择数据源"窗口，此时功能区中会激活"分析""表设计""查询" 3 个选项卡。在"选择数据源"窗口中可以查看使用的数据源和设置 $X$、$Y$ 轴对应的数据。

勾选"图例项（系列）"列表框中的"开盘价"，然后单击"编辑"按钮，打开如图 10-12 所示的"编辑数据系列"窗口，在"系列名称"输入框中输入"开盘价"列名所在的单元格；在"$X$ 轴系列值"输入框中输入"交易日"列的单元格区域，但不包含列名；在"$Y$ 轴系列值"输入框中输入"开盘价"列的单元格区域，但不包含列名。

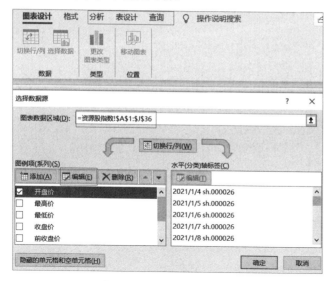

图10-11　选择数据源窗口

图10-12　编辑数据系列窗口

对"最高价"列、"最低价"列、"收盘价"列执行和"开盘价"列进行相同的操作。

### 4. 调整 $X$、$Y$ 轴刻度

经过第 3 步的调整后，可以看到 $X$ 轴的刻度变成了日期，但 $X$、$Y$ 轴的刻度值不合理，导致散点图重叠排布。双击 $X$ 轴或右击打开功能菜单并选择"设置坐标轴格式"功能，打开如图 10-13 所示的"设置坐标轴格式"界面，展开"坐标轴选项"区域，设置边界的最小值为 44190，最大值为44260；单位的最大值为 10，最小值为 2。以同样的方法对 $Y$ 轴进行设置，边界范围为 2500~3500，单位的最大值为 10，最小值为 5。

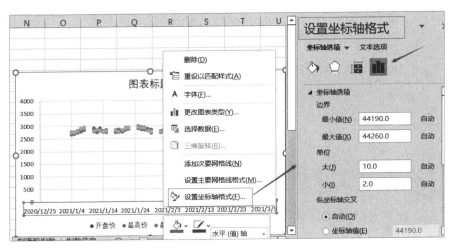

图10-13　设置坐标轴格式

### 5. 设置标题和轴标签

经过第 4 步的处理后，散点图即可正常显示，但是标题和 *X*、*Y* 轴标签还没有设置。双击原标题"图表标题"，进入编辑状态，输入标题"上证资源股指数 202101—202102"。单击"图表设计"→"图表布局"→"添加图表元素"→"坐标轴标题"列表中的功能，设置 *X*、*Y* 轴标签，设置完毕后图表底部会自动添加图例，如图 10-14 所示。

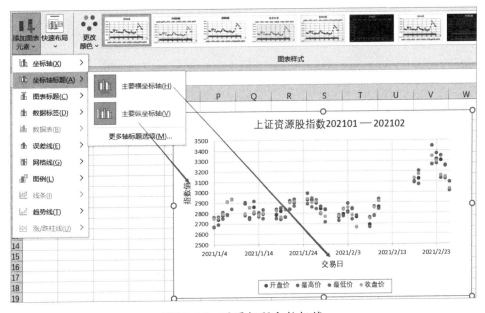

图10-14　设置标题和轴标签

## 10.3.3　在Python中绘制散点图

本小节演示使用 Matplotlib 包绘制散点图，并对可视化元素对应的类对象和操作方法进行说明，演示使用Bokeh包创建可交互的动态散点图。读者可参考本书代码素材文件"10-3-散点图-plot.ipynb"进行学习。

### 1. 使用Matplotlib包绘制散点图

（1）读取Excel文件，划分对应*X*、*Y*轴的数据。

```python
import pandas as pd                     # 导入 Pandas 库
dw =pd.read_excel("stock_result.xlsx",sheet_name=' 资源股指数 ')
x_day = dw[' 交易日 ']                   # 划分交易日列为 X 轴数据
# 划分开盘价、最高价、最低价、收盘价列为 Y 轴数据
y_open = dw[' 开盘价 ']
y_high = dw[' 最高价 ']
y_low = dw[' 最低价 ']
y_close = dw[' 收盘价 ']
```

（2）导入Matplotlib包中的散点图函数scatter。

```python
import matplotlib.pyplot as plt
fig, ax = plt.subplots()
# 以下两行代码用于在图中正常显示中文
plt.rcParams['font.sans-serif'] = ['KaiTi']         # 指定默认字体
plt.rcParams['axes.unicode_minus'] = False          # 使坐标轴刻度正常显示正负号
# 创建散点图，参数 label 用于设置图例
ax.scatter(x_day, y_open,label=' 开盘价 ')
ax.scatter(x_day, y_high,label=' 最高价 ')
ax.scatter(x_day, y_low,label=' 最低价 ')
ax.scatter(x_day, y_close,label=' 收盘价 ')
```

（3）设置散点图的标题及图例。

```python
ax.set_title(label = u' 上证资源股指数 202101—202102',fontsize = 16)   # 设置图表标题
ax.set_xlabel(xlabel=u' 交易日 ',fontsize = 16)       # 设置 X 轴标签
ax.set_ylabel(ylabel=u' 指数值 ',fontsize = 16)       # 设置 Y 轴标签
ax.legend(loc='upper left')                           # 设置图例位置
```

（4）设置散点图*X*、*Y*轴的刻度及网格。

```python
# 设置 X、Y 轴显示值的范围和格式
plt.xticks(rotation=45)                 # 时间字符串较长，将其设置为倾斜显示便于观察
ax.set_ylim(bottom=2500,top=3500)       # 使用 set_ylim 函数设置 Y 轴显示值的范围
ax.grid(True)                           # 显示网格
```

（5）显示、保存散点图。

```python
plt.tight_layout()                      # 自动调整子图参数
plt.savefig(' 散点图 .jpg')             # 保存图片
```

以上代码运行完毕后，得到的散点图如图 10-15 所示。

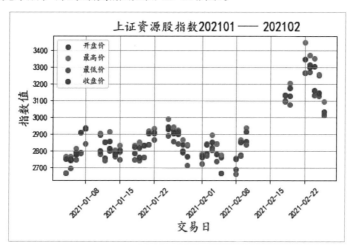

图10-15　使用Matplotlib包绘制散点图

## 2. 使用Bokeh包绘制散点图

（1）读取Excel文件，划分对应 $X$、$Y$ 轴的数据。

```python
import pandas as pd          # 导入 Pandas 库
dw =pd.read_excel("stock_result.xlsx",sheet_name=' 资源股指数 ')
x_day = dw[' 交易日 ']        # 划分交易日列为 X 轴数据
# 划分开盘价、最高价、最低价、收盘价列为 Y 轴数据
y_open = dw[' 开盘价 ']
y_high = dw[' 最高价 ']
y_low = dw[' 最低价 ']
y_close = dw[' 收盘价 ']
```

（2）创建Bokeh包中主要构图对象。

```python
from bokeh.plotting import figure,show
# 创建 figure 对象
graph  = figure(title=" 上证资源股指数 202101—202102",
                              # 设置标题，也可以通过 firgure.title 设置
         x_axis_label=" 交易日 ",  # 参数 x_axis_label 设置 X 轴标签
         y_axis_label=" 指数值 ")  # 参数 y_axis_label 设置 Y 轴标签
# 通过 figure 对象调用不同的图形函数，如调用 scatter 函数绘制散点图，传入 X、Y 轴的值即可
points = graph.scatter(x_day, y_open)  # 开盘价散点图
graph.scatter(x_day, y_high)           # 最高价散点图
graph.scatter(x_day, y_low)            # 最低价散点图
graph.scatter(x_day, y_close)          # 收盘价散点图
show(graph) # 展示可视化图
```

以上代码运行完毕后，会自动打开浏览器显示散点图，如图 10-16 所示，由于没有指定输入的

HTML文件名，URL的路径是临时目录。通过右侧工具栏中的工具，可以对图形进行拖曳、放大、缩小、保存等操作。图中X轴的数据格式不正确，不同类型数据的散点图都是同一颜色，且没有图例，接下来将修正这些问题。

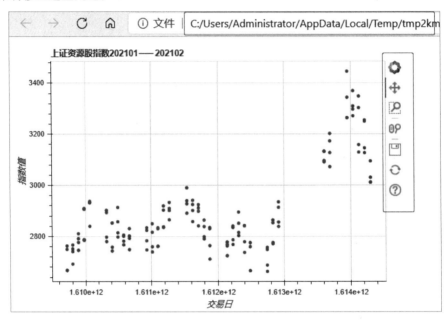

图10-16　使用Bokeh包绘制散点图

（3）在第2步的基础上创建figure对象时添加更多属性参数。

```
# 创建 figure 对象，通过参数添加更多属性
graph  = figure(title=" 上证资源股指数 202101-202102",    # 指定可视化图的标题
        x_axis_label=" 交易日 ",
        y_axis_label=" 指数值 ",
        max_width=600,                  # 添加 max_width 参数指定可视化图的宽度
        plot_height=400,                # 添加 plot_height 参数指定可视化图的高度
        y_range = (2500,3500) ,         # 添加 y_range 参数设置 Y 轴的数据范围
        x_axis_type="datetime")         # 添加 x_axis_type 参数指定 X 轴的数据类型为日期
# 添加 legend_label 参数设置图例，添加 fill_color 参数设置颜色，添加 size 参数设置大小
open_scatter = graph.scatter(x_day, y_open,
        legend_label=' 开盘价 ',
        fill_color='yellow',            # 设置图例的颜色
        size=14)                        # 设置散点的大小
high_scatter = graph.scatter(x_day, y_high,
        legend_label=' 最高价 ',
        fill_color='red',
        size=10)                        # 最高价散点图
low_scatter = graph.scatter(x_day, y_low,
        legend_label=' 最低价 ',
        fill_color='blue',
```

```
                  size=10)                    #最低价散点图
close_scatter = graph.scatter(x_day, y_close,
            legend_label=' 收盘价 ',
            fill_color='green',
            size=10)                          #收盘价散点图
```

（4）添加图例并设置*X*、*Y*轴的属性。

```
#1-legend 属性设置图例相关信息
graph.legend.location = "top_left"          #设置图例位置
graph.legend.title = " 指数名称 "            #设置图例标题
#2-title 属性设置标题相关信息
graph.title.text = ' 上证资源股指数 202101—202102'
graph.title.text_font_size  = '25px'        #设置标题大小
#3- 设置 X、Y 轴，X 轴用 xaxis 属性表示，Y 轴用 yaxis 属性表示
graph.xaxis.axis_label = " 交易日（天）"   #设置 X 轴标签
graph.xaxis.axis_line_width = 3             #设置 X 轴宽度
graph.xaxis.axis_line_color = "black"       #设置 X 轴颜色
graph.yaxis.major_label_text_color = "orange"  #设置 Y 轴刻度颜色
graph.yaxis.axis_line_width = 3             #设置 Y 轴宽度
```

（5）设置工具栏并添加Widgets部件。

```
#4-toolbar 属性用于设置工具栏
graph.toolbar.logo = None                   # 不展示 Bokeh logo
graph.toolbar_location = "below"            # 在下方显示工具栏
#5- 添加 Widgets 部件，增强交互能力
from bokeh.models import Div, Spinner
from bokeh.layouts import layout
spinner = Spinner(
    title=" 调整散点图大小 ",  #widget 标题
    low=0,   #最小值
    high=60,  #最大值
    step=2,   #调整的粒度
    value=open_scatter.glyph.size,        # 关联的图形
    )
spinner.js_link("value", open_scatter.glyph, "size")   #关联开盘价散点图
layout = layout([
    [spinner],
    [graph],
])
show(layout)
```

以上代码运行完毕后，得到的散点图效果如图 10-17 所示。该散点图中完善了可视化图中的基本元素，通过图中顶部的"调整散点图大小"工具可以调整图中"开盘价"散点图的大小。

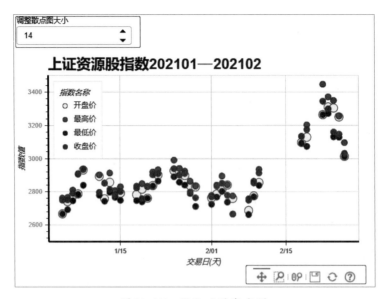

图10-17　优化后的散点图

# 10.4 饼图

本节介绍饼图的特点与应用场景，并分别使用Excel与Python对同一份数据绘制饼图。

## 10.4.1 饼图说明

饼图用于展示部分与整体的关系。图 10-18 所示为饼图的样式，不同类别的数据通过饼图中不同颜色或图案的扇形表示。

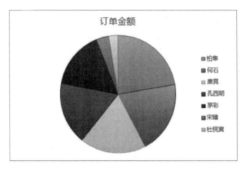

图10-18　饼图样式

饼图适用于以下场景。

（1）只有一个数据系列，且数据中没有负数。

（2）数据中几乎没有零值。

（3）数据类别不多，且这些类别共同构成了全部数据。

## 10.4.2 在Excel中绘制饼图

Excel中有多种绘制饼图的功能，如图 10-19 所示。"饼图"和"三维饼图"功能用于绘制以二维或三维样式显示不同类别数据占总值的比例的饼图，"复合饼图"和"复合条饼图"功能用于绘制特殊的饼图，数据中一些较小值会被单独绘制为"次饼图"或"堆积条形图"。

饼图　　三维饼图　　复合饼图　　复合条饼图

图10-19　Excel中绘制饼图的功能

### 1. 读取数据文件，确定要可视化的数据

打开第 6 章中构建的"stock_result.xlsx"文件中的"追加 1"工作表，选中 A2:A8 和 E2:E8 单元格区域作为要可视化的数据。

### 2. 选择要使用的饼图

选择"插入"→"图表"→"饼图"功能，或打开"推荐的图表"功能窗口，选择要使用的饼图。

### 3. 配置饼图相关属性

将饼图标题设置为"各指数开盘价第二周中值对比"，调整图例字体大小。使用"设计"→"图表布局"→"数据标签"→"数据标注"列表中的功能为饼图添加数据标注。饼图的最终效果如图 10-20 所示，可以发现"sh.000121"开盘价最高。

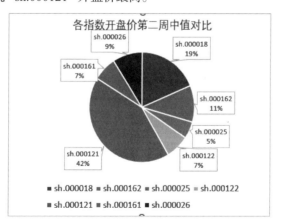

图10-20　在Excel中绘制的饼图效果

## 10.4.3 在Python中绘制饼图

使用Matplotlib包和Bokeh包绘制饼图，操作代码如下。读者可参考本书代码素材文件"10-3-

饼图 .ipynb" 进行学习。

### 1. 使用Matplotlib包绘制饼图

（1）读取 Excel 文件，生成 Pandas DataFrame 类型数据。

```
import pandas as pd        #导入 Pandas 库
dw =pd.read_excel("stock_result.xlsx",sheet_name=' 追加 1')
data = dw.iloc[0:7]
```

（2）使用 pie 函数绘制饼图。

```
import matplotlib.pyplot as plt
fig, ax = plt.subplots()
plt.rcParams['font.sans-serif'] = ['KaiTi']    #指定默认字体
plt.rcParams['axes.unicode_minus'] = False     #使坐标轴刻度正常显示正负号
ax.pie( x=data[' 中值 '],                        #参数 x 表示扇形区域的值
        labels=data[' 股票代码 '],               #参数 lables 表示饼图中的数据分类
        autopct='%1.1f%%',                      #设置饼图中扇形中的数值的格式
        shadow=True,                            #设置扇形是否包含阴影
        startangle=90)                          #饼图默认的起始角度是 x 轴，可以通过
                                                 startangle 参数更改起始角度
ax.set_title(label = u' 各指数开盘价第二周中值对比 ',fontsize = 16)   #设置图表标题
plt.tight_layout()
plt.savefig(' 饼图 .jpg')                         #保存图片
```

以上代码运行完毕后，生成如图 10-21 所示的饼图。

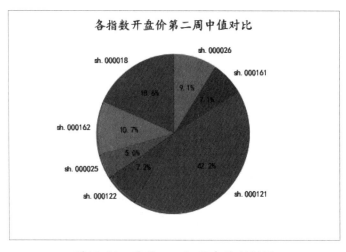

图10-21　使用Matplotlib包绘制饼图

### 2. 使用Bokeh包绘制饼图

（1）导入 Bokeh 包中的相关功能。

```
from bokeh.plotting import figure,show
```

```
from bokeh.palettes import Category20c
from bokeh.transform import cumsum
from math import pi
```

（2）构建绘制饼图需要的数据。

```
data_pie = data[[' 股票代码 ',' 中值 ']].rename(columns={' 股票代码 ':'code',' 中
值 ':'value'})
data_pie['angle'] = data_pie['value']/data_pie['value'].sum() * 2*pi
                                              # 计算扇形面积大小
data_pie['color'] = Category20c[len(data_pie)]        # 匹配扇形颜色
# 得到的数据样式为:
    code            value    angle      color
0   sh.000018    5669.4676   1.168760   #3182bd
1   sh.000162    3270.1473   0.674140   #6baed6
2   sh.000025    1528.3492   0.315069   #9ecae1
```

（3）创建figure对象。

```
# 创建 figure 对象
graph  = figure(title=" 各指数开盘价第二周中值对比 ",
                tools="hover",             # 响应鼠标指针悬停事件
                tooltips="@code: @value",  # 设置鼠标指针悬停在扇形区域上时显示的数据
                plot_height=350)
```

（4）使用figure对象中的wedge函数绘制饼图。

```
graph.wedge(x=0, y=1,              # 参数 x 和 y 表示饼图圆心的坐标
            radius=0.4,            # 参数 radius 表示饼图半径
            start_angle=cumsum('angle', include_zero=True),
            end_angle=cumsum('angle'),
            fill_color='color',  # 参数 fill_color 设置扇形颜色, 对应要绘制数据中的 color 字段
            legend_field='code', # 参数 legend_field 表示图例, 对应要绘制数据中的 code 字段
            source=data_pie)     # 参数 source 是要绘制的数据
```

（5）样式调整和展示。

```
# 调整设置
graph.axis.axis_label=None          # 设置无 X 轴标签
graph.axis.visible=False            # 设置 X、Y 轴不可见
graph.grid.grid_line_color = None   # 设置无网格样式
show(graph)
```

以上代码运行完毕后，生成如图 10-22 所示的饼图。当鼠标指针悬停在某个扇形区域上时，会
显示对应的类型名称和数值。

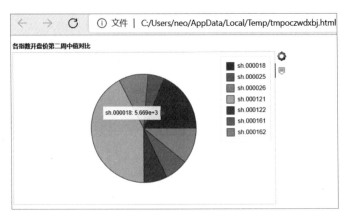

图10-22　使用Bokeh包绘制饼图

# 10.5 条形图

条形图可以分为分段条形图和堆积条形图，可用于对不同类别数据中的相同属性进行对比。本节介绍条形图的特点，并分别使用Excel与Python对同一份数据绘制条形图。

## 10.5.1 分段条形图说明

分段条形图将不同类别数据中相同的属性以一个独立的条形表示，如图 10-23 所示，不同季度的"预算""实际""支出"数据分别以单独的条形表示，便于进行对比分析。

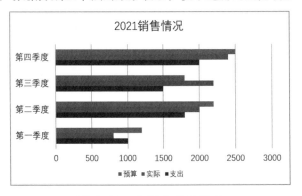

图10-23　分段条形图样式

## 10.5.2 堆积条形图说明

堆积条形图中属性不是以单独的条形表示，而是在一个条形中以颜色、长度区分不同的属性，如图 10-24 所示。

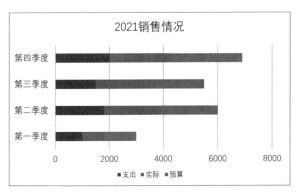

图10-24　堆积条形图样式

### 10.5.3 在Excel中绘制条形图

Excel中有多种绘制条形图的功能，如图 10-25 所示，"簇状条形图"功能用于以二维或三维方式展示分段条形图；"堆积条形图"功能用于以二维或三维方式展示单个项目与整体的关系；"百分比堆积条形图"功能用于跨类别比较每个属性占总体数据的百分比。

图10-25　Excel中绘制条形图的功能

#### 1. 读取数据文件，确定要可视化的数据

使用第 6 章中生成的"stock_result.xlsx"文件中"制造股指数"工作表中的"收盘价"列、"前收盘价"列、"最高价"列作为可视化数据。

#### 2. 选择可视化数据区域

打开"stock_result.xlsx"文件中的"制造股指数"工作表，选择A1∶A8、E1∶E8、F1∶F8、G1∶G8单元格区域中的数据。

#### 3. 选择要使用的条形图

使用"插入"→"图表"→"推荐的图表"→"所有图表"→"条形图"→"簇状条形图"功能。

#### 4. 配置条形图相关属性

设置标题为"20210104—20210108 制造股指数"，然后对 $X$、$Y$ 轴的字体进行调整。

### 10.5.4 在Python中绘制条形图

在 Matplotlib 中通过 barh 函数绘制条形图，演示代码如下。读者可参考本书代码素材文件"10-5-条形图.ipynb"进行学习。

（1）读取 Excel 文件，划分要可视化的数据。

```
import pandas as pd        # 导入 Pandas 库
dw =pd.read_excel("stock_result.xlsx",sheet_name=' 制造股指数 ')
data = dw.loc[0:4,[' 交易日 ',' 最高价 ',' 收盘价 ',' 前收盘价 ']]
```

（2）对数据进行处理以适应堆积条形图函数参数的要求。

```
import matplotlib.pyplot as plt
import numpy as np
# 构建堆积条形图需要的数据
labels = list(data[' 交易日 '])
values = np.array(data[[' 最高价 ',' 收盘价 ',' 前收盘价 ']])     # 堆积条形图要展示的 3 列数据
names = [' 最高价 ',' 收盘价 ',' 前收盘价 ']
# 设置堆积条形图的颜色
category_colors = plt.get_cmap('RdYlGn')(np.linspace(0.15, 0.85, values.shape[1]))
data_cum = values.cumsum(axis=1)    # 计算堆积连接处的值
```

（3）调用堆积条形图函数 barh，向函数传入构建好的数据。

```
# 通过以下两行代码在图中正常显示中文
plt.rcParams['font.sans-serif'] = ['KaiTi']        # 指定默认字体
plt.rcParams['axes.unicode_minus'] = False
fig, ax = plt.subplots(figsize=(9.2, 3))
for i, (colname, color) in enumerate(zip(names , category_colors)):
    widths = values[:, i]
    starts = data_cum[:, i] - widths              # 堆积区块开始绘制处的值
    # 绘制区块使用函数 barh
    rects = ax.barh(labels, widths, left=starts, height=0.5,label=colname, color=color)
```

（4）设置堆积条形图的相关属性。

```
ax.set_xlabel(xlabel=u' 指数值 ',fontsize = 16)      # 设置 X 轴标签
ax.set_ylabel(ylabel=u' 交易日 ',fontsize = 16)      # 设置 Y 轴标签
ax.set_xlim(0, np.sum(values, axis=1).max())
ax.legend(ncol=len(names), bbox_to_anchor=(0, 1),loc='lower left')
ax.set_title(label = u'20210104—20210108 制造股指数 ',fontsize = 16,loc = 'right')
                                       # 设置图表标题
plt.tight_layout()
plt.savefig(' 堆积条形图 .jpg')
```

## 10.6 面积图

本节介绍面积图的特点与应用场景，并分别使用 Excel 与 Python 对同一份数据绘制面积图。

### 10.6.1 面积图说明

面积图常用于描述随时间变化的数据，可以展示部分与整体的关系。图 10-26 所示为堆积面积图样式，图中以不同的颜色表示不同类别的数据，图形面积表示对应类别的数值。

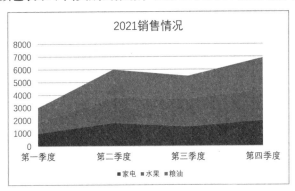

图10-26　堆积面积图样式

面积图适用于以下场景。

（1）强调数值随时间变化的程度。

（2）分析部分和整体的关系。

### 10.6.2 在Excel中绘制面积图

Excel中有多种绘制面积图的功能，如图 10-27 所示，"面积图"功能用于以二维或三维方式展示数值随时间或其他类别数据变化的趋势；"堆积面积图"功能用于以二维或三维方式展示每类数值随时间或其他类别数据变化的趋势；"百分比堆积面积图"功能用于展示每个数值所占百分比随时间或其他类别数据变化的趋势。

图10-27　Excel中绘制面积图的功能

#### 1. 读取数据文件，确定要可视化的数据

使用"数据透视图"功能对"stock_result.xlsx"文件中"合并数据"工作表中的数据构建面积图。

#### 2. 打开数据透视图功能

单击"插入"→"图表"→"数据透视图"功能，选择要分析的数据为"合并数据"工作表，放置数据透视图的位置为"新工作表"，如图 10-28 所示。

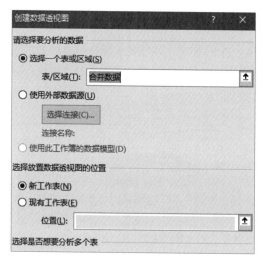

图10-28　配置数据透视图

### 3. 选择堆积面积图，并配置图例、轴、值

选中插入的空白透视图区域，单击"设计"→"类型"→"更改图表类型"功能，在打开的"更改图表类型"窗口中选择"面积图"选项中的"堆积面积图"功能。在右侧的"数据透视图字段"界面中的"图例（系列）"区域中添加"股票代码"字段，"轴（类别）"区域中添加"交易日"字段，"值"区域中添加"成交量"字段，配置完成后效果如图 10-29 所示。

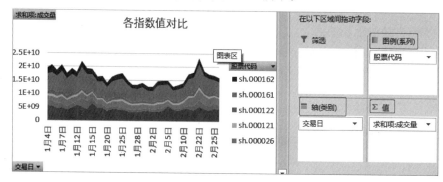

图10-29　堆积面积图效果

## 10.6.3　在Python中绘制面积图

在 Python 中使用 Matplotlib 绘制堆积面积图，演示代码如下。读者可参考本书代码素材文件"10-6-面积图.ipynb"进行学习。

（1）读取 Excel 文件，划分要可视化的数据。

```python
import pandas as pd      # 导入 Pandas 库
dw =pd.read_excel("stock_result.xlsx",sheet_name=' 合并数据 ')
data = dw.loc[:,[' 交易日 ',' 股票代码 ',' 成交量 ']]
```

```
# 将日期数据作为 X 轴数据
day = data[' 交易日 '].drop_duplicates()
# 读取各项指数中成交量值
sh000162 = data[data[' 股票代码 ']=='sh.000162'][' 成交量 ']
sh000025 = data[data[' 股票代码 ']=='sh.000025'][' 成交量 ']
sh000018 = data[data[' 股票代码 ']=='sh.000018'][' 成交量 ']
sh000122 = data[data[' 股票代码 ']=='sh.000122'][' 成交量 ']
sh000121 = data[data[' 股票代码 ']=='sh.000121'][' 成交量 ']
```

（2）调用堆积面积图函数 stackplot，向函数传入划分好的数据。

```
import matplotlib.pyplot as plt
plt.rcParams['font.sans-serif'] = ['KaiTi']    # 指定默认字体
plt.rcParams['axes.unicode_minus'] = False
fig, ax = plt.subplots(figsize=(8, 4))  # figsize 参数以英寸为单位设置图形的大小
# 使用 stackplot 函数绘制堆积面积图
ax.stackplot(day, sh000162 , sh000025, sh000018 , sh000122,sh000121,
             labels=['sh.000162','sh.000025','sh.000018','sh.000122','sh.000121'])
```

（3）设置堆积面积图各项属性。

```
# 调整堆积面积图各项属性
plt.xticks(rotation=45,fontsize=13)   # 设置 X 轴上的刻度角度和字体大小
plt.yticks(fontsize=14)
ax.set_title(label = u' 各指数值对比 ',fontsize = 16)        # 设置标题
ax.set_xlabel(xlabel=u' 交易日 ',fontsize = 16)             # 设置 X 轴标签
ax.set_ylabel(ylabel=u' 成交量 ',fontsize = 16)             # 设置 Y 轴标签
ax.legend(loc=2, bbox_to_anchor=(1.05,1.0),fontsize = 12)   # 设置图例
plt.tight_layout()
plt.savefig(' 堆积面积图 .jpg')                              # 保存图片
```

以上代码运行完毕后，生成如图 10-30 所示的堆积面积图，图中以不同颜色的区域标识出不同指数的交易量值。该堆积面积图外观与使用 Excel 中的"数据透视图"功能创建的堆积面积图大致相同，但是 Excel 中的"数据透视图"功能操作更简单，并且能自动添加筛选控制，实现交互操作。

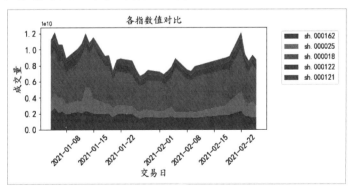

图10-30　使用 Matplotlib 绘制堆积面积图

## 10.7 折线图

本节介绍折线图的特点与应用场景，并分别使用Excel与Python对同一份数据绘制折线图。

### 10.7.1 折线图说明

折线图中的类别数据沿水平轴均匀分布，值数据沿竖直轴均匀分布，图 10-31 所示为折线图的样式，可以看到相邻的数据点以直线连接，并以不同的颜色或形状表示不同的类型。

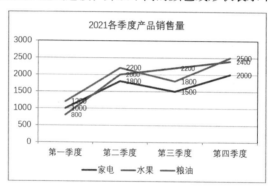

图10-31 折线图样式

折线图适用于以下场景。

（1）观察相同时间间隔的数据，反映数据变化趋势、关联性的场景。

（2）展示多个数据系列。

### 10.7.2 在Excel中绘制折线图

Excel 中有多种绘制折线图的功能，如图 10-32 所示，"折线图"功能用于绘制可带有指示单个数据值标记的折线图；"堆积折线图"功能用于展示每类值随时间或其他类别数据变化的趋势；"百分比堆积折线图"功能用于展示每个值所占的百分比随时间或均匀分布类别变化的趋势。

图10-32 Excel中绘制折线图的功能

**1. 读取数据文件，确定要可视化的数据**

使用"数据透视图"功能对"stock_result.xlsx"文件中"合并数据"工作表中的数据构建折线图。

**2. 打开数据透视图功能**

单击"插入"→"图表"→"数据透视图"功能，选择要分析的数据为"合并数据"工作表，放置数据透视图的位置为"新工作表"。

### 3. 选择折线图，并配置图例、轴、值

选中插入的空白透视图区域，单击"设计"→"类型"→"更改图表类型"功能，在打开的"更改图表类型"窗口中选择"折线图"选项中的"带数据标记的折线图"功能。在"图例（系列）"区域中添加"股票代码"字段，"轴（类别）"区域中添加"交易日"字段，"值"区域中添加"成交额"字段，最后设置"交易日"值的筛选范围为"2021/1/4—2021/1/10"。

## 10.7.3 在Python中绘制折线图

以下代码中使用Matplotlib绘制折线图，读者可参考本书代码素材文件"10-7-折线图.ipynb"进行学习。

（1）读取Excel文件，划分要可视化的数据。

```
import pandas as pd      # 导入 Pandas 库
dw =pd.read_excel("stock_result.xlsx",sheet_name=' 合并数据 ')
data = dw.loc[:, [' 交易日 ',' 股票代码 ',' 成交额 ']]
# 获取日期数据，选择时间范围为 2021/1/4—2021/1/10
day = data[' 交易日 '].drop_duplicates()[0:6]
# 读取各项指数成交额值
sh000162 = data[data[' 股票代码 ']=='sh.000162'][' 成交额 '][0:6]
sh000025 = data[data[' 股票代码 ']=='sh.000025'][' 成交额 '][0:6]
sh000018 = data[data[' 股票代码 ']=='sh.000018'][' 成交额 '][0:6]
sh000122 = data[data[' 股票代码 ']=='sh.000122'][' 成交额 '][0:6]
sh000121 = data[data[' 股票代码 ']=='sh.000121'][' 成交额 '][0:6]
```

（2）调用折线图函数plot，向函数传入划分好的数据。

```
import matplotlib.pyplot as plt
# 通过以下两行代码在图中正常显示中文
plt.rcParams['font.sans-serif'] = ['KaiTi']    # 指定默认字体
plt.rcParams['axes.unicode_minus'] = False
fig, ax = plt.subplots(figsize=(10, 4))
# 使用折线图，分别展示不同指数的成交额
ax.plot(day, sh000162, linestyle='-', label="sh.000162")
ax.plot(day, sh000025, linestyle='-', label="sh.000025")
ax.plot(day, sh000018, linestyle='-', label="sh.000018")
ax.plot(day, sh000122, linestyle='-', label="sh.000122")
ax.plot(day, sh000121, linestyle='-', label="sh.000121")
```

（3）设置折线图各属性。

```
# 设置 sh.000162 指数数据对应的折线图
for x, y in zip(day, sh000162):
    plt.text(x, y, y,ha='center', va='bottom', fontsize=12)
```

```
#设置折线图各项显示属性
plt.xticks(rotation=45,fontsize=13)   #设置 X 轴刻度角度和字体大小
plt.yticks(fontsize=14)
ax.set_title(label = u'20210104—20210110 各类指数成交额 ',fontsize = 16)   #设置标题
ax.set_xlabel(xlabel=u' 交易日 ',fontsize = 16)   #设置 X 轴标签
ax.set_ylabel(ylabel=u' 成交额 ',fontsize = 16)   #设置 Y 轴标签
ax.legend(loc=2, bbox_to_anchor=(1.05,1.0),fontsize = 12)   #设置图例
ax.grid(True)
plt.tight_layout()
plt.savefig(' 折线图 .jpg')   #保存图片
```

以上代码运行完毕后，生成如图 10-33 所示的折线图。

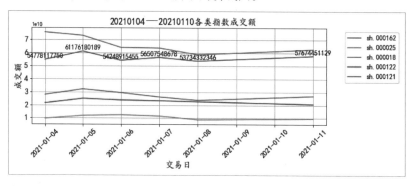

图10-33　使用Matplotlib绘制折线图

# 10.8 柱形图

本节介绍柱形图的特点与应用场景，并分别使用Excel与Python对同一份数据绘制柱形图。

## 10.8.1 柱形图说明

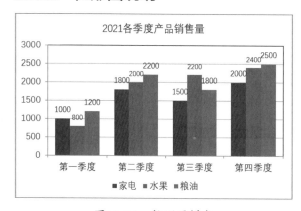

图10-34　柱形图样式

柱形图通常在 $X$ 轴显示类别，在 $Y$ 轴显示值，图 10-34 所示为柱形图样式。柱形图像是将条形图旋转 90 度。但对二者进行选择时，需要根据数据量、数据类型等因素进行判断。

柱形图适用于以下场景。

（1）比较两份或两份以上的数据，但只有一个变量。

（2）数据项较少的分析场景。

## 10.8.2 在Excel中绘制柱形图

Excel中有多种绘制柱形图的功能，如图 10-35 所示，"簇状柱形图"功能用于以二维或三维方式展示数据；"堆积柱形图"功能用于以二维或三维方式展示有多个系列的数据并强调总计值；"百分比堆积柱形图"功能用于以二维或三维方式展示有多个系列的数据，并强调每个值占整体的百分比。

图10-35　Excel中绘制柱形图的功能

#### 1. 读取数据文件，确定要可视化的数据

使用"数据透视图"功能对"stock_result.xlsx"文件中"合并数据"工作表中的数据构建柱形图。

#### 2. 使用数据透视图功能

单击"插入"→"图表"→"数据透视图"功能，选择要分析的数据为"合并数据"工作表，放置数据透视图的位置为"新工作表"。

#### 3. 选择折线图，并配置图例、轴、值

选中插入的空白透视图区域，单击"设计"→"类型"→"更改图表类型"功能，在打开的"更改图表类型"窗口中选择"柱形图"选项中的"簇状柱形图"功能。在"图例（系列）"区域中添加"股票代码"字段，"轴（类别）"区域中添加"交易日"字段，"值"区域中添加"成交量"字段，最后设置"交易日"值筛选范围为"2021/1/4—2021/1/10"。

## 10.8.3 在Python中绘制柱形图

以下代码中使用Matplotlib绘制柱形图，读者可参考本书代码素材文件"10-8-柱形图.ipynb"进行学习。

（1）读取Excel文件，划分要可视化的数据。

```
import pandas as pd    # 导入 Pandas 库
dw =pd.read_excel("stock_result.xlsx",sheet_name=' 合并数据 ')
data = dw.loc[:,[' 股票代码 ',' 成交量 ']]
# 读取各项指数工作表中的成交量值
sh000025 = data[data[' 股票代码 ']=='sh.000025'][' 成交量 '][0:3]
sh000018 = data[data[' 股票代码 ']=='sh.000018'][' 成交量 '][0:3]
sh000161 = data[data[' 股票代码 ']=='sh.000161'][' 成交量 '][0:3]
sh000162 = data[data[' 股票代码 ']=='sh.000162'][' 成交量 '][0:3]
```

（2）调用柱形图函数bar，传入划分好的数据。

```
import matplotlib.pyplot as plt
fig, ax = plt.subplots(figsize=(10, 5))
```

```
# 通过以下两行代码在图中正常显示中文
plt.rcParams['font.sans-serif'] = ['KaiTi']
plt.rcParams['axes.unicode_minus'] = False
import numpy as np
x = np.arange(len([0, 1, 2]))       # 设置 X 轴标签位置
width = 0.2                         # 设置柱形图宽度
# 使用 bar 函数绘制柱形图
rects1 = ax.bar(x - width/2, sh000025, width, label='sh.000025')
rects2 = ax.bar(x + width/2, sh000018, width, label='sh.000018')
rects3 = ax.bar(x + width*1.5, sh000161, width, label='sh.000161')
rects4 = ax.bar(x + width*2.5, sh000162, width, label='sh.000162')
# 为柱形图添加说明
ax.bar_label(rects1, padding=3,fontsize=13)
ax.bar_label(rects2, padding=3,fontsize=13)
ax.bar_label(rects3, padding=3,fontsize=13)
ax.bar_label(rects4, padding=3,fontsize=13)
```

（3）设置柱形图各属性。

```
# 设置属性
ax.set_xticklabels(['','20210104','','20210105','','20210106'])
plt.xticks(fontsize=13)    # 设置 X 轴刻度角度和字体大小
plt.yticks(fontsize=14)
ax.set_title(label = u'20210104—20210106 成交量',fontsize = 16) # 设置图表标题
ax.set_xlabel(xlabel=u' 交易日 ',fontsize = 16)    # 设置 X 轴标签
ax.set_ylabel(ylabel=u' 成交量 ',fontsize = 16)    # 设置 Y 轴标签
ax.legend(loc=2, bbox_to_anchor=(1.05,1.0),fontsize = 12)          # 设置图例
plt.tight_layout()
plt.savefig(' 柱形图 .jpg')        # 保存图片
```

以上代码运行完毕后，生成如图 10-36 所示的柱形图，可以看到 4 种类型指数以不同的颜色区分，并以交易日为单位划分为一组进行展示，柱形图的高度对应成交量。

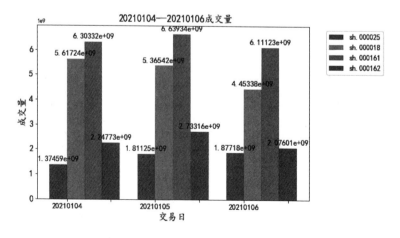

图10-36　使用Matplotlib绘制柱形图

## 10.9 特殊可视化图

一些领域中的数据可视化后具有独特的形态与表现方式，本节将介绍3类特殊的数据可视化图，分别是股票分析中使用的K线图；数据挖掘中的决策树的可视化图；其他学科数据的可视化图。

### 10.9.1 绘制股票K线图

K线图将股票每日、每周、每月的开盘价、收盘价、最高价、最低价等涨跌变化情况以图形的方式展示，图 10-37 所示为K线图最基本的构图元素，称为"阴阳线"或"蜡烛图"。

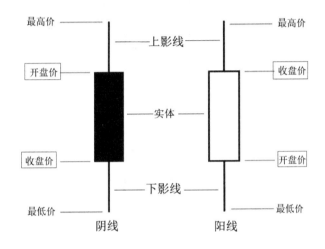

图10-37　阴阳线

（1）阳线。

当收盘价高于开盘价时，即股价走势呈上升趋势，中部的矩形以白色或红色表示，上影线的长度是最高价和收盘价的价差，下影线的长度是开盘价和最低价的价差。

（2）阴线。

当收盘价低于开盘价时，即股价走势呈下降趋势，中部的矩形以黑色表示，上影线的长度是最高价和开盘价的价差，下影线的长度是收盘价和最低价的价差。

#### 1. 使用Excel绘制K线图

（1）打开 Excel 中的股价图功能，查看可用的股价图的类型和要求。

单击"插入"→"推荐的图表"→"所有图表"→"股价图"功能，可以看到有 4 种不同的股价图功能，分别是"盘高-盘低-收盘图"功能、"开盘-盘高-盘低-收盘图"功能、"成交量-盘高-盘低-收盘图"功能、"成交量-开盘-盘高-盘低-收盘图"功能，每种股价图功能的名称说明了其需要的数据及顺序，如图 10-38 所示。

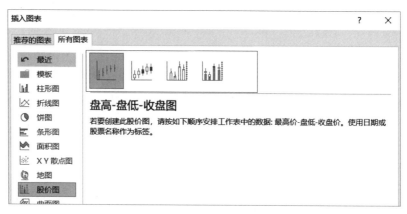

图 10-38　Excel 中的股价图功能

（2）按要求组织数据，选择要展示的数据。

使用 "开盘 - 盘高 - 盘低 - 收盘图" 功能对 "stock_result.xlsx" 文件中的 "农业股指数" 工作表数据进行可视化。将 "农业股指数" 工作表中的交易日、开盘价、最高价、最低价、收盘价 5 列数据复制到一个新的工作表中。

（3）创建 K 线图，并配置相关属性。

在新工作表中，选择 "开盘 - 盘高 - 盘低 - 收盘图" 功能，将股价图标题定义为 "农业股指数 K 线"，自动生成如图 10-39 所示的股价图，可以选择图中阴阳线的不同部分，在右键功能菜单中选择 "设置数据系列格式" 功能，然后设置 K 线图的外观。

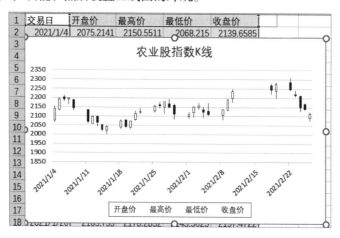

图 10-39　使用 Excel 绘制 K 线图

### 2. 使用 Matplotlib 绘制 K 线图

通过 Matplotlib 绘制 K 线图，如果按照 K 线定义规则绘制，需要编写很多代码。使用 mplfinance 包可以轻松完成 K 线图的绘制，mplfinance 包是用于财务数据可视化的 Matplotlib 工具。

（1）mplfinance 包依赖 Matplotlib 和 Pandas，可使用 pip 工具进行安装。

```
pip install --upgrade mplfinance
```

（2）读取 Excel 文件数据，划分要使用的列。

```
import pandas as pd      # 导入 Pandas 库
dw =pd.read_excel("stock_result.xlsx",sheet_name=' 农业股指数 ',index_col=0)
data = dw.loc[:, [' 开盘价 ',' 最高价 ',' 最低价 ',' 收盘价 ',' 成交量 ']]   #选择需要的数据
data.columns = ['Open','High','Low','Close','Volume']
                                        # 设置列名列表以满足 mplfinance API 要求
data.index.name = 'Date'                # 设置索引列
```

（3）使用 mplfinance 绘制 K 线图。

```
import mplfinance as mpf
mpf.plot(data,                      # 要绘制的数据
        type='candle' ,             # 参数 type 指定 K 线图类型，值 candle 表示蜡烛图（阴阳线）
        title = 'sh.000122 K line',     #K 线图标题
        volume=True,                # 参数 volume 表示是否在 K 线图下方显示交易量
        ylabel='sh.000122 index value',    # 参数 ylabel 设置 K 线图 Y 轴标签
        ylabel_lower='volume',      # 参数 ylabel_lower 设置成交量 Y 轴标签
        mav=(1,),                   # 参数 mav 设置移动平均线
        #style = "charles" ,        # 参数 style 设置可视化的主题
        figscale=0.9 ,              # 参数 figscale 用于放大或缩小纵横比
        #savefig = 'K-line.jpg'     # 参数 savefig 用于设置要保存的文件
        )
```

目前 mplfinance 对中文字符的支持还不完善，因此图 10-40 所示的 K 线图的标题和 X、Y 轴标签都设置为了英文。

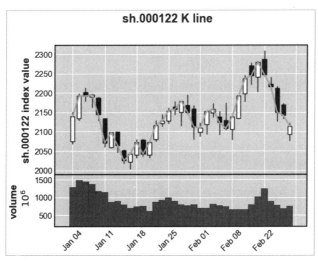

图10-40　使用Matplotlib绘制K线图

## 10.9.2 数据挖掘可视化

对数据挖掘算法的计算结果进行可视化，可以辅助分析。Excel数据挖掘插件会根据对应的算法自动生成可视化图。scikit-learn中使用Matplotlib绘制分析结果可视化图。读者可参考本书代码素材文件"10-9-挖掘可视化.ipynb"进行学习。

### 1. 使用scikit-learn绘制决策树

（1）导入必要的库。

```
from matplotlib import pyplot as plt
from sklearn.model_selection import train_test_split
from sklearn.datasets import load_iris
from sklearn.tree import DecisionTreeClassifier
plt.rcParams['font.sans-serif'] = ['KaiTi']
plt.rcParams['axes.unicode_minus'] = False
```

（2）装载和训练数据。

```
# 加载 iris 数据
iris = load_iris()
X = iris.data
y = iris.target
# 划分测试和训练数据集
X_train, X_test, y_train, y_test = train_test_split(X, y, random_state=0)
# 构建决策树对象
clf = DecisionTreeClassifier(max_leaf_nodes=3, random_state=0)
# 训练数据
clf.fit(X_train, y_train)
```

（3）绘制决策树。

```
# 绘制决策树
from sklearn import tree
tree.plot_tree(clf)
plt.title(label = 'iris 数据决策树分析 ',fontsize = 15)   # 设置图表标题
plt.savefig(' 决策树 .jpg')    # 保存图片
```

以上代码运行完毕后，生成如图 10-41 所示的决策树。图中非叶子节点通过 X[...] 表示对应的决策条件，gini 表示基尼系数，samples 表示样本量。

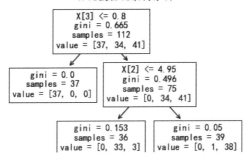

图10-41　使用Matplotlib绘制决策树

## 2. 使用scikit-learn绘制三维聚类图

（1）导入必要的库。

```python
import matplotlib.pyplot as plt
from mpl_toolkits.mplot3d import Axes3D
from sklearn.cluster import KMeans
from sklearn import datasets
plt.rcParams['font.sans-serif'] = ['KaiTi']
plt.rcParams['axes.unicode_minus'] = False
```

（2）装载和训练数据。

```python
# 加载 iris 数据
iris = datasets.load_iris()
X = iris.data
y = iris.target
# 创建 KMeans 聚类对象，划分的类别数为 8
est = KMeans(n_clusters=8)
est.fit(X)        # 训练数据
```

（3）绘制三维聚类图。

```python
fig = plt.figure(figsize=(5, 3))
ax = Axes3D(fig, rect=[0, 0, 2.5, 2], elev=48, azim=134)    # 构建 3D Axes
labels = est.labels_
ax.scatter(X[:, 3], X[:, 0], X[:, 2],c=labels.astype(float),s=88)
# 设置轴标题和 3D 图形标题
ax.set_xlabel(' 花瓣宽度 ',fontsize=16)
ax.set_ylabel(' 萼片长度 ',fontsize=16)
ax.set_zlabel(' 花瓣长度 ',fontsize=16)
ax.set_title('iris 数据分为 8 类 -3D 分布 ',fontsize=20)
# 不显示轴刻度
ax.w_xaxis.set_ticklabels([])
ax.w_yaxis.set_ticklabels([])
ax.w_zaxis.set_ticklabels([])
plt.savefig(' 聚类 3D.jpg ')      # 保存图片
```

以上代码运行完毕后,生成的聚类结果如图 10-42 所示,iris 数据中"花瓣宽度""萼片长度""花瓣长度"作为 $X$、$Y$、$Z$ 轴上的数值,分类的数据以不同的颜色标识。

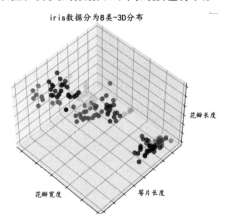

图10-42　使用Matplotlib绘制三维聚类图

### 10.9.3　其他学科数据可视化

Python 中构建了针对特别学科的数据处理包,对不同学科的数据构建对应的可视化图,生成的图形具备一定的学科特点,下面介绍两个学科的 Python 包。

(1)SunPy 包——太阳物理 Python 包。

SunPy 包是一个免费、开源的太阳物理 Pyhton 包,构建在 NumPy、SciPy、Matplotlib 和 Pandas 之上。图 10-43 所示为使用 SunPy 包中内置的太阳大气数据构建的太阳成像图。

(2)DIPY 包——Python 医学数据处理包。

DIPY 包是用于信号处理、机器学习、统计分析和医学图像可视化的包,构建在 NumPy、scikit-learn、Matplotlib 之上。图 10-44 所示为使用 DIPY 包中放射治疗数据生成的脑部放射显影轮廓图。

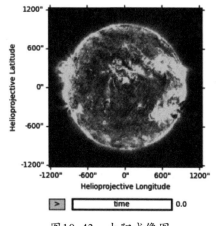

图10-43　太阳成像图

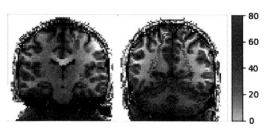

图10-44　DIPY包中放射治疗数据生成的
脑部放射显影轮廓图

## 10.10 > Excel与Python可视化处理方式对比

表 10-2 所示为 Excel 与 Python 可视化处理方式对比。

**表10-2　Excel与Python可视化处理方式对比**

| 可视化图 | Excel 中的处理方式 | Python 中的处理方式 |
|---|---|---|
| 散点图 | 使用"插入散点或气泡图"功能、"推荐的图表"→"XY散点图"功能、"数据透视图"功能 | 使用 Matplotlib 包中的 scatter 函数 |
| 饼图 | 使用"插入饼图或圆环图"功能、"推荐的图表"→"饼图"功能、"数据透视图"功能 | 使用 Matplotlib 包中的 pie 函数 |
| 条形图 | 使用"插入柱形图或条形图"功能、"推荐的图表"→"条形图"功能、"数据透视图"功能 | 使用 Matplotlib 包中的 barh 函数 |
| 面积图 | 使用"推荐的图表"→"面积图"功能、"数据透视图"功能 | 使用 Matplotlib 包中的 stackplot 函数 |
| 折线图 | 使用"推荐的图表"→"折线图"功能、"数据透视图"功能 | 使用 Matplotlib 包中的 plot 函数 |
| 柱形图 | 使用"推荐的图表"→"柱形图"功能、"数据透视图"功能 | 使用 Matplotlib 包中的 bar 函数 |
| K线图 | 使用"推荐的图表"→"股价图"功能 | 使用 mplfinance 包绘制 |

第 **11** 章

## 分析报告

本章介绍综合数据计算、分析、挖掘并结合一些视觉设计原则制作分析报告。分析报告通常以报表和仪表板的形式展示，为查阅者提供正确的数据计算结果、合理的分析预测与建议。

### 本章主要知识点

>> 分析报告基础。

>> 仪表板的构建方法和基本原则。

>> Excel仪表板的 4 层模型方案说明和实施。

>> Jupyterlab仪表板方案的说明和实施。

## 11.1 分析报告基础

本节首先介绍仪表板和报表的差异，然后介绍分析报告的设计原则，最后介绍使用Excel与Python构建仪表板的方案。

### 11.1.1 仪表板和报表的差异

分析报告通常由报表和仪表板组成，二者很容易被混淆。报表通常是对数据进行计算汇总，用于陈述事实；仪表板通常是对关键的数据指标进行度量，关注点在于趋势、比较和异常。

#### 1. 报表

图 11-1 所示为报表的样式，通常它不会把用户引向一个预先定义好的结论，而是陈述事实数据，需要用户自己分析得出结论。

各国家产品销售费用情况

| 销售国家 | 订购量（个） | 运费（千） | 税费（千） | 产品成本（千） | 销售价（千） |
|---|---|---|---|---|---|
| Australia | 13345 | 227 | 725 | 5,375 | 9,061 |
| Canada | 7620 | 49 | 158 | 1,148 | 1,978 |
| France | 5558 | 66 | 212 | 1,558 | 2,644 |
| Germany | 5625 | 72 | 232 | 1,707 | 2,894 |
| United Kingdom | 6906 | 85 | 271 | 2,001 | 3,392 |
| United States | 21344 | 235 | 751 | 5,489 | 9,390 |
| 总计 | 60398 | 734 | 2,349 | 17,278 | 29,359 |

图11-1　报表样式

#### 2. 仪表板

仪表板通常是一个视觉界面，提供与特定目标或业务流程相关的关键度量的视图。图 11-2 所示就是本章要构建的Excel仪表板。

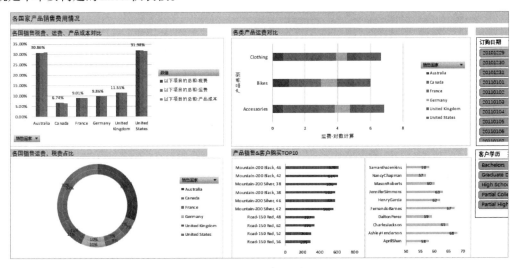

图11-2　仪表板样式

## 11.1.2 设计的原则

制作分析报告有两项重要工作，一项是选择和构建报告内容，另一项是设计报告样式。报告样式的设计原则如下。

### 1. 保持简约

在报告中安排过多衡量标准或花哨的内容，会冲淡报告需要呈现的重要信息，因此要避免"过度设计"。为了保持报告的简约，可以遵循以下思路设计。

（1）不要将分析报告作为数据存储介质，否则会违背分析报告的设计初衷。

（2）不要将分析报告的外观设计得过于复杂，以免无法突出重要信息。

（3）将分析报告的内容限制在一个可打印的页面上，给人一目了然的感觉。

### 2. 合理布局，突出重点

人会按一定的顺序观看屏幕的各区域，并会特别关注屏幕的特定区域，因此需要将最重要的数据放置在分析报告中最容易引人注意的位置。如图 11-3 所示，将整个分析报告划分为以不同数字标注的区域，标注 1 的位置更容易吸引观察者的注意，然后是标注 2、3 的位置。

| 1 | 1 | 2 | 3 |
|---|---|---|---|
| 1 | 1 | 2 | 2 |
| 2 | 2 | 2 | 3 |
| 3 | 3 | 3 | 3 |

图11-3　布局设计位置

### 3. 有效格式化数值

对分析报告中的数值有效地格式化，有助于观察者查阅和理解。格式化数值可以参考以下 4 个建议。

（1）使用千位分隔符划分数值位置。

（2）只有在有一定数值精度需求的情况下才设置小数位数。

（3）需要说明货币的价值时才使用货币符号。

（4）将非常大的数值格式化到千位或万位。

### 4. 有效设置标题和标签

有效设置标题和标签，便于观察者分析报告内容，无须频繁向分析报告的制作者询问。标题和标签可以遵循以下思路设计。

（1）分析报告中总是包含时间戳。

（2）分析报告中包含查看说明，指示如何检索度量的数据。

（3）为仪表板上的组件设置描述性标题。

（4）为标题和标签文本设置浅色调颜色，以突出数值。

## 11.1.3 内容的确定

分析报告除样式设计外，还有一个重要工作是构建内容。制作分析报告前要收集用户需求，分析报告无须"大而全"，能满足用户的基本需求即可。

### 1. 确定分析报告的受众和目的

首先确定分析报告中是否需要使用仪表板，与使用仪表板的最终用户讨论需求和使用方式。

### 2. 明确需要的数据源

确定分析报告的具体需求后，接下来要确定数据源。数据源是否可用很重要，需要明确以下4个信息。

（1）是否有访问所有必需数据源的权限。

（2）数据源多久更新一次。

（3）数据源的主人是谁，维护者是谁。

（4）以何种方式或工具获取这些数据。

### 3. 分析报告布局和设计度量值

大多数分析报告都是围绕一组度量标准或关键性能指标（KPI）设计的，可先在布局图上勾勒出对应的KPI和位置。如图11-4所示，最大的矩形代表整个分析报告，其中各个矩形表示不同的KPI。

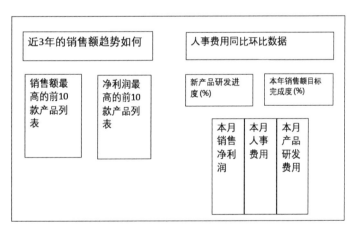

图11-4　分析报告布局和设计度量值

## 11.1.4 Excel分析报告制作方案

下面结合前面章节中介绍的知识，介绍如何在Excel中制作分析报告。为了使分析报告具有一定的灵活性，将通过分层的方法进行制作。如图11-5所示，

图11-5　Excel分析报告分层

使用不同工作表划分报告中的不同数据层级。

### 1. 数据层

存储了要分析的原始数据，本层中需要设置一个合理的数据结构和刷新数据的方式。对数据的处理、修改都不应该在本层进行。

### 2. 分析层

使用Excel中的各种函数对数据层中的数据进行处理，包括数据质量分析和必要的KPI度量分析，分析结果主要以表格形式呈现。

### 3. 可视化层

使用Excel中的各种可视化功能，在数据层或分析层数据的基础上，对分析结果或KPI进行可视化，并对异常数据发出警告。

### 4. 挖掘层

使用Excel中的数据挖掘功能在数据层和分析层数据的基础上进行数据挖掘，发现数据潜在的规则。

## 11.1.5 Python分析报告制作方案

前面章节中的Python代码都是在JupyterLab开发环境中演示的，本小节中将说明在JupyterLab开发环境中构建仪表板的方法。

### 1. 安装JupyterLab插件的方法

打开JupyterLab，如果在左侧功能栏中没有找到"Extension Manager"选项，可以通过菜单栏中"setting"选项中的"Enable Extension Manager"功能激活，激活后左侧功能栏中即会出现"Extension Manager"选项。通过该选项可以查找和安装不同的扩展插件，如图11-6所示。

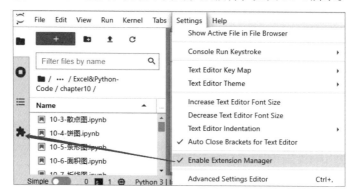

图11-6　JupyterLab插件安装配置

通过"setting"选项中的"Advanced Setting Editor"功能可以配置一些编辑功能。下面演示配置代码折叠功能。单击"setting"→"Advanced Setting Editor"功能，如图 11-7 所示，选择"Notebook"功能，将默认配置全部复制到右侧的用户配置窗口，找到"codeCellConfig"和"markdownCellConfig"配置节点下的"codeFolding"配置项，并将值设置为"true"。配置完成后在 JupyterLab Notebook 窗口中即可看到代码折叠符号。

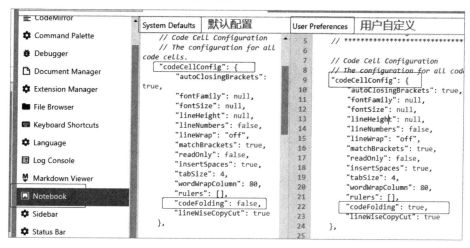

图11-7　折叠代码配置

### 2. 各类插件或配置的使用

（1）使用Markdown标记语言编写文档。

JupyterLab原生支持Markdown标记语言，可使用Markdown编写分析报告中的内容和操作说明。

（2）通过代码折叠功能突出结果。

JupyterLab中的Python代码太多会影响结果的查看和输出。可以使用代码折叠功能，突出代码执行结果。

（3）安装仪表板插件丰富分析报告内容。

打开"Extension Manager"功能，输入关键字"dashboard"搜索相关插件，选择"jupyterlab-interactive-dashboard-editor"插件进行安装。

（4）安装目录、表格插件提升阅览体验。

打开"Extension Manager"功能，输入关键字"toc"搜索相关插件，选择"toc-extension"插件，安装后即可添加目录功能；输入关键字"spreadsheet"搜索相关插件，选择"jupyterlab-spreadsheet"插件，安装后即可添加电子表格功能。

（5）可视化库的交互增强插件。

分别安装"jupyter-bokeh"和"jupyter-matplotlib"插件，在JupyterLab中添加可视化图的交互能力。

## 11.2 Excel数据透视

Excel数据透视功能是构建分析报告的强大功能之一。可使用Excel中"插入"→"表格"→"数据透视表"功能、"推荐的数据透视表"功能、"插入"→"图表"→"数据透视图"功能，或在Power Pivot构建的数据模型上使用"数据透视表"功能。二者主要的区别在于数据透视字段的组织方式，如图11-8所示，左侧是构建在非数据模型上的透视字段，只显示了可用的字段；右侧是构建在数据模型上的透视字段，以表的形式组织数据。

图11-8　数据透视功能

数据透视功能的操作方式是将字段拖曳到相应的功能区域中，4 个功能区域说明如下。

（1）值区域。

值区域中的字段作为透视图表的计算值，如计算汇总、平均值等。

（2）列区域。

列区域中的字段作为透视图表的列字段。

（3）行区域。

行区域中的字段作为透视图表的行字段。

（4）筛选区域。

筛选区域中的字段可用于筛选显示透视图表中的数据。

## 11.3 Excel数据仪表板

本节以"DataMining.xlsx"文件数据作为分析报告的数据层，构建分析报告中的分析层和可视化层。具体操作包括：设计仪表板的布局、选择关键性能指标、调整表格样式等。

## 11.3.1 确定内容

根据11.1.3节介绍的制作分析报告的建议和原则确定内容，主要包括以下3项。

（1）确定分析报告的受众群体和目的。

主要的受众群体是本书读者，目的是演示Excel分析报告仪表板的制作方法。

（2）确定数据源。

选择"DataMining.xlsx"文件中的"Adventure Works DW"工作表作为数据层。

（3）确定关键性能指标。

选择订购量、运费、税费、产品成本、客户年收入列作为关键性能指标。

## 11.3.2 布局设计

如图11-9所示，添加3个透视表，然后使用"视图"→"显示"→"网格线"功能去掉Excel表格的网格线，以突出显示数据。

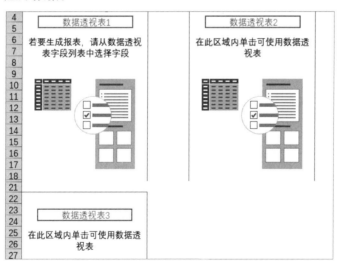

图11-9　Excel分析报告布局设计

## 11.3.3 表格样式设置

选择图11-9中左上角的"数据透视表1"透视表，在行区域中添加"销售国家"字段，值区域中添加"订购量""运费""税费""产品成本"4个字段，自动生成如图11-10所示的数据透视表，接下来对表格样式进行调整以突出数据。

| 行标签 ▼ | 求和项:订购量 | 求和项:运费 | 求和项:税费 | 求和项:产品成本 |
|---|---|---|---|---|
| Australia | 13345 | 226525.6131 | 724880.0666 | 5375145.508 |
| Canada | 7620 | 49446.4481 | 158227.5915 | 1147923.361 |
| France | 5558 | 66100.6972 | 211521.422 | 1557752.993 |
| Germany | 5625 | 72358.0646 | 231544.9914 | 1706941.573 |
| United Kingdom | 6906 | 84793.1235 | 271336.9819 | 2001221.433 |
| United States | 21344 | 234745.6626 | 751183.1767 | 5488808.708 |
| 总计 | 60398 | 733969.6091 | 2348694.23 | 17277793.58 |

图11-10 自动生成的数据透视表

### 1. 颜色的选择

过多的颜色会分散人们对重要数据的注意，因此应该有节制地选择颜色。图 11-10 中的数据透视表中标签行和汇总行使用了浅色背景，使用"开始"→"字体"→"填充颜色"功能，将标签行和汇总行的背景色设置为白色。

### 2. 不强调表格边框

过多的表格边框会降低人们读取表中数据的效率，可使用列间空白区域分隔数据，如果必须使用边框，建议使用浅色的边框。图 11-10 中的数据透视表中只有标签行和汇总行有边框，如果要调整单元格边框，则选中要调整的单元格区域，右击打开功能菜单，选择"设置单元格格式"功能，如图 11-11 所示，在"边框"选项卡中对单元格的边框进行设置。

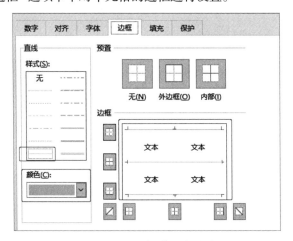

图11-11 设置单元格边框

### 3. 设置有效的数字格式

设置数字的单位及格式可以使数字更容易被观察。下面将"运费""税费""产品成本"3 列数据的单位设置为"千"，操作步骤如下。

选择"运费""税费""产品成本"3 列，右击打开功能菜单，选择"设置单元格格式"功能，如图 11-12 所示，选择"数字"选项卡中"自定义"选项中的"#,##0,"格式。

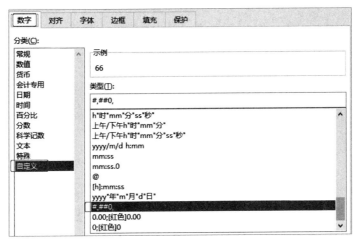

图11-12　设置数字格式

#### 4.标题和标签的设置

标题和行列标签为用户提供理解数据所需的说明和结构，很多人会过分强调标题和标签，导致表中的数据被掩盖。对图11-10中的数据透视表的行列标签文字去除加粗格式，然后再添加一个透视表标题。

经过格式调整后的数据透视表如图11-13所示，与原来的数据透视表相比，调整后的数据透视表数据更突出、更容易查看。

| 行标签 | ▼ | 求和项:订购量 | 求和项:运费 | 求和项:税费 | 求和项:产品成本 |
|---|---|---|---|---|---|
| Australia | | 13345 | 226525.6131 | 724880.0666 | 5375145.508 |
| Canada | | 7620 | 49446.4481 | 158227.5915 | 1147923.361 |
| France | | 5558 | 66100.6972 | 211521.422 | 1557752.993 |
| Germany | | 5625 | 72358.0646 | 231544.9914 | 1706941.573 |
| United Kingdom | | 6906 | 84793.1235 | 271336.9819 | 2001221.433 |
| United States | | 21344 | 234745.6626 | 751183.1767 | 5488808.708 |
| **总计** | | **60398** | **733969.6091** | **2348694.23** | **17277793.58** |

#### 各国家产品销售费用情况

| 销售国家 | ▼ | 订购量（个） | 运费（千） | 税费（千） | 产品成本（千） |
|---|---|---|---|---|---|
| Australia | | 13345 | 227 | 725 | 5,375 |
| Canada | | 7620 | 49 | 158 | 1,148 |
| France | | 5558 | 66 | 212 | 1,558 |
| Germany | | 5625 | 72 | 232 | 1,707 |
| United Kingdom | | 6906 | 85 | 271 | 2,001 |
| United States | | 21344 | 235 | 751 | 5,489 |
| **总计** | | **60398** | **734** | **2,349** | **17,278** |

图11-13　数据透视表格式调整前后对比

### 11.3.4 添加目标值和计算百分比

在11.3.3小节中构建的数据透视表的基础上，添加"订购量目标值（单）"列、"订购量完成率（％）"列、"运费占比（％）"列。

### 1. 设置目标值

将数据透视表以"值和源格式"方式复制到新工作表，然后添加"订购量目标值（单）"列并设置对应目标值，添加"订购量完成率（%）"列，计算公式为：订购量÷订购量目标值，如图 11-14 所示。

| | | | | | fx | =C3/G3 | |
|---|---|---|---|---|---|---|---|

| A | B | C | D | E | F | G | H |
|---|---|---|---|---|---|---|---|
| | 各国家产品销售费用情况 | | | | | | |
| | 销售国家 | 订购量（单） | 运费(千) | 税费（千） | 产品成本（千） | 订购量目标值（单） | 订购量完成率(%) |
| | Australia | 13345 | 227 | 725 | 5,375 | 15500 | 86% |
| | Canada | 7620 | 49 | 158 | 1,148 | 8000 | 95% |
| | France | 5558 | 66 | 212 | 1,558 | 5000 | 111% |
| | Germany | 5625 | 72 | 232 | 1,707 | 5200 | 108% |
| | United Kingdom | 6906 | 85 | 271 | 2,001 | 7200 | 96% |
| | United States | 21344 | 235 | 751 | 5,489 | 22000 | 97% |
| | 总计 | 60398 | 734 | 2,349 | 17,278 | 62900 | 96% |

图 11-14　添加列并进行计算

### 2. 计算占比

添加"运费占比（%）"列，计算公式为：运费÷总运费。使用"开始"→"样式"→"条件格式"→"突出显示单元格规则"→"大于"功能，将"运费占比（%）"列中值大于 100% 的单元格文字设置为绿色，值大于 30% 的单元格文字设置为红色。设置完毕后生成的分析表如图 11-15 所示，该分析表可以引导用户得出两个结论：订购量达到目标值的有两个销售国家、运费占比超过 30% 的有两个销售国家。

| | | | | | fx | =D3/$D$9 | | |
|---|---|---|---|---|---|---|---|---|

| A | B | C | D | E | F | G | H | I |
|---|---|---|---|---|---|---|---|---|
| | 各国家产品销售费用情况 | | | | | | | |
| | 销售国家 | 订购量（单） | 运费(千) | 税费（千） | 产品成本（千） | 订购量目标值（单） | 订购量完成率% | 运费占比% |
| | Australia | 13345 | 227 | 725 | 5,375 | 15500 | 86% | 31% |
| | Canada | 7620 | 49 | 158 | 1,148 | 8000 | 95% | 7% |
| | France | 5558 | 66 | 212 | 1,558 | 5000 | 111% | 9% |
| | Germany | 5625 | 72 | 232 | 1,707 | 5200 | 108% | 10% |
| | United Kingdom | 6906 | 85 | 271 | 2,001 | 7200 | 96% | 12% |
| | United States | 21344 | 235 | 751 | 5,489 | 22000 | 97% | 32% |
| | 总计 | 60398 | 734 | 2,349 | 17,278 | 62900 | 96% | 100% |

图 11-15　计算占比

## 11.3.5　使用迷你图

使用"迷你图"功能可以在一个单元格中显示数据趋势。

### 1. 迷你图功能

Excel 中有 3 类迷你图功能，如图 11-16 所示。

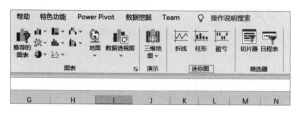

图 11-16　Excel 中的迷你图功能

（1）折线迷你图：在一个单元格中以折线图形式绘制选择的数据。

（2）柱形迷你图：在一个单元格中以柱形图形式绘制选择的数据。

（3）盈亏迷你图：在一个单元格中以盈亏图形式绘制选择的数据。

### 2. 构建透视表

对图11-9中的"数据透视表2"进行配置，在列区域中添加"销售国家"字段，行区域中添加"产品类别"字段，值区域中添加"运费"字段，如图11-17所示。然后对表格样式进行设置。

图11-17　配置新透视表

### 3. 添加迷你图

构建好透视表后，添加"产品运费-折线"列，选择其中一个单元格，使用"插入"→"迷你图"→"折线"功能，如图11-18所示，配置迷你图数据范围。

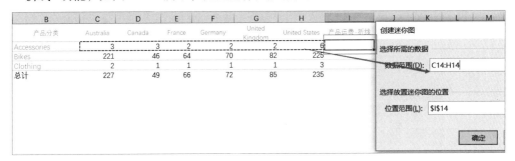

图11-18　配置迷你图数据范围

生成的迷你图效果如图11-19所示。

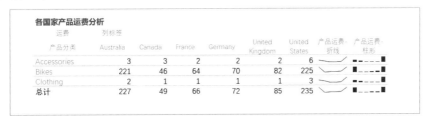

图11-19　迷你图效果

### 4. 调整迷你图

调整迷你图的外观和数据，可以达到更好的可视化效果。选中一个迷你图单元格后会激活功能区中的"迷你图"选项卡，如图 11-20 所示。下面对"迷你图"选项卡中的功能进行简单说明。

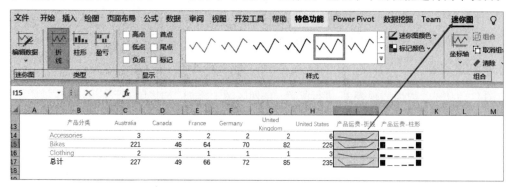

图11-20　迷你图选项卡

（1）迷你图组：提供"编辑数据"功能。

（2）类型组：提供 3 个不同类型的迷你图功能。

（3）显示组：提供调整迷你图显示方式的功能。

（4）样式组：提供调整迷你图外观的功能。

（5）组合组：提供组合迷你图、设置坐标轴等功能。

使用"显示"组中的功能，对两张透视表中的迷你图进行调整，效果如图 11-21 所示。

**各国家产品销售费用情况**

| 销售国家 | 订购量（单） | 运费（千） | 税费（千） | 产品成本（千） | 订购量目标值（单） | 订购量完成率 | 运费占比% | 订单量柱形 | 税费折线 |
|---|---|---|---|---|---|---|---|---|---|
| Australia | 13345 | 227 | 725 | 5,375 | 15500 | 86% | 31% | | |
| Canada | 7620 | 49 | 158 | 1,148 | 8000 | 95% | 7% | | |
| France | 5558 | 66 | 212 | 1,558 | 5000 | 111% | 9% | | |
| Germany | 5625 | 72 | 232 | 1,707 | 5200 | 108% | 10% | | |
| United Kingdom | 6906 | 85 | 271 | 2,001 | 7200 | 96% | 12% | | |
| United States | 21344 | 235 | 751 | 5,489 | 22000 | 97% | 32% | | |
| 总计 | 60398 | 734 | 2,349 | 17,278 | 62900 | 96% | 100% | | |

**各国家产品运费分析**

| 运费 | 列标签 | | | | | | | |
|---|---|---|---|---|---|---|---|---|
| 产品分类 | Australia | Canada | France | Germany | United Kingdom | United States | 产品运费-折线 | 产品运费-柱形 |
| Accessories | 3 | 3 | 2 | 2 | 2 | 6 | | |
| Bikes | 221 | 46 | 64 | 70 | 82 | 225 | | |
| Clothing | 2 | 1 | 1 | 1 | 1 | 3 | | |
| 总计 | 227 | 49 | 66 | 72 | 85 | 235 | | |

图11-21　调整迷你图的效果

## 11.3.6　增强表格可视化效果

Excel中可以通过"条件格式"功能为单元格数据添加一定的计算规则，在进行数据可视化时可以更快地得出分析结果。

### 1. 条件格式功能

如图 11-22 所示，可使用"开始"→"样式"→"条件格式"功能列表中的功能，通过颜色和图标将重要单元格数据突出显示。下面对"条件格式"功能列表中的主要功能进行说明。

图11-22　条件格式功能列表

（1）突出显示单元格规则。

对单元格中的数据应用大于、等于、文本包含、重复值等计算规则后，将符合条件的数据标识出来。

（2）最前/最后规则。

对单元格中的数据应用"最前/最后"规则，显示最前或最后的若干条数据。

（3）数据条。

对单元格中的数据应用"数据条"规则，以数据条的长度表示数值的大小。

（4）图标集。

以不同的图标表示不同的数据状态，最常见的是以"红黄绿"三色表示。

**2. 构建透视表**

在前文中构建的分析报告中添加两个透视表，透视表的标题分别为"产品销售 TOP10"和"客户购买量 TOP10"，下面演示对"产品销售 TOP10"透视表进行配置。

（1）透视表中各区域字段的配置。

在行区域中添加"产品名"字段，值区域中添加"销售价"字段并以平均值方式计算，值区域中添加"订购量"列并以总和方式计算。

（2）筛选"订购量"前 10 的产品。

如图 11-23 所示，单击"产品名"列的筛选按钮，打开功能列表，选择"值筛选"，然后选择"前10 项"功能。

如图 11-24 所示，在"前 10 个筛选（产品名）"窗口中配置"总和-订购量"列作为筛选依据。

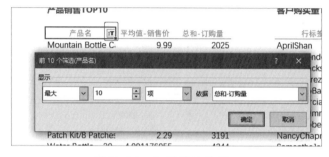

图11-23　使用"前10项"功能　　　　　图11-24　配置筛选依据

### 3. 应用条件格式

选中"产品销售TOP10"透视表中的"平均值-销售价"列，然后单击"开始"→"条件格式"→"图标集"功能，选择底部的"其他规则"选项，打开如图11-25所示的"新建格式规则"窗口，选择"编辑规则说明"区域中"图标样式"列表中的"红黄绿"选项，然后在下方配置每种颜色对应的条件。

图11-25　新建格式规则窗口

以同样的方法对"客户购买量TOP10"透视表进行配置，对"总和-订购量"列使用"色阶"功能，对"客户年收入"列使用"图标集"功能。最终生成的透视表效果如图11-26所示。

| 产品销售TOP10 | | | 客户购买量TOP10 | | |
|---|---|---|---|---|---|
| 产品名 | 平均值-销售价 | 总和-订购量 | 客户名 | 总和-订购量 | 客户年收入 |
| Mountain Bottle Cage | 9.99 | 2025 | AprilShan | 58 | 40000 |
| Sport-100 Helmet, Blac | 34.99 | 2085 | AshleyHender | 68 | 70000 |
| Fender Set - Mountain | 21.98 | 2121 | CharlesJackso | 65 | 80000 |
| Sport-100 Helmet, Blue | 35.006474 | 2125 | DaltonPerez | 59 | 90000 |
| AWC Logo Cap | 8.99 | 2190 | FernandoBarn | 67 | 80000 |
| Sport-100 Helmet, Red | 34.99 | 2230 | HenryGarcia | 62 | 70000 |
| Road Tire Tube | 3.9933614 | 2376 | JenniferSimmo | 63 | 80000 |
| Mountain Tire Tube | 4.99 | 3095 | MasonRoberts | 60 | 90000 |
| Patch Kit/8 Patches | 2.29 | 3191 | NancyChapma | 57 | 80000 |
| Water Bottle - 30 oz. | 4.9911761 | 4244 | SamanthaJenk | 58 | 90000 |
| 总计 | 14.225495 | 25682 | 总计 | 617 | 77052.11726 |

图11-26　透视表最终效果

## 11.3.7 添加切片器

通过切片器可以与可视化图表进行动态交互，具体操作如下。

（1）添加切片器。

如图 11-27 所示，在"订购日期"字段上右击，打开功能菜单，选择"添加为切片器"功能，即可自动添加"订购日期"切片器。

（2）将切片器关联到可视化图表。

如图 11-28 所示，在切片器上右击，打开功能菜单，然后选择"报表连接"功能，打开"数据透视表连接（订购日期）"窗口。

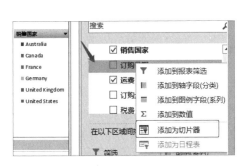

图11-27　添加切片器

图11-28　选择"报表连接"功能

如图 11-29 所示，在"数据透视表连接（订购日期）"窗口中勾选要和切片器关联的透视表，然后单击"确定"按钮。此时修改切片器中的值，关联的透视表中也会发生相应的变化。

图11-29　配置切片器关联透视表

# 11.4 安装JupyterLab插件

本节将介绍构建JupyterLab仪表板的操作，包括JupyterLab插件的安装和验证。

## 11.4.1 安装插件

（1）安装JupyterLab插件前需要先安装node.js。

```
conda install -c conda-forge nodejs        #Anaconda 平台使用 conda 工具安装
pip install nodejs                          # 使用 Python pip 工具安装
```

（2）安装插件的方式。

安装JupyterLab插件有两种方式，一种是使用jupyter命令安装，如下代码所示。在已知扩展插件名的情况下使用命令安装比较方便。

```
jupyter labextension install my-extension      # 安装 my-extension 扩展插件
jupyter labextension uninstall my-extension    # 卸载 my-extension 扩展插件
jupyter lab build                              # 重建应用程序目录
```

另一种是在JupyterLab界面中打开"Extension Manager"功能，然后搜索插件名进行安装。如图 11-30 所示，在搜索结果列表中选择要安装的插件，然后单击"Install"按钮进行安装。安装完毕后会提示要重建操作以使插件生效，单击"rebuild"按钮即可。

图11-30　安装JupyterLab插件

### 11.4.2 验证使用插件

安装所需插件后，可以使用jupyter labextension list命令查看已安装的插件，如下代码所示。

```
PS C:\Users\Administrator> jupyter labextension list
JupyterLab v2.2.6
Known labextensions:
   app dir: E:\ProgramData\Anaconda3\share\jupyter\lab
       @bokeh/jupyter_bokeh v2.0.4 enabled  ok
       @jupyter-widgets/jupyterlab-manager v2.0.0 enabled  ok
       jupyter-matplotlib v0.9.0 enabled  ok
       jupyterlab-interactive-dashboard-editor v0.3.1 enabled  ok
       jupyterlab-spreadsheet v0.3.2 enabled  ok
```

## 11.5 JupyterLab交互式设计

本节介绍在JupyterLab开发环境中添加数据交互功能，读者可参考本书代码素材文件"11-5-交互式设计.ipynb"进行学习。

### 11.5.1 使用Markdown添加说明

使用Markdown标记语言对代码目的和使用方法进行说明。以下代码说明了JupyterLab Notebook的目的和作用，需要注意的是其中的空行和特殊符号不可改变，它们都是Markdown语法格式。

```
---

### 第11章分析报告 - Jupyter Python 仪表板代码演示
1. 读取 Excel 文件数据，操作生成目标数据

2. 使用 jupyter-widgets/jupyterlab-manager 添加交互能力

3. 使用 jupyter-matplotlib、jupyter_bokeh 添加可视化图交互

---
```

执行Markdown代码，先选择文本的格式为"Markdown"，然后单击执行按钮，即会出现图 11-31 所示的效果。

图 11-31　Markdown 代码执行效果

## 11.5.2　读取处理数据

使用 Pandas 读取 "DataMining.xlsx" 文件中 "Adventure Works DW" 工作表数据，如下代码所示。

### 1. 读取 Excel 数据

```
import pandas as pd      # 导入 Pandas 库
dw =pd.read_excel("DataMining.xlsx",sheet_name='Adventure Works DW')
```

### 2. 以销售国家列汇总

```
# 以销售国家列汇总计算
sales_county = dw.groupby(by=["销售国家"]).sum()[['订购量','运费','税费','产品成本']]
# 插入新列并制订订购量目标
sales_county['订购量目标'] = [15500,8000,5000,5200,7200,22000]
# 计算各销售国家订购量完成率
sales_county['订购量完成率'] = sales_county['订购量'] / sales_county['订购量目标']
# 计算运费占比
sales_county['运费占比（%）'] = sales_county['运费'] / sales_county['运费'].sum()
sales_county.head(2)     # 查看数据
# 结果如下
订购量    运费       税费        产品成本      订购量目标  订购量完成率 运费占比（%）
Australia 13345 226525.6131 724880.0666 5.375146e+0615500       0.860968
Canada    7620  49446.4481  158227.5915 1.147923e+068000   0.952500   0.067369
```

### 3. 计算各产品在不同国家的运费

```
# 以销售国家、产品类别列作为汇总列
product_county = dw.groupby(by=["销售国家","产品类别"]).sum()[['订购量','运费']]
# 对汇总后的数据调整索引
product_county.reset_index( inplace=True)
# 对汇总数据进行调整
product_county.pivot(index='产品类别', columns='销售国家', values='运费')
# 结果如下
销售国家 Australia   Canada   France   Germany United Kingdom ……
产品类别
```

| | | | | | |
|---|---|---|---|---|---|
| Accessories | 3467.5736 | 2584.6673 | 1585.3225 | 1555.9624 | 1915.9370 ⋯⋯ |
| Bikes | 221301.4530 | 45532.6034 | 63839.4578 | 70212.9317 | 82071.1513 ⋯⋯ |
| Clothing | 1756.5865 | 1329.1774675.9169 | | 589.1705 | 806.0352 ⋯⋯ |

#### 4. 计算产品销售TOP10

```
#计算订购量前10的产品
product_sales = dw.groupby(by=["产品名"]).sum()
product_sales['平均销售价'] = dw.groupby(by=["产品名"]).mean()['销售价']
product_sales_sort = product_sales[['订购量','平均销售价']].sort_values(by=['订购
量'],ascending=False)
product_sales_sort.iloc[0:9]    #查看订购量前10的产品
#结果:                  订购量          平均销售价
产品名
Water Bottle - 30 oz.   4244          4.991176
Patch Kit/8 Patches     3191          2.290000
Mountain Tire Tube      3095          4.990000
……
#计算订购量前10的客户
product_customer = dw.groupby(by=["姓名"]).sum()
product_customer['客户年收入'] = dw.groupby(by=["姓名"]).mean()['客户年收入']
product_customer_sort = product_customer[['订购量','客户年收入']].sort_values(by=['
订购量'],ascending=False)
product_customer_sort.iloc[0:9]    #查看订购量前10的客户
#结果:             订购量     客户年收入
姓名
AshleyHenderson  68       70000.0
FernandoBarnes   67       80000.0
CharlesJackson   65       80000.0
```

### 11.5.3 添加交互功能

使用ipywidgets包添加交互控件,如按钮、输入框、滑块等,以下代码中使用输入框控件演示产品订购量排名的动态交互。

```
import ipywidgets as widgets
from ipywidgets import interactive
from tabulate import tabulate
def product_customer_report(num=9):
    if num > 0:
        print(tabulate(product_customer_sort.iloc[0:num], headers='keys'))
    else:
        print(tabulate(product_customer_sort.iloc[0:9], headers='keys'))
w=widgets.BoundedIntText(min=0,max=30,step=1,description='客户购前:')
interactive(product_customer_report,num=w)    #交互绑定
```

以上代码运行完毕后，会出现一个可调整数值的输入框控件，设置不同的值即可查看客户购买产品数的排名，如图 11-32 所示。

| 客户购前： | 7 | |
| --- | --- | --- |
| 姓名 | 订购量 | 客户年收入 |
| ------------- | -------- | ------------- |
| AshleyHenderson | 68 | 70000 |
| FernandoBarnes | 67 | 80000 |
| CharlesJackson | 65 | 80000 |
| JenniferSimmons | 63 | 80000 |
| HenryGarcia | 62 | 70000 |
| MasonRoberts | 60 | 90000 |
| DaltonPerez | 59 | 90000 |

图11-32 ipywidgets插件的交互功能

## 11.5.4 添加可视化控件

使用matplotlib和ipywidgets构建交互式图，以下代码演示添加下拉列表控件对产品进行筛选。

```
%matplotlib widget                    # 添加 Matplotlib 交互工具栏
import matplotlib.pyplot as plt
def create_product(product):      # 定义函数 create_product，用于动态交互
    fig = plt.figure(figsize=(6.5,3))
plt.plot(product_county_pivot.columns,product_county_pivot.loc[product],
linestyle='-', label=product)
    plt.xlabel(' 销售国家 ')
    plt.ylabel(' 运费 ')
    plt.title(' 产品在各国家销售运费 ')
    plt.tight_layout()
widgets.interact(create_product, product=product_county_pivot.index)
```

以上代码运行完毕后，可以看到如图 11-33 所示的可视化交互控件。通过product下拉列表选择不同的产品类型，可视化图会自动发生相应的变化；通过左侧工具栏中的工具可以对Matplotlib图进行移动、查看、保存操作。

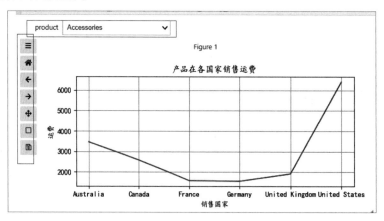

图11-33 可视化图交互